聚酰亚胺摩擦学

王齐华　王廷梅　裴先强　著

机械工业出版社

本书是作者在多年从事聚合物材料摩擦学研究的基础上，归纳、总结的近年来其课题组在聚酰亚胺摩擦学方面的研究成果。全书共 5 章，首先介绍了聚酰亚胺的分子结构设计、结构与摩擦学性能的关系及其摩擦学改性方面的研究进展，然后分别阐述了热塑性和热固性聚酰亚胺及其复合材料的摩擦磨损性能和机理，接着探讨了极端条件下聚酰亚胺的摩擦磨损性能，最后从聚酰亚胺复合材料-金属摩擦界面的物理、化学作用出发，阐明了对偶表面转移膜的形成在聚酰亚胺复合材料摩擦磨损中的关键作用。

本书可作为摩擦学、材料学、聚合物材料等相关研究领域科研人员、技术人员、研究生和本科生学习的参考书，同时对从事聚合物减摩抗磨复合材料设计的工程师也有一定的参考价值。

图书在版编目（CIP）数据

聚酰亚胺摩擦学/王齐华，王廷梅，裴先强著. —北京：机械工业出版社，2023.7

ISBN 978-7-111-73314-0

Ⅰ.①聚…　Ⅱ.①王…②王…③裴…　Ⅲ.①聚酰亚胺–摩擦学

Ⅳ.①TQ323.7

中国国家版本馆 CIP 数据核字（2023）第 104907 号

机械工业出版社（北京市百万庄大街 22 号　邮政编码 100037）

策划编辑：雷云辉　　　　　　　责任编辑：雷云辉
责任校对：潘　蕊　陈　越　　　封面设计：马精明
责任印制：刘　媛

涿州市般润文化传播有限公司印刷

2023 年 8 月第 1 版第 1 次印刷

169mm×239mm · 17.5 印张 · 309 千字

标准书号：ISBN 978-7-111-73314-0

定价：139.00 元

电话服务　　　　　　　　　　　网络服务

客服电话：010- 88361066　　　机 工 官 网：www.cmpbook.com
　　　　　010- 88379833　　　机 工 官 博：weibo.com/cmp1952
　　　　　010- 68326294　　　金 书 网：www.golden-book.com
封底无防伪标均为盗版　　　机工教育服务网：www.cmpedu.com

20 世纪 50 年代以来，聚酰亚胺作为一种高性能聚合物材料开始受到人们的广泛关注，其作为耐热工程塑料得到了迅速发展。20 世纪 60 年代初，为满足航空、航天等高技术领域对高性能聚酰亚胺材料的需求，耐高温聚酰亚胺的研究引起了国内外学者的广泛关注。20 世纪 70 年代到 80 年代初，美国国家航空航天局（NASA）和中国科学院化学研究所等单位采用单体原位聚合（PMR）的方法研制成功了兼具优良加工成型性能和物理、机械性能的热固性聚酰亚胺材料，克服了聚酰亚胺树脂不溶不熔、难以加工的缺点。经过多年的发展，已经有四代热固性聚酰亚胺材料被研发成功，并成功地应用于超高速风扇叶片、航天飞机尾部挡板及离子推进器护罩等。经过不懈的努力，我国在耐高温热固性聚酰亚胺复合材料研究方面也已经积累了大量的经验和数据。但与发达国家相比，我国在耐高温聚酰亚胺单体的合成、材料的成型工艺等关键技术方面仍存在一定差距，致使我国研发的耐高温聚酰亚胺复合材料只有第一代部分应用于航空航天领域。

近年来，高技术领域涉及的特殊工况（如高低温、空间辐照、重载高速等）对聚合物运动部件提出了新挑战。聚酰亚胺因其突出的结构可设计性、高的热稳定性、优异的机械性能、耐辐照和耐溶剂性能等优异特性为特殊工况下的聚合物自润滑材料设计提供了途径。然而，到目前为止，国内外在聚酰亚胺摩擦学的研究方面未能形成系统的理论，在很大程度上制约了高性能聚酰亚胺基减摩抗磨复合材料的设计。中国科学院兰州化学物理研究所王齐华和王廷梅研究员领导的团队长期从事聚合物自润滑复合材料的基础和应用研究工作，在聚酰亚胺材料的摩擦学行为和机理研究方面积累了丰富的经验。该专著总结了作者团队近年来在聚酰亚胺材料摩擦学领域的研究成果，是一部全面、系统、深入地论述聚酰亚胺材料摩擦磨损行为和机理的专著，对于苛刻工况下服役的聚酰亚胺基减摩抗磨复合材料的设计制备具有重要的指导意义。该专著对于从事聚合物复合材料设计制备、自润滑复合材料生产及材料摩擦学教学等领域人员具有较高的参考价值。

中国科学院兰州化学物理研究所

前　言

　　材料学和摩擦学的实践表明，通过分子结构设计、减摩抗磨组分优化，实现聚酰亚胺自润滑复合材料的设计制备是解决特殊工况下运动部件润滑需求的有效途径。本书按照聚酰亚胺的成型工艺，系统阐述了热塑性和热固性聚酰亚胺及其复合材料的摩擦磨损行为和机理，并探讨了不同工况下接触界面转移膜的形成和作用机理，旨在为满足不同服役工况的聚酰亚胺基运动部件材料的设计提供理论和技术支持。

　　本书的研究成果是在作者承担的中国科学院战略性先导科技专项（No. XDB0470000）、国家自然科学基金（No. 51475446）、国家自然科学基金联合基金（No. U1630128）、国家重点研发计划（No. 2017YFB0310703）、中国科学院前沿科学重点研究计划（QYZDJ-SSW-SLH056）、中组部青年千人计划等项目的支持下取得的。书中的研究内容主要是曾经在中国科学院兰州化学物理研究所学习和工作过的研究生完成的，主要包括张新瑞、王彦明、宋富智、齐慧敏、段春俭、李宋等。本书论述的研究成果离不开他们的辛勤工作和聪明才智。

　　本书可作为摩擦学、材料学、聚合物材料等相关研究领域的科研人员、技术人员、工程师及管理人员的参考书，也可以作为高等学校研究生、本科生学习的教材。由于我们的研究工作还不够深入，对机理的探讨也限于当下的理论基础和技术手段，书中难免存在疏漏和不足之处，希望读者提出宝贵意见，以便进一步充实和完善我们的研究成果。

目 录

序

前言

第1章　绪论 ……………………………………………………………… 1

1.1　聚酰亚胺的特点 …………………………………………………… 1

1.2　聚酰亚胺的分类 …………………………………………………… 3

1.2.1　热塑性聚酰亚胺 ……………………………………………… 4

1.2.2　热固性聚酰亚胺 ……………………………………………… 4

1.3　耐高温热固性聚酰亚胺材料 ……………………………………… 8

1.3.1　耐高温热固性聚酰亚胺的分子结构设计 …………………… 8

1.3.2　苯并咪唑结构调控聚酰亚胺的耐温性能 ………………… 13

1.3.3　热固性聚酰亚胺复合材料 ………………………………… 14

1.4　聚酰亚胺的分子结构与其摩擦学性能 ………………………… 15

1.5　聚酰亚胺的摩擦学改性 ………………………………………… 17

1.5.1　填充改性热塑性聚酰亚胺复合材料的摩擦学性能 …… 18

1.5.2　填充改性热固性聚酰亚胺复合材料的摩擦学性能 …… 20

1.6　聚酰亚胺摩擦学研究的发展方向 ……………………………… 21

参考文献 …………………………………………………………… 21

第2章　热塑性聚酰亚胺的摩擦磨损性能 ……………………………… 32

2.1　不同单体构型热塑性聚酰亚胺的结构设计及其摩擦
磨损性能 ………………………………………………………… 32

2.1.1　引言 ………………………………………………………… 32

2.1.2　不同单体构型热塑性聚酰亚胺的结构设计、制备
及表征 ……………………………………………… 32

2.1.3　不同单体构型热塑性聚酰亚胺的摩擦磨损性能 ……… 37

2.1.4　不同单体构型热塑性聚酰亚胺的磨损率与其机械
性能之间的关系 ………………………………………… 39

2.1.5　不同单体构型热塑性聚酰亚胺的磨损机理 ………… 41

2.1.6　小结 ………………………………………………… 43

2.2　含苯并咪唑结构热塑性聚酰亚胺薄膜的摩擦磨损性能 ……… 44

2.2.1　引言 ………………………………………………… 44

2.2.2　含苯并咪唑结构热塑性聚酰亚胺的制备 …………… 44

2.2.3　含苯并咪唑结构热塑性聚酰亚胺的化学、物理及
机械性能 ………………………………………………… 45

2.2.4　含苯并咪唑结构热塑性聚酰亚胺的摩擦磨损性能 …… 47

2.2.5　小结 ………………………………………………… 50

2.3　短切碳纤维含量及表面处理对碳纤维增强聚酰亚胺摩擦磨损
行为的影响 ……………………………………………………… 50

2.3.1　引言 ………………………………………………… 50

2.3.2　短切碳纤维含量对聚酰亚胺复合材料摩擦磨损
行为的影响 ……………………………………………… 51

2.3.3　短切碳纤维表面处理对聚酰亚胺复合材料摩擦
磨损行为的影响 ………………………………………… 53

2.3.4　小结 ………………………………………………… 57

2.4　短切碳纤维和固体润滑颗粒复合填充改性聚酰亚胺的摩擦
磨损性能 ………………………………………………………… 58

2.4.1　引言 ………………………………………………… 58

2.4.2　短切碳纤维增强、石墨和纳米 SiO_2 填充聚酰亚胺
复合材料的摩擦磨损性能 ……………………………… 58

2.4.3　小结 ………………………………………………… 66

2.5　短切碳纤维增强聚酰亚胺纳米复合材料的极限 PV 值 ……… 66

2.5.1　引言 ………………………………………………… 66

2.5.2　聚酰亚胺纳米复合材料的物理、机械性能 ………… 68

2.5.3　聚酰亚胺纳米复合材料的摩擦磨损性能 …………… 70

2.5.4　小结 ………………………………………………… 79

2.6 短切玄武岩纤维增强聚酰亚胺复合材料的摩擦磨损性能 …… 79

2.6.1 引言 ……………………………………………… 79

2.6.2 短切玄武岩纤维含量对聚酰亚胺复合材料摩擦
磨损性能的影响 ………………………………… 80

2.6.3 短切玄武岩纤维增强固体润滑剂填充聚酰亚胺
复合材料的摩擦磨损性能 ……………………… 84

2.6.4 小结 …………………………………………… 90

2.7 芳纶纤维增强聚酰亚胺基摩擦材料的组分和表面织构
设计及其摩擦磨损性能 ……………………………… 91

2.7.1 引言 …………………………………………… 91

2.7.2 新型摩擦材料的设计依据 ……………………… 91

2.7.3 聚酰亚胺基摩擦材料的摩擦磨损性能及其对超声
电动机输出特性的影响 ………………………… 93

2.7.4 聚酰亚胺基摩擦材料的表面织构设计及其摩擦
磨损性能 ………………………………………… 98

2.7.5 小结 …………………………………………… 102

2.8 碳纳米管增强聚酰亚胺复合材料的分子动力学研究 …… 103

2.8.1 引言 …………………………………………… 103

2.8.2 分子模型构建、优化与动力学平衡 …………… 103

2.8.3 摩擦副分子模型构建与动力学平衡 …………… 105

2.8.4 碳纳米管增强聚酰亚胺复合材料的微观摩擦
磨损性能 ………………………………………… 106

2.8.5 小结 …………………………………………… 110

参考文献 ……………………………………………… 110

第3章 热固性聚酰亚胺的摩擦磨损性能 ……………………… 117

3.1 不同分子结构热固性聚酰亚胺的制备及其摩擦磨损性能 …… 117

3.1.1 引言 …………………………………………… 117

3.1.2 不同结构热固性聚酰亚胺的制备及其物理、
机械性能 ………………………………………… 118

3.1.3 不同结构热固性聚酰亚胺的摩擦磨损性能 ……… 123

3.1.4 小结 …………………………………………… 130

3.2 含苯并咪唑结构热固性聚酰亚胺的制备及其摩擦
磨损性能 ……………………………………………… 130

3.2.1　引言 ……………………………………………… 130

3.2.2　含苯并咪唑结构热固性聚酰亚胺的制备及其物理、
机械性能 …………………………………………… 131

3.2.3　含苯并咪唑结构热固性聚酰亚胺的摩擦磨损性能 … 134

3.2.4　小结 ……………………………………………… 135

3.3　PEPA 封端热固性聚酰亚胺的分子结构设计及高温
摩擦磨损性能 ………………………………………… 136

3.3.1　引言 ……………………………………………… 136

3.3.2　PEPA 封端热固性聚酰亚胺的设计制备及其
热性能 …………………………………………… 136

3.3.3　PEPA 封端热固性聚酰亚胺在不同温度下的摩擦
磨损性能 ………………………………………… 139

3.3.4　小结 ……………………………………………… 141

3.4　类石墨相氮化碳（g-C₃N₄）改性聚酰亚胺复合材料的摩擦
磨损性能 ……………………………………………… 141

3.4.1　引言 ……………………………………………… 141

3.4.2　类石墨相氮化碳（g-C₃N₄）填充聚酰亚胺复合材料的
摩擦磨损性能 …………………………………… 142

3.4.3　纤维增强、类石墨相氮化碳（g-C₃N₄）填充聚酰亚胺
自润滑复合材料的设计及其摩擦磨损性能 ………… 150

3.4.4　小结 ……………………………………………… 161

3.5　纳米 SiO₂ 与类石墨相氮化碳（g-C₃N₄）对聚酰亚胺自润滑
复合材料摩擦磨损性能的影响 ……………………… 161

3.5.1　引言 ……………………………………………… 161

3.5.2　芳纶浆粕增强、类石墨相氮化碳（g-C₃N₄）填充聚
酰亚胺复合材料的摩擦磨损性能 ………………… 162

3.5.3　小结 ……………………………………………… 167

3.6　软金属 Ag-Mo 杂化改性聚酰亚胺自润滑复合材料的
摩擦磨损行为及机理 ………………………………… 168

3.6.1　引言 ……………………………………………… 168

3.6.2　软金属 Ag-Mo 杂化改性聚酰亚胺复合材料的摩擦
磨损性能 ………………………………………… 169

3.6.3　小结 ……………………………………………… 175

参考文献 ·· 175

第4章 极端条件下聚酰亚胺的摩擦磨损性能 ····························· **179**

4.1 热塑性聚酰亚胺合金的制备及其低温摩擦磨损性能 ············ 179

4.1.1 引言 ··· 179

4.1.2 热塑性聚酰亚胺合金及其复合材料的制备和
物理、机械性能 ·· 179

4.1.3 热塑性聚酰亚胺合金在低温下的摩擦磨损性能 ······ 182

4.1.4 石墨与PTFE对热塑性聚酰亚胺合金低温摩擦磨损
性能的改性作用 ·· 184

4.1.5 小结 ··· 187

4.2 低地球轨道原子氧辐照对类石墨相氮化碳（g-C$_3$N$_4$）改性
聚酰亚胺复合材料高温摩擦磨损性能的影响 ·················· 188

4.2.1 引言 ··· 188

4.2.2 原子氧辐照对固体润滑剂的影响及其作用机理 ······ 188

4.2.3 温度交变环境下原子氧辐照g-C$_3$N$_4$改性聚酰亚胺
复合材料的摩擦磨损性能 ··· 192

4.2.4 小结 ··· 198

4.3 γ射线辐照下聚酰亚胺复合材料的高温摩擦磨损行为 ········ 199

4.3.1 引言 ··· 199

4.3.2 γ射线辐照对聚酰亚胺及其复合材料物理、化学
性能的影响 ··· 199

4.3.3 γ射线辐照对聚酰亚胺及其复合材料在不同温度下
摩擦磨损性能的影响 ··· 202

4.3.4 小结 ··· 208

4.4 聚酰亚胺复合材料在极端苛刻条件下的摩擦与磨损机制 ······ 209

4.4.1 引言 ··· 209

4.4.2 聚酰亚胺复合材料在不同PV条件下的摩擦
磨损性能 ··· 209

4.4.3 小结 ··· 219

参考文献 ·· 219

第5章 聚酰亚胺复合材料-金属摩擦界面的物理、化学作用 ········· **222**

5.1 聚酰亚胺复合材料-硬质金属摩擦界面的物理、化学作用 ··· 222

5.1.1　引言 ……………………………………………… 222

5.1.2　聚酰亚胺复合材料与不同金属对摩时的摩擦
　　　　磨损性能 …………………………………… 223

5.1.3　聚酰亚胺复合材料的磨损机理及转移膜的纳米
　　　　结构和组成 ………………………………… 224

5.1.4　小结 ……………………………………………… 231

5.2　聚酰亚胺复合材料-镍铬硼硅涂层的摩擦界面物理、
　　　化学作用 …………………………………………… 232

5.2.1　引言 ……………………………………………… 232

5.2.2　MCS35、NiCrBSi 与聚酰亚胺复合材料配副时的
　　　　摩擦磨损性能 …………………………………… 233

5.2.3　常规聚酰亚胺复合材料转移膜的结构和组成 …… 234

5.2.4　聚酰亚胺纳米复合材料转移膜的结构和组成 …… 238

5.2.5　小结 ……………………………………………… 243

5.3　聚酰亚胺复合材料-轻质金属摩擦界面的物理、化学作用 … 244

5.3.1　引言 ……………………………………………… 244

5.3.2　聚酰亚胺复合材料与铝合金、铜合金及轴承钢配副
　　　　时的摩擦磨损性能 …………………………… 244

5.3.3　低 *PV* 条件下聚酰亚胺复合材料与不同对偶配副时
　　　　界面的物理、化学作用 …………………… 246

5.3.4　中高 *PV* 条件下聚酰亚胺复合材料与不同对偶配副时
　　　　界面的物理、化学作用 …………………… 248

5.3.5　小结 ……………………………………………… 252

5.4　离子液体表面改性多孔纳米颗粒对水润滑聚酰亚胺
　　　复合材料-不锈钢配副界面作用的影响 …………… 253

5.4.1　引言 ……………………………………………… 253

5.4.2　离子液体表面改性多孔纳米 SiO_2 的物理、
　　　　化学性能 ………………………………………… 254

5.4.3　聚酰亚胺复合材料在水润滑条件下的界面物理、
　　　　化学行为 ………………………………………… 256

5.4.4　小结 ……………………………………………… 262

参考文献 …………………………………………………… 262

第 **1** 章

绪 论

1.1　聚酰亚胺的特点

20 世纪以来，聚合物材料异军突起，引起了材料领域的重大变革，按体积计算其使用量已远远超过了金属材料。其中，由于苛刻工况对聚合物部件（如固体火箭的加压燃烧室喷管、喉衬、叶片等）的耐温需求，耐高温聚合物材料得到了国内外学者的广泛关注。

耐高温聚合物材料通常是指能够在温度高于 250℃条件下长期使用，或者能够耐受瞬间高温的聚合物材料。耐高温聚合物材料一般有以下几个特点：①具有高的熔点、玻璃化转变温度和热分解温度；②在高温下能保持材料的特性，如机械性能等；③高温下的尺寸变化满足一定要求；④易于加工成型，性价比高；⑤具有阻燃或者不燃的性能。表 1-1 列出了几种常见聚合物材料的连续使用温度。

表 1-1　几种常见聚合物材料的连续使用温度

聚合物材料名称	主要商品牌号	投产时间	主要厂商	连续使用温度
PAR	U-Polymer	1973	尤尼卡（日本）	160℃
POB	Ekonol	1970	Carborundam（美国）	316℃
PSF	Udel	1965	Union Carbide（美国）	180~260℃
PES	Victrex	1972	ICI（英国）	180℃
PI	Vespel、Kapton	1963	DuPont（美国）	260℃
PEI	Ultem	1982	GE（美国）	180℃

（续）

聚合物材料名称	主要商品牌号	投产时间	主要厂商	连续使用温度
PAI	Torlon	1972	Amoco Chem.（美国）	250℃
PPS	Ryton	1973	Philips Petrol（美国）	200~240℃
PEEK	Victrex	1981	ICI（英国）	240℃

根据分子结构，耐高温聚合物可以分为以下几类：①主链含芳环的聚合物，此类聚合物由碳碳键相连，基本结构单元为酚、萘、苯等，如聚苯；②主链含芳环和杂原子的聚合物，以杂原子或基团相连的芳环为基本的结构单元，如聚苯醚、聚芳砜等；③主链含杂环的聚合物，这类聚合物以芳环和杂环为基本结构单元，主链段含有杂环，耐温性能比较好，如常见的聚酰亚胺、聚苯并咪唑、聚亚苯基苯并咪唑等；④梯形聚合物，主要特征是芳环之间没有单键，环与环相连或以硅碳键形成格子状聚合物，如聚苯并咪唑吡咯酮、聚硅烷类等；⑤聚合物复合材料，这类材料通常是由聚合物基体和增强相等组成，通过功能填料与基体间的相互作用，提高材料的耐温性能，同时具有比强度、比模量高等特点。

聚酰亚胺（PI）是由 Bogert 和 Renshaw 在 1908 年首次合成的聚合物，但由于当时人们对聚合物材料的特性缺乏了解，聚酰亚胺并没有受到重视，直至20 世纪 40 年代中后期出现有关聚酰亚胺的专利。20 世纪 50 年代开始，聚酰亚胺作为一种高性能聚合物材料开始受到人们的广泛关注，其作为耐热工程塑料得到了迅速发展。

聚酰亚胺因具有优异的综合性能，被广泛应用于航空航天等高端制造业领域，被誉为"解决问题的能手"。聚酰亚胺的突出性能主要表现在以下几个方面。

（1）优异的耐高低温性能 耐高温性能主要表现为高的玻璃化转变温度以及热分解温度。聚酰亚胺的玻璃化转变温度一般高于 200℃，可在 200~300℃温度范围内长期使用。常规芳香族聚酰亚胺的起始热分解温度一般在 500℃左右，而由对苯二胺和联苯四甲酸二酐缩聚得到的 Upilex-S 热分解温度高达 600℃，是迄今聚合物中热稳定性最高的品种之一（见图 1-1）。此外，聚酰亚胺可耐超低温度，如在 4K（-269℃）的液氨中仍不会脆断。

（2）突出的机械性能 聚酰亚胺基体的抗张强度多数高于 100MPa，DuPont公司生产的 Kapton® 薄膜为 250MPa，日本宇部兴产株式会社生产的联苯型聚酰亚胺薄膜（Upilex-S）的抗张强度高达 530MPa。作为工程塑料，PI 的弹性模量通常为 3~4GPa。据理论计算，对苯二胺（p-PDA）和均苯四甲酸二酐

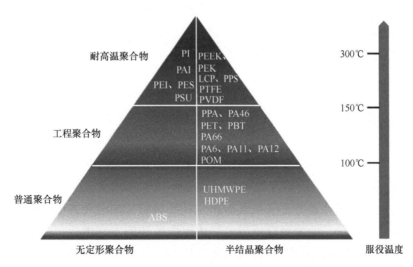

图 1-1 不同聚合物基体的服役温度及结构

（PMDA）合成的纤维弹性模量可达 500GPa，仅次于碳纤维。

（3）良好的尺寸及化学稳定性 芳香族聚酰亚胺的线膨胀系数一般在 $(20\sim50)\times10^{-6}/K$，联苯型可达 $1\times10^{-6}/K$，个别品种可低至 $0.1\times10^{-6}/K$。通常，聚酰亚胺不溶于常用有机溶剂，对稀酸有较强的耐水解性能，对氧化剂、还原剂的稳定性也较高，但一般的品种不耐水解，尤其是碱性水解。

（4）优异的介电性能 聚酰亚胺具有很好的介电性能，其介电常数一般介于 3~4 之间。将含氟取代基、空气或者纳米尺寸的粒子引入聚酰亚胺材料中，可以使介电常数降低至 2.5 以下，常被用于微电子工业。

（5）出色的耐辐照性能 聚酰亚胺薄膜具有优异的耐辐照性能，吸收剂量高达 $5\times10^{7}Gy$ 时，强度仍可保持原来的 86%。部分聚酰亚胺品种经过 $5\times10^{7}Gy$ 剂量的辐照后强度保持率为 90% 以上。Sasuga 等人根据辐照后不同聚合物拉伸性能的变化得到以下耐辐照性能排序：聚酰亚胺>聚醚醚酮>聚酰胺>聚醚酰亚胺>聚芳酸酯>聚砜和聚苯醚。

1.2 聚酰亚胺的分类

聚酰亚胺的分子可设计性强、种类繁多。根据重复单元化学结构的不同，聚酰亚胺可以分为芳香族聚酰亚胺、脂肪族聚酰亚胺和半芳香性聚酰亚胺三大类。从加工方法的角度，聚酰亚胺可以分为热塑性聚酰亚胺和热固性聚酰亚胺，前者在加热时能发生流动变形，冷却后可以保持一定形状，并且在一定温度范围内能反复加热软化和冷却硬化；而后者第一次加热时可以软化流动，并在一定温度下发生不可逆的化学交联固化而变硬。

1.2.1 热塑性聚酰亚胺

热塑性聚酰亚胺（即线型或缩聚型聚酰亚胺）通常采用一步法或两步法制备。

一步法制备热塑性聚酰亚胺的过程如下：将有机二胺和有机二酐单体溶于高沸点（180~220℃）有机溶剂中，在高温作用下直接生成聚酰亚胺树脂。为了得到高相对分子质量的聚酰亚胺树脂，可以利用共沸溶剂将聚合过程中生成的水带出反应体系，促使聚合反应向形成聚酰亚胺的方向进行。此外，利用该方法制备聚酰亚胺的过程中还通常加入催化剂（如叔胺、喹啉、碱金属及羧酸的锌盐），以利于反应的正常进行。

两步法制备热塑性聚酰亚胺树脂的过程如下：第一步，通过芳香二胺和芳香二酐在极性溶剂中的聚合反应制备聚酰胺酸树脂（PAA），常用的溶剂包括N,N-二甲基乙酰胺（DMAc）、N-甲基吡咯烷酮（NMP）或N-甲基吡咯烷酮和二甲苯的混合溶剂。上述反应通常在室温至150℃的范围内进行，但由于使用的溶剂沸点较高，给加工过程中溶剂的去除带来较大困难，得到的材料的孔隙率一般较高。第二步，通过热亚胺化或化学亚胺化的方法使PAA脱水环化生成聚酰亚胺树脂。热亚胺化是将PAA逐步加热到300~400℃的高温，使其发生热环化脱水生成聚酰亚胺，而化学亚胺化是将PAA在化学脱水剂（如乙酸酐）和催化剂（如吡啶、三乙胺等）的作用下反应生成聚酰亚胺。前者适合于制备热塑性聚酰亚胺薄膜、高温胶黏剂等，后者适合于制备热塑性聚酰亚胺粉体。

1.2.2 热固性聚酰亚胺

热固性聚酰亚胺和热塑性聚酰亚胺的制备方法基本相同，两者的区别在于有无交联官能团的存在，前者的端部带有不饱和基团，在后期成型过程中封端剂中的官能团发生交联反应，增强了聚酰亚胺分子链间的相互作用，使其表现出较高的玻璃化转变温度。

1. BMI 型聚酰亚胺

双马来酰亚胺（BMI）是以马来酰亚胺为活性端基的双官能团化合物（见图 1-2），BMI 树脂是最早开始研究并实用化的热固性聚酰亚胺树脂，具有良好的耐高温、耐辐照、耐湿热、吸湿率低和线膨胀系数小等优良特性，克服了环氧树脂耐热性相对较低而耐高温聚酰亚胺树脂成型温度高、压力大等缺点。但是，固化后的 BMI 树脂存在着质脆、抗冲击和应力开裂能力较差等弱点，限制了其在某些领域的推广应用。

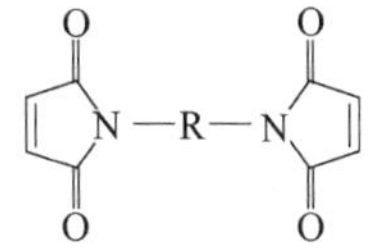

图 1-2　双马来酰亚胺结构式

2. PMR 型聚酰亚胺

PMR 是单体反应物聚合（Polymerization of Monomer Reactants）的英文缩写。该聚合方法起源于 1970 年 Lubowitz 的研究，其结构是以降冰片烯二甲酰亚胺为端基的预聚物，后来发展成牌号为 P13N 的产品（见图 1-3）。P13N 是由传统的缩聚方法合成的，即先由二苯酮四酸二酐、4,4′-二氨基二苯甲烷（MDA）及降冰片烯二酸酐在 NMP 中缩聚成聚酰胺酸，再以化学法脱水成环得到。

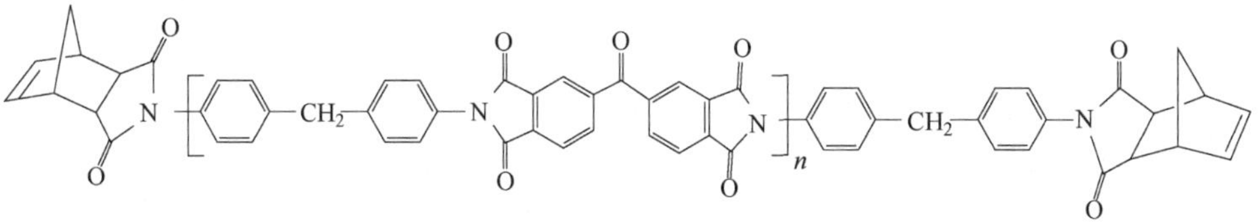

图 1-3　P13N 聚酰亚胺结构式

其中，$n=1.67$，所以相对分子质量为 1300，由于加工困难，P13N 未能得到商品化。

1972 年，美国 NASA Lewis 研究中心的 Serafini 等发明了 PMR 方法，由 5-降冰片烯-2,3-二甲酸的单酯（NE）、MDA 和 3,3′-4,4′-苯酮四羧酸二甲酯（BTDE）在低级醇溶液中反应制备聚酰亚胺。最典型的 PMR 聚酰亚胺的配方为 NE∶MDA∶BTDE = 2.087∶3.087∶2，其反应过程如图 1-4 所示。由于其预聚物的相对分子质量为 1500，所以牌号为 PMR-15，是目前较为成熟的聚酰亚胺复合材料基体树脂。

为了提高这一类材料的热性能，美国研究中心研制出了第二代 PMR 树脂 PMR-Ⅱ-50，其结构式如图 1-5 所示，原料为 6F 四酸二酯（6FDE）、对苯二胺（p-PDA）和 NE。在这类树脂体系中，提高 n 值可以增加预聚物的相对分子质

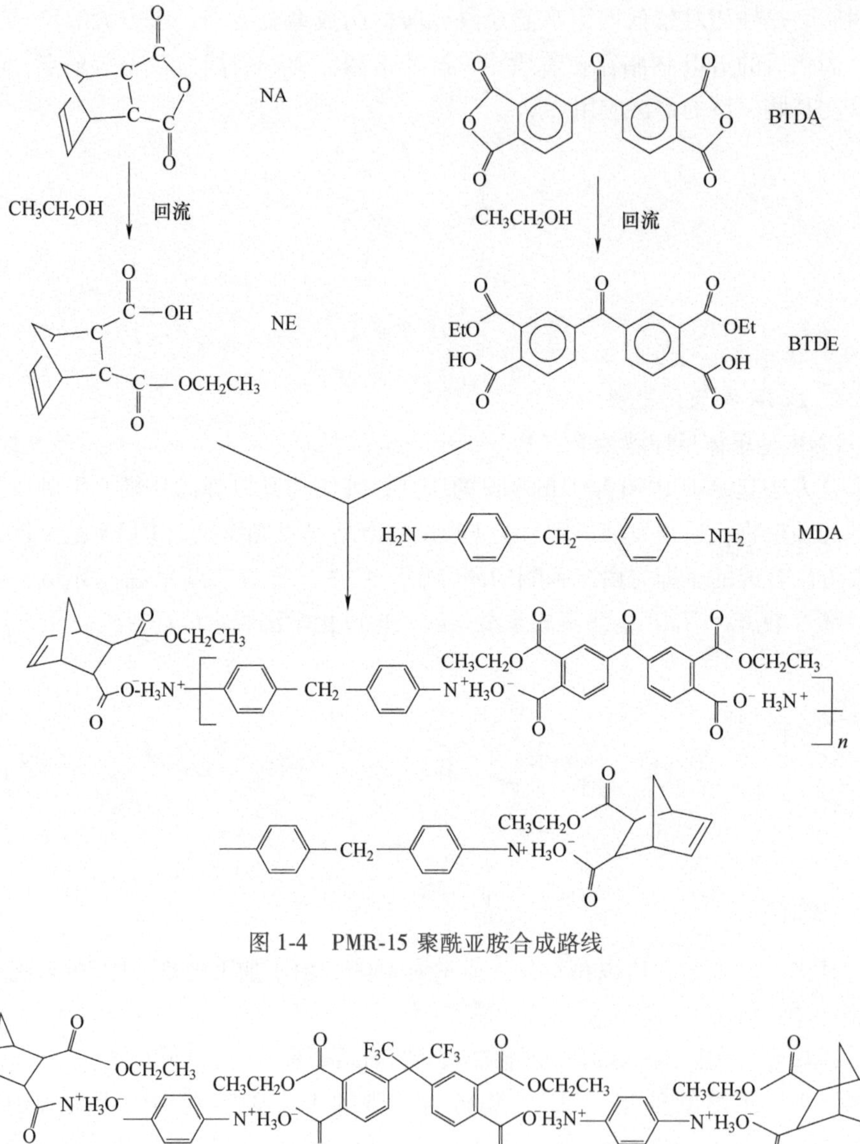

图 1-4　PMR-15 聚酰亚胺合成路线

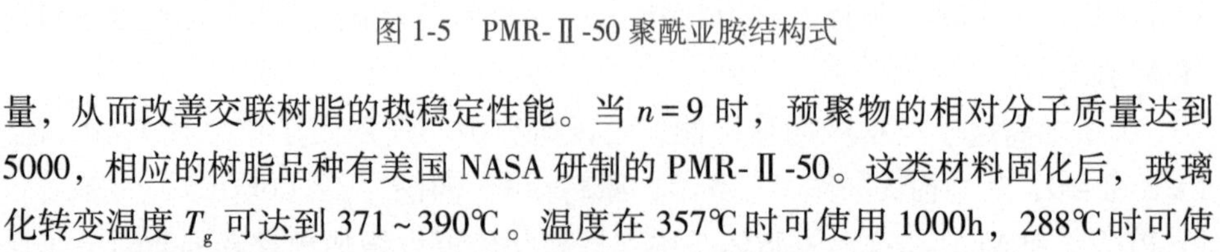

$n=9$

图 1-5　PMR-Ⅱ-50 聚酰亚胺结构式

量，从而改善交联树脂的热稳定性能。当 $n=9$ 时，预聚物的相对分子质量达到 5000，相应的树脂品种有美国 NASA 研制的 PMR-Ⅱ-50。这类材料固化后，玻璃化转变温度 T_g 可达到 371~390℃。温度在 357℃时可使用 1000h，288℃时可使用大于 10000h。

3. 乙炔封端聚酰亚胺

乙炔封端聚酸亚胺的合成采用经典路线，主要原料为 3,3′-4,4′-苯酮四羧酸二甲酯（BTDE）、1,3-二（间-胺基苯氧基）苯（APB）和 3-乙炔苯胺（APA）。首先，将单体在 40~150℃ 温度范围内反应，生成酰胺酸低聚物中间体，并除去乙醇、水及溶剂；然后，在 150~250℃ 温度范围内完成上述低聚物的亚胺化反应；同时，乙炔端基在 175~350℃ 温度范围内通过均聚反应形成多烯。与所有热固性聚酰亚胺一样，可以通过改变二胺和二酐的结构改变乙炔封端聚酰亚胺的熔点和溶解性。目前，市场上的乙炔封端聚酰亚胺有 National Starch 化学公司的 Thermid 系列，主要品种有 Thermid Al-600、Thermid LR-600、Thermid IP-600、Thermid MC-600 和 Thermid FA-700 等。

Thermid 系列聚酰亚胺有突出的热氧化稳定性能和优异的高温耐湿性能，但由于其熔点较高（195~200℃），而且熔融后立即开始聚合，因而加工窗口非常窄，加工比较困难。例如，Thermid MC-600（见图 1-6）在 190℃ 的凝胶时间只有 3min。为了改善 Thermid MC-600 的可加工性，Landis 和 Naselow 制备了异酰亚胺的低聚物，即 Thermid IP-600。与酰亚胺相比，异酰亚胺具有较好的流动性和溶解性，加工性能得到了明显改善。

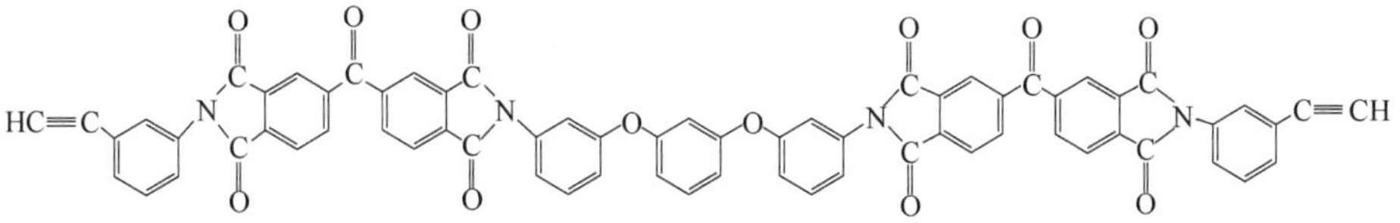

图 1-6　Thermid MC-600 聚酰亚胺结构式

4. 苯乙炔封端的聚酰亚胺

为了克服乙炔封端聚酰亚胺加工窗口窄的缺点，人们又开发出了苯乙炔封端聚酰亚胺。与乙炔端基相比，苯乙炔基有更好的化学稳定性和热稳定性，在苛刻的合成和加工条件下能够保持不变，从而使得封端的酰亚胺预聚物具有良好的流动性，并具有较宽的加工窗口，已经成为第三代热固性聚酰亚胺的典型代表。

图 1-7 所示为苯乙炔封端剂的交联反应机理。首先，苯乙炔封端的聚酰亚胺在固化过程中生成线性的多烯结构，此时聚酰亚胺的交联密度较低，形成的产物更接近于高相对分子质量的线性聚合物。随着反应的进行，多烯结构进一步发生交联，生成图 1-7 所示的环烷烃结构，后者明显增强了聚酰亚胺分

子链间的相互作用，进而大幅度提高了其玻璃化转变温度。值得指出的是，环烷烃结构的产生使得聚酰亚胺中产生了大量键能较弱的碳氢单键，影响了其热分解温度。

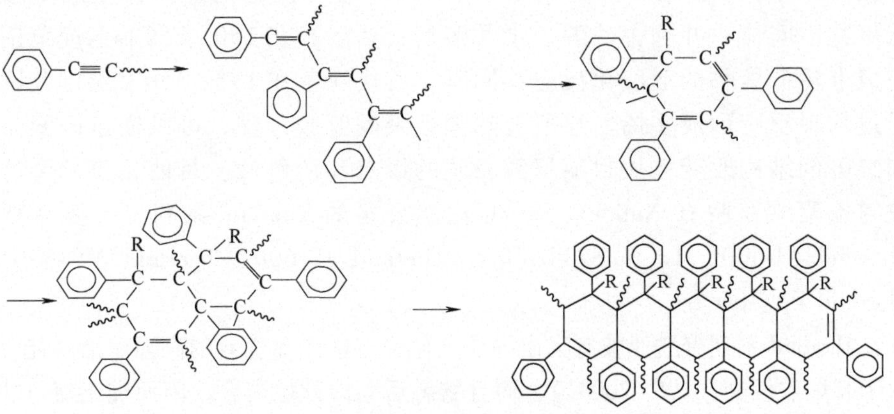

图 1-7　苯乙炔封端剂的交联反应机理示意图

苯乙炔封端聚酰亚胺主要有以下优点：

1）交联程度可控：通过改变低聚物的分子链长度，可在一定范围内调控聚酰亚胺的玻璃化转变温度。

2）可自交联：不需要交联剂，且交联过程中无挥发性副产物逸出，不易因材料内部产生孔隙而影响其机械性能。

3）可加工窗口宽：苯乙炔封端聚酰亚胺预聚物的起始交联温度在350℃以上，远高于一般预聚体的熔融温度，有利于加工。

4）性能优良：与乙炔封端聚酰亚胺相比，苯乙炔封端聚酰亚胺具有更好的耐热氧化性能，并且能够耐各种溶剂，交联产物表现出良好的二维稳定性。

1.3　耐高温热固性聚酰亚胺材料

1.3.1　耐高温热固性聚酰亚胺的分子结构设计

为了克服热塑性聚酰亚胺材料不溶不熔、难以加工的缺点，20世纪70年代到80年代初，美国 NASA 和中国科学院化学研究所等单位采用单体原位聚合（in situ Polymerization of Monomer Reactants，PMR）的方法研制成功了兼具优良加工成型性能和物理、机械性能的热固性聚酰亚胺材料。代表性的产品包括 NASA 研制的 PMR-15 和中国科学院化学研究所研制的 KH304 系列等。

　　热固性聚酰亚胺由二胺、二酐及封端剂三部分组成，这也使得热固性聚酰亚胺的性能可以调控。NASA 的研究人员通过降低 PETI-5 模塑粉的相对分子质量降低了树脂的熔融温度和熔体黏度。研究发现，当相对分子质量降低至 2500 时，熔融树脂的流动性能明显提高，熔体黏度降为原来的 9%。随着相对分子质量进一步降低为 1250，熔体的黏度降低至原来的 0.5%。值得注意的是，相对分子质量为 2500 的 PETI 的机械性能和耐热性与 PETI-5 相比均未受到影响，这与苯乙炔封端剂复杂的交联反应有关：模塑粉的相对分子质量越大，交联反应的程度较弱，固化过程中主要发生分子链的线性增长；当相对分子质量降低时，线性结构能进一步发生交联反应，形成网络结构。

　　日本科学家 Ogasawara 合成了一系列不同相对分子质量的非对称聚酰亚胺，如 asymmetric、aromatic、amorphous 和 TriA-PI（见图 1-8）。其中，相对分子质量为 4500 的聚酰亚胺与 PMR-15 具有同等的耐热性（玻璃化转变温度为 343℃）。这类聚酰亚胺将耐热性、耐氧化性和高韧性完美地结合在一起，并且其良好的熔体流动性使其易于成型。

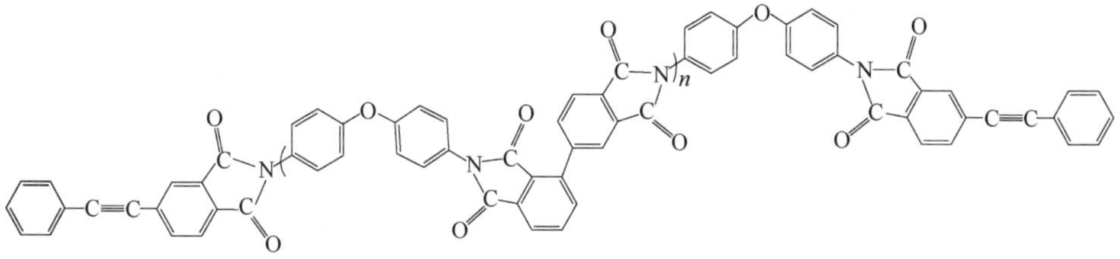

图 1-8　TriA-PI 的分子结构

　　Mikroyannidis 等在聚合物的主链中引入了双键、三键、氰基等结构，并制备了相应的聚酰胺或聚酰亚胺，如图 1-9 所示。在经过 260℃ 处理后，主链中的双键能发生自由基交联形成环烷烃结构，或者氰基在 300℃ 下交联形成三聚氰胺的结构。这些结构的形成增强了分子链间的相互作用，提高了聚合物的玻璃化转变温度及热分解温度，从而增强了聚合物的耐热性，在氮气气氛下 800℃ 时的质量残留率高达 65%~80%。

　　Connell 等利用不同三键含量的苯乙炔封端剂小分子（见图 1-10）与 PETI-5 共混来改善聚酰亚胺的熔体黏度，使其从 5650Pa·s 降低到 560Pa·s，并且固化后在不影响机械性能的情况下，玻璃化转变温度提高了 20℃。

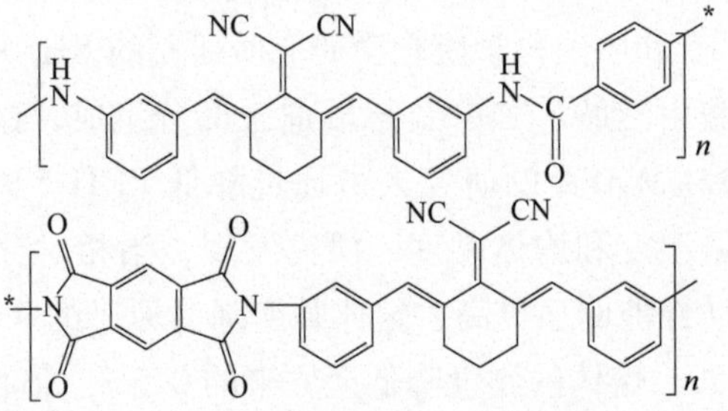

图 1-9　含氰基结构的聚酰胺或聚酰亚胺的分子结构

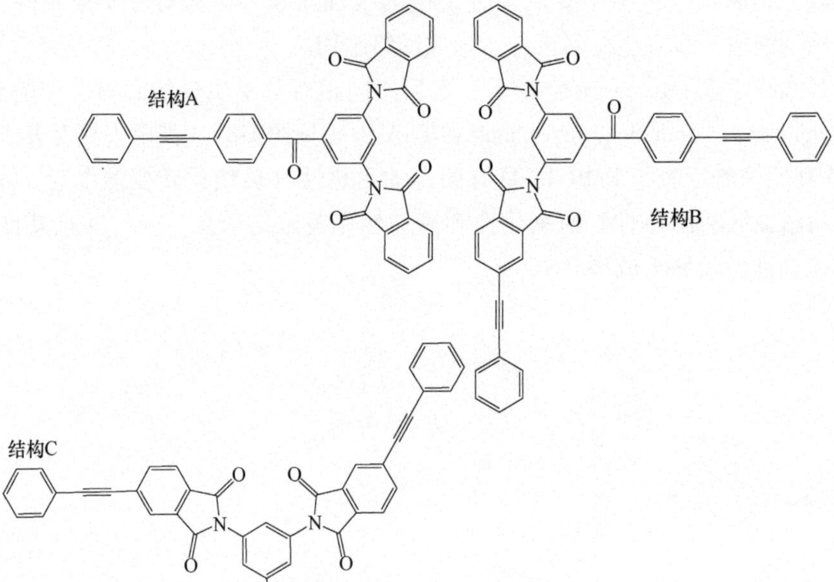

图 1-10　三种含苯乙炔封端剂小分子结构式

　　中国科学院化学研究所在 20 世纪 70 年代通过图 1-11 所示的路线合成了热固性聚酰亚胺 KH-304，其化学结构与美国 NASA 研制的 PMR-15 相似，产品的性能也大致与 PMR-15 相当。为进一步提高聚酰亚胺的耐温性能，

Hao 等采用图 1-12 所示的合成方法将羰基引入分子链中，结果表明，当两种二酐含量为1∶1时，聚酰亚胺的玻璃化转变温度可达440℃。尤其值得指出的是，该聚酰亚胺在400℃下的储能模量保持率为55%，显著高于第二代热固性聚酰亚胺（PMR-Ⅱ）10%~15%的保持率，表明其耐温性能大幅度提高。随着航空发动机等高端领域对材料耐温性的要求越来越高，中国科学院化学研究所的杨士勇等开发了一系列耐温性能好，且具有良好工艺性能的热固性聚酰亚胺材料，如耐371℃的 KH-305、KH-306、KH-307，以及耐427℃的 KH-309。

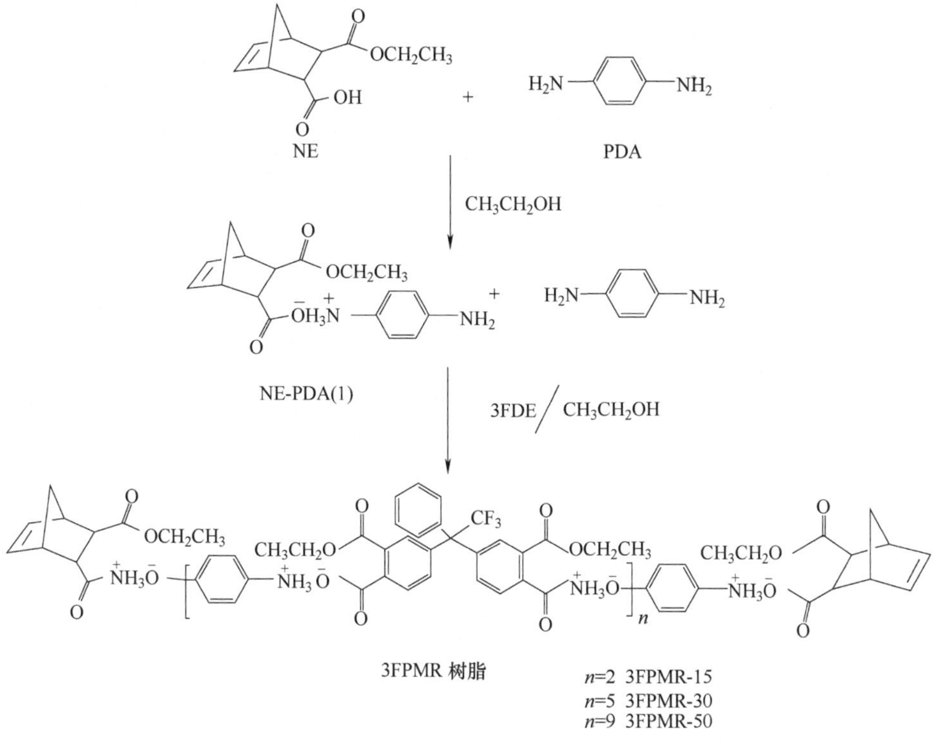

图 1-11　KH-304 合成方法

　　中国科学院长春应用化学研究所王震等考察了3-PEPA 封端剂构型对热固性聚酰亚胺树脂溶解度、熔体黏度、耐热性等的影响。结果表明，采用3-PEPA 封端后，聚酰亚胺熔体的最低黏度所对应的温度提高了20℃，并且其耐热氧化性能也有所提高。此外，王震等的研究发现，热固性聚酰亚胺薄膜的韧性可以通过引入不对称结构来提高。

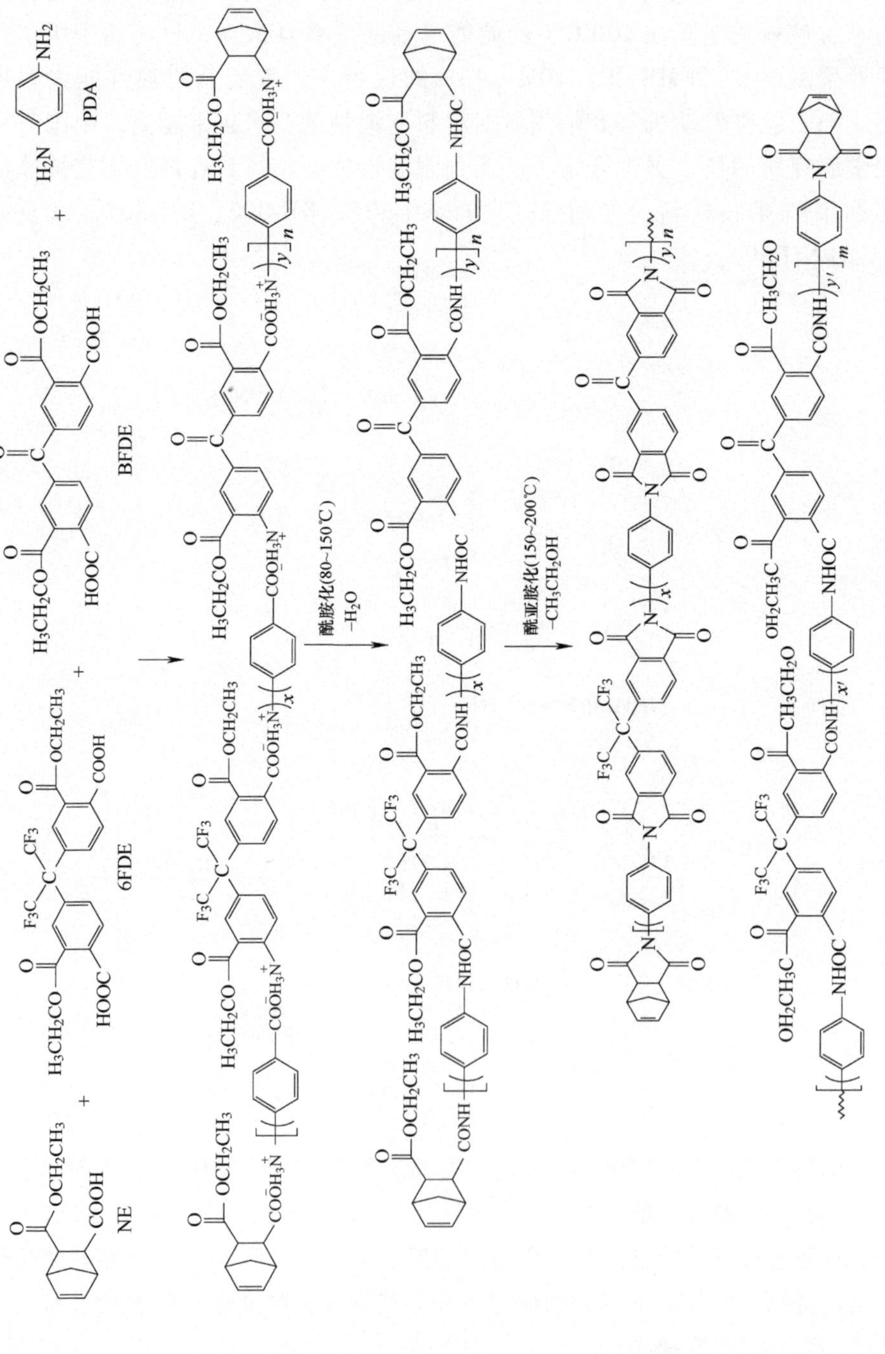

图 1-12　KH-370 合成方法

1.3.2　苯并咪唑结构调控聚酰亚胺的耐温性能

研究表明，含杂环单体的分子链结构扭曲变形程度小，分子间相互作用强，有利于提高聚合物材料的耐温性能，这为通过分子结构设计提高聚酰亚胺的耐热性提供了有效途径。

20 世纪 80 年代，Guerra 将聚酰胺酸和聚苯并咪唑的溶液共混，通过热亚胺化（温度低于 PBI 和 PI 的玻璃化转变温度）的方法制备了聚酰亚胺、聚苯并咪唑共混薄膜。动态力学热分析（DMA）研究表明，聚酰亚胺和聚苯并咪唑两者互溶良好，没有分相现象的发生，且共混后薄膜的玻璃化转变温度明显升高。其后，Jong 等采用类似的溶液混合的方法制备了不同聚酰亚胺、聚苯并咪唑（PI、PBI）比例的模塑粉，后者也表现为均一的共混物，没有出现分相现象。但是经过高于玻璃化转变温度的热处理后出现了明显的分相，并且分相现象随着 PBI 含量的增加变得更加明显，说明物理共混并不能完全使玻璃化转变温度相差较大的 PBI 与 PI 形成均相。Hart 等也发现上述方法无法得到均相的 PBI、PI 共混聚合物薄膜。

与物理共混法不同，通过对单体进行设计，合成含有苯并咪唑结构的聚酰亚胺，或者原位生成含苯并咪唑结构的聚酰亚胺，成功提高了聚酰亚胺的耐热性能。Berrada 等通过合成含有苯并咪唑结构的二胺单体，大幅度提高了相应聚酰亚胺薄膜的耐温性能，其玻璃化转变温度可达 328℃，起始分解温度高达 580℃。含苯并咪唑结构新单体的合成为调控聚酰亚胺的耐温性能奠定了基础，其中图 1-13 所示的三种二胺单体的合成受到了人们的广泛关注。

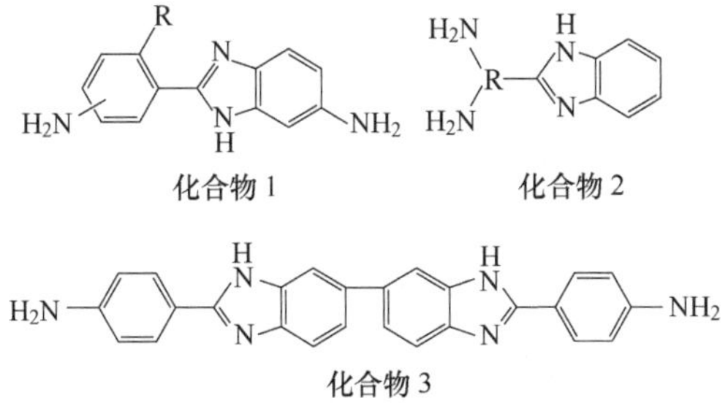

图 1-13　含苯并咪唑结构的二胺单体

在提高材料耐温性能的同时，将苯并咪唑结构引入聚酰亚胺质子交换膜或燃料电池隔膜大幅度提高了薄膜的力学强度、抗自由基氧化性能、亲水性和质子交换速率。东华大学张清泉课题组制备了含苯并咪唑结构的聚酰亚胺纤维，明显提升了常规聚酰亚胺纤维的强度和耐热性。值得注意的是，含苯并咪唑结构的聚酰亚胺相邻分子链中的羰基能与邻近分子链中的仲胺形成氢键（见图 1-14），从而增强分子链间的相互作用，有利于提高其耐热性。此外，由于苯并咪唑结构中仲胺（—NH—）基团的存在，氧化物纳米颗粒能够与苯并咪唑环产生图 1-15 所示的氢键作用，增强纳米颗粒与基体树脂之间的结合力，改善其复合材料的机械性能。当用作基体树脂制备复合材料时，聚酰亚胺中的羰基及三级胺也能与填料产生氢键作用，上述氢键作用共同决定了复合材料的机械性能。

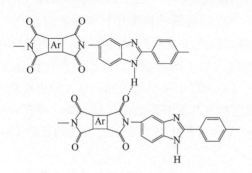
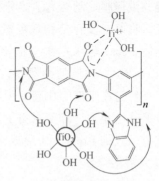

图 1-14　聚酰亚胺分子链之间的氢键作用　　图 1-15　纳米颗粒与聚酰亚胺之间的氢键作用

1.3.3　热固性聚酰亚胺复合材料

由于热固性聚酰亚胺低相对分子质量预聚物具有比较低的黏度，其成型加工方式相对灵活，适用于热压罐成型、树脂传递模塑成型（Resin Transfer Molding，RTM）等工艺生产各种用途的复合材料结构部件。

美国 NASA 的 Langley R. C.、Lewis R. C. 和国家空军实验室及 Lockheed Martin Co. 开发了一系列耐高温热固性聚酰亚胺纤维织物复合材料，按照使用温度可以分为四代复合材料体系，见表 1-2。这些复合材料已经在超高速风扇叶片、QCSEE 飞机发动机内罩、F404 发动机外管、F101 发动机外管、T700 涡流架、整流罩、航天飞机尾部挡板及离子推进器护罩等领域获得应用。

表 1-2　按使用温度分类的四代热固性聚酰亚胺

	研发单位	商品名	玻璃化转变温度 T_g/℃	使用温度/℃	
				1000h	10000h
第一代	Langley R. C.	PETI-5	249	—	>177
	Lewis R. C.	PMR-15	333	315	260

（续）

研发单位	商品名	玻璃化转变温度 T_g/℃	使用温度/℃	
			1000h	10000h
第二代　Langley R. C.	PMR-Ⅱ-50	371~390	357	288
Langley R. C.	LaRC-RP46	397	325	270
Lewis R. C.	VCAP-75	371	—	302
第三代　国家空军实验室	AFR-700B	390	371	316
第四代　Lockheed Martin Co.	P2SI 900HT	489	435	425

　　国内对耐高温聚酰亚胺复合材料的研究从 20 世纪 70 年代左右开始，中国科学院化学研究所杨士勇研究员开展了 PMR 型耐高温热固性聚酰亚胺复合材料的系列研究工作。其中，以降冰片二烯二酐作为封端剂，以对苯二胺（p-PDA）为二胺单体，以 3FDE 为二酐衍生物制备的碳纤维织物增强聚酰亚胺复合材料的玻璃化转变温度可达 350℃，并且高温下的储能模量没有明显下降。经过长时间的发展，我国在耐高温热固性聚酰亚胺复合材料研究方面积累了大量的数据，但与发达国家相比仍有差距，目前只有第一代耐高温聚酰亚胺复合材料部分应用于航空航天领域，造成这一问题的主要原因在于单体的纯度及合成、成型工艺等方面。

1.4　聚酰亚胺的分子结构与其摩擦学性能

　　早在 20 世纪 70 年代，Fusaro 等就开展了分子链松弛和取向与聚酰亚胺摩擦学性能之间关系的研究，发现聚酰亚胺的摩擦系数随着其分子链的取向及松弛降低，而耐磨性升高，这与聚酰亚胺分子链的取向和松弛使其更容易转移有关。杨祖华等以邻苯二胺（OPD）、间苯二胺（MPD）和对苯二胺（PPD）中的任意两种混合，与均苯四甲酸二酐（PMDA）反应制备了共聚型聚酰亚胺薄膜材料并考察了其摩擦磨损性能。结果表明，邻苯二胺及邻苯二胺含量较高的混合二胺与均苯四甲酸二酐反应制备的聚酰亚胺薄膜的摩擦学性能相较于其他结构的薄膜明显更好。Eiss 和 Chitsza-Zadeh 等研究了不同单体结构聚酰亚胺的摩擦学性能，发现具有较柔性主链的聚酰亚胺的磨损率较小。此外，聚酰亚胺的磨损率与其弹性模量呈正相关关系，相关系数为 0.997。许晓璐等的研究则表明，在高载的摩擦条件下，刚性较大的均苯型聚酰亚胺薄膜易于发生基体的剥离而失效，而醚酐型聚酰亚胺薄膜仍保持较低的摩擦系数，这可以归因于不同结构的聚酰亚胺材料转移能力的差异。可见，柔性的聚酰亚胺主链结构有助于提高其摩擦磨损性能。

Tian 等人在聚酰亚胺前驱体的制备过程中引入 4,4′-六氟异丙基邻苯二甲酸酐（6FDA），制备了含氟聚酰亚胺薄膜材料。摩擦磨损性能研究发现，随着分子链中含氟二酐单体比例的增加，聚酰亚胺薄膜材料的耐磨性提高。不同温度条件下的摩擦学性能研究则表明，含氟聚酰亚胺薄膜比不含氟薄膜表现出较低的摩擦系数，并能够耐受更高的 PV 值。Hady 等在缩聚合成聚酰亚胺的过程中引入 2,2-双 4-(4-氨基苯氧基) 苯基六氟丙烷（4-BDAF）制备了含氟聚酰亚胺，发现该材料虽然表现出较低的磨损率，但其摩擦系数高达 0.85。尽管含氟单体的引入对聚酰亚胺摩擦系数的影响规律不尽相同，但含氟单体的引入能够提高聚酰亚胺耐磨性的结论是一致的。

李同生等利用含氟二酐制备了一系列不同氟含量的聚酰亚胺薄膜，并讨论了其摩擦系数突变与玻璃化转变温度的关联，发现在高温摩擦条件下聚酰亚胺薄膜摩擦系数突变（升高）发生的温度随着薄膜玻璃化转变温度的升高而升高，当全部使用含氟二酐时，材料摩擦系数的突变温度升高至 200℃。

Tewari 等制备了不同交联度的马来酸酐封端的热固性聚酰亚胺，并考察了其摩擦学性能，发现交联度不同引起的聚酰亚胺延展性的差异对其摩擦学性能具有明显的影响，延展性较好的聚酰亚胺的摩擦系数和磨损率低于延展性较差的聚酰亚胺。此外，随着聚酰亚胺的摩擦系数对载荷和速度的敏感性降低，其磨损率随着摩擦界面温度的变化趋于平稳。

丛培红等对比研究了热塑性聚酰亚胺（见图 1-16）与热固性聚酰亚胺（见图 1-17）在不同温度下的摩擦磨损性能。结果表明，温度升高对热塑性和热固性聚酰亚胺的摩擦系数会产生不同的影响。其中，热塑性聚酰亚胺的摩擦系数随着温度的升高先增大后减小，而热固性聚酰亚胺 KH-304 的摩擦系数随着温度上升呈逐渐下降的趋势。与摩擦系数的变化趋势不同，热塑性和热固性聚酰亚胺的磨损率均随着温度的升高而增大。磨损表面的化学结构和形貌分析表明，温度升高对热塑性聚酰亚胺摩擦磨损性能的影响与摩擦界面上聚酰亚胺的物理状态变化有关，即随着温度升高，热塑性聚酰亚胺发生从玻璃态到高弹态或黏流态的转变。而对于热固性聚酰亚胺，温度的上升使得摩擦界面发生摩擦化学反应，导致分子链的断裂，这是引起热固性聚酰亚胺摩擦学性能变化的重要原因。

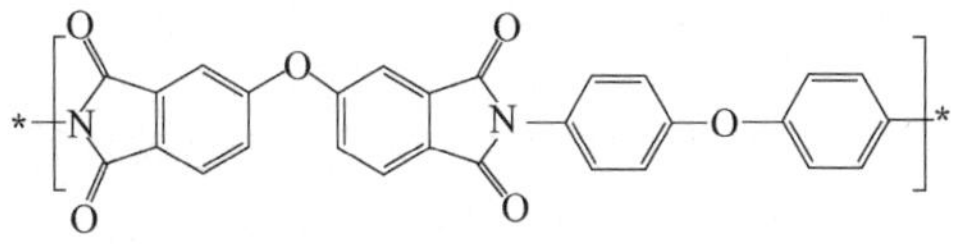

图 1-16　YS-20 模塑粉的分子结构

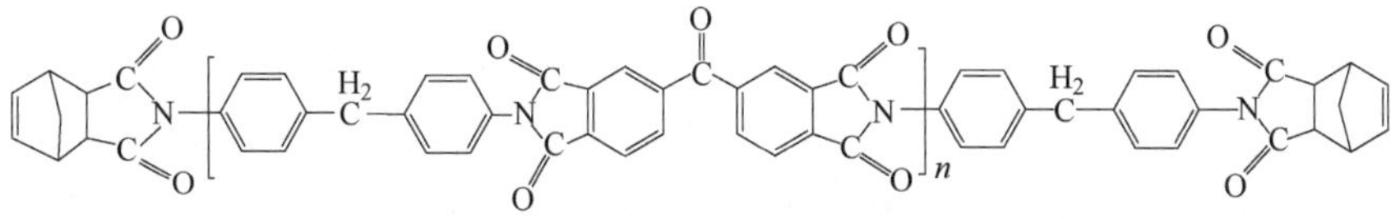

图 1-17　KH-304 的分子结构

1.5　聚酰亚胺的摩擦学改性

聚酰亚胺材料因其优异的综合性能，在机械工程领域得到了广泛的应用，尤其在解决特殊工况下的润滑难题方面发挥了重要作用，应用领域包括：①高速高压下具有低摩擦系数、高耐磨损性能的零部件；②优良的抗蠕变或抗塑性变形的零部件；③优良的自润滑或油润滑性能的零部件；④高温高压下的液体密封零部件；⑤高抗弯曲、拉伸和高抗冲击性能的零部件；⑥耐腐蚀、耐辐照、抗生锈的零部件等。

为了满足日益苛刻的摩擦工况对聚酰亚胺材料摩擦磨损性能的要求，对其进行摩擦学改性一直是国内外研究的热点。材料学和摩擦学的研究表明，功能填料填充（包括固体润滑剂、纳米颗粒等）和纤维增强是提高聚合物材料摩擦磨损性能非常有效的手段。前者有助于降低对偶与基体的黏附，后者在摩擦过程中起到良好的承载作用，是聚合物材料摩擦学性能改善的重要原因。常用的功能填料包括石墨、石墨烯、氧化石墨烯和碳纳米管等碳材料，二氧化硅（SiO_2）、二氧化钛（TiO_2）、三氧化铝（Al_2O_3）、二氧化锆（ZrO_2）等纳米陶瓷氧化物，二硫化钼（MoS_2）、滑石粉、氮化硼（BN）、云母和聚四氟乙烯（PTFE）等固体润滑剂。此外，根据材料的摩擦学性能要求，增强纤维也常被用于聚合物材料的摩擦学改性，如玻璃纤维、陶瓷纤维、碳纤维、芳纶纤维以及矿物纤维等。除了承载作用外，碳纤维等的引入还可以提高聚合物材料的导热系数，降低摩擦热对材料性能的影响，有利于改善其摩擦磨损特性。

1.5.1 填充改性热塑性聚酰亚胺复合材料的摩擦学性能

Samyn 等探究了高载、高速及高温条件下，聚四氟乙烯填充的热塑性聚酰亚胺的摩擦学性能。结果表明，聚四氟乙烯改性后的聚酰亚胺复合材料在室温到250℃范围内均表现出较低的摩擦系数和磨损率，而聚酰亚胺基体材料在180℃就发生了摩擦系数急剧下降、磨损率明显增大的现象，这与摩擦界面发生的亚胺化、水解等摩擦化学反应有关。通过对不同温度条件下石墨填充的聚酰亚胺复合材料转移膜的形成机理分析，Samyn 等发现，在室温到100℃范围内，复合材料转移膜的形成机理主要为石墨的机械剥离及转移；而摩擦发生在120~180℃之间时，石墨和聚酰亚胺均参与了转移膜的形成；当温度升高到180~260℃时，转移膜的主要组分为石墨和聚酰亚胺的混合物。值得指出的是，复合材料的摩擦磨损行为在180℃时存在一个转变，类似的转变也发生在前述聚酰亚胺的高温摩擦磨损过程中。据此推测，摩擦界面发生的亚胺化、水解等化学反应对石墨改性聚酰亚胺复合材料的减摩、抗磨性能具有十分重要的影响。

刘洪等人利用纳米 TiO_2、碳纳米管和氧化石墨烯等对聚酰亚胺进行摩擦学改性，发现聚酰亚胺的减摩、抗磨性能得到了极大改善，这归因于上述无机纳米颗粒提高了聚酰亚胺的机械性能，促进了转移膜的形成，提高了其与对偶表面的结合强度。Nie 等人在聚酰亚胺中引入表面氨基修饰的碳纳米管（CNTs），并研究了复合材料在水润滑条件下的摩擦学性能，发现 CNTs 与基体的良好界面结合有利于发挥其承载作用，是复合材料表现出优异摩擦学性能的原因。齐慧敏等考察了 CNTs 的添加量对聚酰亚胺复合材料在水润滑条件下的摩擦磨损性能的影响，发现添加1%（质量分数）的 CNTs 明显提高了聚酰亚胺的摩擦学性能。与聚酰亚胺基体材料相比，摩擦系数降低了 90.7%，而磨损率降低了 82.0%。机理分析表明，在摩擦过程中的界面剪切力作用下，CNTs 被释放到摩擦界面上，并被混合到转移膜中形成类似碳纳米球及纳米片的微晶区，后者具有优异的润滑性能，并可在摩擦过程中发挥一定的承载作用，两者的共同作用使得聚酰亚胺材料的摩擦磨损性能得到显著提高。

Li 等探讨了不同添加量的碳纤维对聚酰亚胺摩擦学性能的改性作用，发现碳纤维改性的聚酰亚胺复合材料的摩擦学性能明显优于聚酰亚胺基体，当碳纤维的添加量为20%（体积分数）时，复合材料的耐磨性能最佳。赵盖等对比研究了不同纤维增强的聚酰亚胺（YS-20）复合材料样品在不同温度下的摩擦学性能，摩擦系数见表1-3。可见，碳纤维降低了 YS-20 在室温条件下的摩擦系数，而玻璃纤维和芳纶纤维增大了 YS-20 的摩擦系数。相比之下，在高温条件下，芳纶纤维增强的聚酰亚胺复合材料的摩擦系数与 YS-20 基体材料相差不大，而碳纤维和玻璃纤维增强在不同程度上增大了材料的摩擦系数。从以上结果推断，纤维自身的性质对其填充聚酰亚胺复合材料在高温下的摩擦行为具有重要的影响。其中，有机芳纶纤维在高温条件下易于发生变形，致使其易于被剪切，从而降低了复合材料的摩擦系数。

表 1-3　样品在不同温度下的摩擦系数

样品	摩擦系数				
	室温	50℃	100℃	150℃	200℃
聚酰亚胺（PI）	0.33	0.35	0.35	0.31	0.33
碳纤维增强聚酰亚胺（CF/PI）	0.30	0.34	0.34	0.32	0.35
玻璃纤维增强聚酰亚胺（GF/PI）	0.43	0.49	0.47	0.53	0.48
芳纶纤维增强聚酰亚胺（AF/PI）	0.34	0.38	0.30	0.30	0.30

纤维自身在高温下的性能对聚酰亚胺复合材料摩擦学性能的影响也体现在耐磨性上，如图 1-18 所示。随着环境温度从室温升高到 200℃，聚酰亚胺及其复合材料的磨损率逐渐升高。尤其是在 100～200℃之间，聚酰亚胺基体和芳纶纤维增强的复合材料的磨损率显著增大。与有机芳纶纤维不同，玻璃纤维和碳纤维增强的聚酰亚胺复合材料的磨损率随着温度升高增大的幅度明显较小。在环境温度为 200℃时，玻璃纤维改性的聚酰亚胺复合材料表现出最低的磨损率，约为 YS-20 基体磨损率的 1/5。除了纤维自身的耐温性能外，纤维与基体的界面结合特性也是影响聚酰亚胺复合材料在高温下的摩擦磨损性能的重要因素。

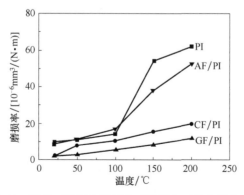

图 1-18　聚酰亚胺复合材料在不同温度下的磨损率变化

齐慧敏等利用芳纶纤维与碳纤维增强传统的 PTFE 改性聚酰亚胺复合材料，并探讨了干摩擦和水润滑条件下纤维对聚酰亚胺复合材料摩擦磨损性能的改性作用和机理。研究结果表明，低硬度、低模量的芳纶纤维能够更有效地降低干摩擦条件下聚酰亚胺复合材料的摩擦系数和磨损率，而在水润滑条件下，碳纤维改性的聚酰亚胺复合材料表现出更加优异的摩擦学性能。造成以上差异的原因在于，在干摩擦条件下，磨损表面裸露的碳纤维会破坏对偶表面转移膜的形成，导致润滑失效；而在水润滑条件下，碳纤维改性的聚酰亚胺复合材料更易与水形成边界润滑膜，从而提高了复合材料的摩擦学性能。

众所周知，摩擦界面的温度对聚合物材料的摩擦磨损性能具有至关重要的影响，而摩擦界面温度与摩擦系数及材料的导热系数密切相关。Mu 等探讨了聚酰亚胺复合材料的摩擦界面温度与其导热性能和摩擦系数之间的关系，发现降低材料的摩擦系数比提高其导热系数在降低摩擦界面温度方面更有效，如降低 40%的摩擦系数可使得聚酰亚胺复合材料的界面温度降低 72℃，而将材料的导热系数提高到原来的 18 倍才能取得同样的效果。可见，在对聚酰亚胺材料进行摩擦学改性时，减摩是首先要考虑的因素，其次要尽量提高其导热系数。

1.5.2 填充改性热固性聚酰亚胺复合材料的摩擦学性能

贾均红等探讨了碳纤维增强和固体润滑剂填充对 PMR 型热固性聚酰亚胺摩擦学性能的影响。结果表明，填充短切碳纤维和固体润滑剂显著降低了聚酰亚胺在干摩擦和水润滑条件下的摩擦系数和磨损率。在干摩擦条件下，复合材料的磨损主要表现为塑性变形、微裂纹和剥落，这些磨损形式在水润滑条件下被明显地抑制，是复合材料在水润滑条件下表现出更好的摩擦学性能的原因。

陈建升等对比研究了短切碳纤维、玻璃纤维和石英纤维增强 PMR 型热固性聚酰亚胺的摩擦学性能，发现碳纤维在改善聚酰亚胺的摩擦磨损性能方面更有效。与碳纤维相比，玻璃纤维和石英纤维在摩擦过程中更易于发生断裂并进入摩擦接触界面，后者增大了对偶金属表面的粗糙度，导致复合材料的磨损率增大。

李同生通过制备不同结构及不同相对分子质量的热固性聚酰亚胺薄膜及纤维织物复合材料，考察了预聚体相对分子质量及分子结构对材料摩擦学性能的影响。通过对其力学及摩擦学性能的研究发现，随着相对分子质量的增加，薄膜及复合材料的抗拉强度和硬度均先增大后减小。当预聚体相对分子质量为 5000 时，材料表现出了最佳的机械性能。此时薄膜的拉伸强度也达到了最大值，断裂伸长率则降为最小值。摩擦磨损试验结果表明，当预聚体相对分子质量为 5000 时，薄膜及复合材料均表现出了最佳的抗磨性能，但摩擦系数最高。

刘洪研究了纳米 SiO_2、TiO_2、碳纳米管、氧化石墨烯、蒙脱土等对苯乙炔基封端的热固性聚酰亚胺摩擦学性能的影响,发现除了片状结构的氧化石墨烯外,纳米 SiO_2、TiO_2、碳纳米管和蒙脱土均能够提高热固性聚酰亚胺的摩擦学性能,并且无机纳米粒子的表面有机处理有利于其摩擦学性能的改善。磨损机理分析表明,纳米粒子的添加促进了对偶表面转移膜的形成及其与对偶表面的结合,使得磨损机理从疲劳磨损逐渐转变为磨粒磨损和疲劳磨损的混合。

1.6　聚酰亚胺摩擦学研究的发展方向

随着航空航天等现代科技的快速发展,特殊工况下运动机构的润滑难题变得越来越突出,不仅要求润滑材料具有优异的减摩抗磨性能,还要经受高低温等苛刻环境的考验。理论和实践表明,通过分子结构设计、减摩抗磨组分优化,聚酰亚胺基自润滑复合材料为解决特殊工况下的润滑需求提供了有效途径。然而,由于聚酰亚胺分子链结构的多样性,以及材料摩擦学性能的系统依赖性,对聚酰亚胺摩擦学的研究未能形成系统的理论,这在很大程度上制约了高性能聚酰亚胺分子链结构的构筑和减摩抗磨聚酰亚胺复合材料的设计。

然而,目前对高性能聚酰亚胺复合材料的研究主要集中于如何提高材料的耐温、力学和工艺等性能,对其摩擦学性能的研究远远落后于其摩擦学应用,显著阻碍了聚酰亚胺复合材料在摩擦学领域的应用水平。基于多年的聚酰亚胺摩擦学研究工作,笔者认为以下几个方面是未来聚酰亚胺摩擦学研究的发展方向:

1) 相同二胺及二酐单体合成的聚酰亚胺在封端前后的摩擦磨损性能演化,以及封端剂对其摩擦学性能的影响规律和机理。

2) 功能性聚酰亚胺材料的分子结构构筑及其耐热、机械和摩擦磨损等性能的匹配兼容技术。

3) 高低温、辐照等苛刻环境下聚酰亚胺复合材料的摩擦学性能,包括分子尺度聚酰亚胺复合材料的摩擦磨损机理、功能填料的作用机制等。

4) 高可靠、长寿命聚酰亚胺材料的减摩抗磨新思路、新技术,及其摩擦学部件的设计理论。

参 考 文 献

[1] BOGERT M T, RENSHAW R R. 4-Amino-0-phthalic acid and some of its derivatives [J]. Journal of the American Chemical Society, 1908, 30 (7): 1135-1144.

[2] 米智明. 主链含脂肪环的聚酰亚胺的制备与性能研究 [D]. 长春: 吉林大学, 2019.

［3］陈丹. 聚酰亚胺取向纳米复合膜的制备、结构与性能研究［D］. 上海：复旦大学，2012.

［4］HARVEY B G, YANDEK G R, LAMB J T, et al. Synthesis and characterization of a high temperature thermosetting polyimide oligomer derived from a non-toxic, sustainable bisaniline［J］. RSC Advances, 2017, 7 (37): 23149-23156.

［5］范琳，陈建升，胡爱军，等. 高性能聚酰亚胺材料的研究进展［J］. 材料工程，2007 (Z01): 160-163.

［6］FANG Q R, WANG J H, GU S, et al. 3D Porous Crystalline Polyimide Covalent Organic Frameworks for Drug Delivery［J］. Journal of the American Chemical Society, 2015, 137 (26): 8352-8355.

［7］FUSARO R L. Self-lubricating polymer composites and polymer transfer film lubrication for space applications［J］. Tribology International, 1990, 23 (2): 105-122.

［8］FRIEDRICH K. Polymer composites for tribological applications［J］. Advanced Industrial and Engineering Polymer Research, 2018, 1 (1): 3-39.

［9］管月. 主链含吡啶杂环结构聚酰亚胺的合成及性能研究［D］. 长春：吉林大学，2015.

［10］SASUGA T, HAYAKAWA N, YOSHIDA K, et al. Degradation in tensile properties of aromatic polymers by electron beam irradiation［J］. Polymer, 1985, 26 (7): 1039-1045.

［11］李庆. 新型聚酰亚胺及其复合材料的制备与性能研究［D］. 武汉：湖北大学，2018.

［12］何天白，丁孟贤，张劲，等. 高韧性聚酰亚胺复合材料及制备方法：CN92102868.7［P］. 1993-10-27.

［13］ZHOU J, ZHANG J, LIU W L, et al. The effect of formulated molecular weight on temperature resistance and mechanical properties in polyimide based composites［J］. Journal of Materials Science, 1996, 31 (19): 5119-5125.

［14］王凯，高生强，詹茂盛，等. 热塑性聚酰亚胺研究进展［J］. 高分子通报，2005 (3): 25-32.

［15］刘存生，陈钰玮，曹景茹，等. 热塑性聚酰亚胺的研究及应用进展［J］. 绝缘材料，2021, 54 (4): 1-7.

［16］梁国正，顾嫒娟. 双马来酰亚胺树脂［M］. 北京：化学工业出版社，1997.

［17］IISAKA K. Influence of gelling conditions on mechanical properties of simultaneous interpenetrating polymer networks from epoxy and bismaleimide resins［J］. Journal of Applied Polymer Science, 1993, 47 (8): 1315-1502.

［18］IIJIMA T, OHNISHI K, FUKUDA W, et al. Modification of bismaleimide resin with N-phenylmaleimide-styrene-p-hydroxystyrene and N-phenylmaleimide-styrene-p-allyloxystyrene terpolymers［J］. Journal of Applied Polymer Science, 1997, 65 (8): 1451-1461.

［19］SERAFINI T T, DELVIGS P, LIGHTSEY G R. Thermally stable polyimides from solutions of monomeric reactants［J］. Journal of Applied Polymer Science, 1972, 16 (4): 905-915.

［20］YOUNG P R, CHANG A C. Characterization of geometric isomers of norbornene end-capped imides［J］. Journal of Heterocyclic Chemistry, 1983, 20 (1): 177-182.

［21］BERSON J A, REYNOLDS R D. On the stereochemistry and mechanism of the diels-alder reaction1［J］. Journal of the American Chemical Society, 1955, 77 (16): 4434.

［22］LAUVER R W. Kinetics of imidization and crosslinking in PMR polyimide resin［J］. Journal of Polymer Science: Polymer Chemistry Edition, 1979, 17 (8): 2529-2539.

［23］LANDIS A L, NASELOW A B. Improved version of processible acetylene-terminated oligomers for composites and coatings［J］. Society for the Advancement of Material and Process Engineering, 1982: 236-242.

［24］MOY T M, DEPORTER C D, MCGRATH J E. Synthesis of soluble polyimides and functionalized imide oligomers via solution imidization of aromatic diester-diacids and aromatic diamines ［J］. Polymer, 1993, 34 (4): 819-824.

［25］MEYER G W, PAK S J, LEE Y J, et al. New high-performance thermosetting polymer matrix material systems［J］. Polymer, 1995, 36 (11): 2303-2309.

［26］HOLLAND T V, GLASS T E, MCGRATH J E. Investigation of the thermal curing chemistry of the phenylethynyl group using a model aryl ether imide［J］. Polymer, 2000, 41 (13): 4965-4990.

［27］SMITH J G, CONNELL J W, HERGENROTHER P M. Imide oligomers containing pendent and terminal phenylethynyl groups［J］. Polymer, 1997, 38 (18): 4657-4665.

［28］SIMONE C D, SCOLA D A. Phenylethynyl end-capped polyimides derived from 4,4'-(2,2,2-Trifluoro-1-phenylethylidene) diphthalic anhydride, 4,4'-(Hexafluoroisopropylidene) diphthalic anhydride, and 3,3',4,4'-biphenylene dianhydride: structure-viscosity relationship［J］. Macromolecules, 2003, 36 (18): 6780-6790.

［29］HERGENROTHER P M, SMITH J G. Chemistry and properties of imide oligomers end-capped with phenylethynylphthalic anhydride［J］. Polymer, 1994, 35 (22): 4857-4864.

［30］MEYER G W, JAYARAMAN S, LEE Y J, et al. Synthesis and characterization of soluble, high temperature 3-phenylethynyl aniline functionalized polyimides via the ester-acid Route ［J］. MRS Online Proceedings Library, 1993, 305: 3-20.

［31］OGASAWARA T, ISHIDA Y, ISHIKAWA T, et al. Characterization of multi-walled carbon nanotube/phenylethynyl terminated polyimide composites［J］. Composites Part A: Applied Science and Manufacturing, 2004, 35 (1): 67-74.

［32］FANG X M, ROGERS D F, SCOLA D A. A study of the thermal cure of a phenylethynyl-terminated imide model compound and a phenylethynyl-terminated imide oligomer (PETI-5)［J］. Journal of Polymer Science Part A: Polymer Chemistry, 1998, 36 (3): 461-470.

［33］HERGENROTHER P M, SMITH J G. Chemistry and properties of imide oligomers end-capped with phenylethynylphthalic anhydrides［J］. Polymer, 1994, 35 (22): 4857-4864.

［34］杨士勇, 高生强, 胡爱军, 等. 耐高温聚酰亚胺树脂及其复合材料的研究进展［J］. 宇

航材料工艺, 2000, 30 (1): 1-6.

[35] HERGENROTHER P M. The use, design, synthesis, and properties of high performance/high temperature polymers: an overview [J]. High Performance Polymers, 2003, 15 (1): 3-45.

[36] HERGENROTHER P M, CONNELL J W, SMITH J G. Phenylethynyl containing imide oligomers [J]. Polymer, 2000, 41 (13): 5073-5081.

[37] SMITH J G, CONNELL J W, HERGENROTHER P M. The effect of phenylethynyl terminated imide oligomer molecular weight on the properties of composites [J]. Journal of Composite Materials, 2000, 34 (7): 614-628.

[38] YOKOTA R, YAMAMOTO S, YANO S, et al. Molecular design of heat resistant polyimides having excellent processability and high glass transition temperature [J]. High Performance Polymers, 2001, 13 (2): S61-S72.

[39] OGASAWARA T, ISHIKAWA T, YOKOTA R, et al. Processing and properties of carbon fiber reinforced triple-A polyimide (Tri-A PI) matrix composites [J]. Advanced Composite Materials, 2002, 11 (3): 277-286.

[40] OGASAWARA T, ISHIDA Y, YOKOTA R, et al. Processing and properties of carbon fiber/Triple-A polyimide composites fabricated from imide oligomer dry prepreg [J]. Composites Part A: Applied Science and Manufacturing, 2007, 38 (5): 1296-1303.

[41] DIAKOUMAKOS C D, MIKROYANNIDIS J A, KRONTIRAS C A, et al. Synthesis and characterization of polymer precursors bearing 2,2-dicyanovinyl groups and their curing to thermally stable and electrically conductive resins [J]. Polymer, 1995, 36 (5): 1097-1107.

[42] MIKROYANNIDIS J A. Cyano-substituted polyamides and polyimides prepared from 2,6-bis (3-aminobenzylidene)-1-dicyanomethylene-cyclohexane [J]. European Polymer Journal, 1994, 30 (12): 1403-1410.

[43] DIAKOUMAKOS C D, MIKROYANNIDIS J A. N-Cyano-substituted homopolyamide and copolyamides [J]. Polymer, 1993, 34 (10): 2227-2232.

[44] MIKROYANNIDIS J A. Polyamides containing olefinic bonds [J]. Journal of Applied Polymer Science, 1993, 48 (10): 1749-1756.

[45] CONNCLL J W, SMITH J G, HERGENROTHER P M, et al. High temperature transfer molding resins: preliminary composite properties of PETI-375 [C]//Proceeding of the 49th International SAMPE Symposium and Exhibition. California: [s. n.], 2004: 16-20. Center Hampton, VA 23681-2199; National Aeronautics and Space Administration Langley Research Center 2004.

[46] HAO J Y, HU A J, GAO S Q, et al. Processable polyimides with high glass transition temperature and high storage modulus retention at 400℃ [J]. High Performance Polymers, 2001, 13 (3): 211-224.

[47] HAO J Y, HU A J, YANG S Y. Preparation and characterization of mono-end-capped PMR polyimide matrix resins for high-temperature applications [J]. High Performance Polymers,

2002, 14 (4): 325-340.

[48] LIU Y F, WANG Z, YANG H L, et al. 3-phenylethynyl phthalimide end-capped imide oligomers and the cured polymers [J]. Journal of Polymer Science Part A: Polymer Chemistry, 2008, 46 (12): 4227-4235.

[49] LIU Y F, WANG Z, LI G, et al. Thermal and mechanical properties of phenylethynyl-containing imide oligomers based on isomeric biphenyltetracarboxylic dianhydrides [J]. High Performance Polymers, 2010, 22 (1): 95-108.

[50] GUERRA G, WILLIAMS D J, KARASZ F E, et al. Miscible polybenzimidazole blends with a benzophenone-based polyimide [J]. Journal of Polymer Science Part B: Polymer Physics, 1988, 26 (2): 301-313.

[51] JONG B D, WADDON A J, KARASZ F E, et al. Blending of poly (benzimidazole) (PBI) with a low molecular weight ether imide model compound [J]. Polymer Engineering and Science, 1992, 32 (15): 1047-1051.

[52] VANDERHART D L, CAMPBELL G C, BRIBER R M. Phase separation behavior in blends of poly (benzimidazole) and poly (ether imide) [J]. Macromolecules, 1992, 25 (18): 4734-4743.

[53] WANG H H, WU S P. Synthesis and their thermal and thermo-oxidative properties of poly (benzimidazole amide imide) copolymers [J]. Journal of Polymer Research, 2005, 12 (1): 37-47.

[54] WANG H H, WU S P. Thermal and thermo-oxidative degradation properties of poly (benzimidazole amide imide) copolymers [J]. Journal of Applied Polymer Science, 2004, 93 (5): 2072-2081.

[55] WANG H H, WU S P. Synthesis of thermally stable aromatic poly (imide amide benzimidazole) copolymers [J]. Journal of Applied Polymer Science, 2003, 90 (5): 1435-1444.

[56] BERRADA M, CARRIERE F, ABBOUD Y, et al. Preparation and characterization of new soluble benzimidazole-imidecopolymers [J]. Journal of Materials Chemistry, 2002 (12): 3551-3559.

[57] WANG S, ZHOU H W, DANG G D, et al. Synthesis and characterization of thermally stable, high-modulus polyimides containing benzimidazole moieties [J]. Journal of Polymer Science Part A: Polymer Chemistry, 2009, 47 (8): 2024-2031.

[58] ZHANG G M, GUO X X, FANG J H, et al. Preparation and properties of covalently crosslinked sulfonated copolyimide membranes containing benzimidazole groups [J]. Journal of Membrane Science, 2009, 326 (2): 708-713.

[59] CHOI H, CHUNG I S, HONG K, et al. Soluble polyimides from unsymmetrical diamine containing benzimidazole ring and trifluoromethyl pendent group [J]. Polymer, 2008, 49 (11): 2644-2649.

［60］ CHEN J C, WU J A, LEE C Y, et al. Novel polyimides containing benzimidazole for temperature proton exchange membrane fuel ［J］. Journal of Membrane Science, 2015, 483: 144-154.

［61］ PAN H, ZHANG Y Y, PU H T, et al. Organic-inorganic hybrid proton exchange membrane based on polyhedral oligomeric silsesquioxanes and sulfonated polyimides containing benzimidazole ［J］. Journal of Power Sources, 2014, 263 (1): 195-202.

［62］ GU X Z, XU N, GUO X X, et al. Synthesis, proton conductivity and chemical stability of novel sulfonated copolyimides-containing benzimidazole groups for fuel cell applications ［J］. High Performance Polymers, 2013, 25 (5): 508-517.

［63］ LI W, GUO X X, AILI D, et al. Sulfonated copolyimide membranes derived from a novel diamine monomer with pendant benzimidazole groups for fuel cells ［J］. Journal of Membrane Science, 2015, 481: 44-53.

［64］ YIN C Q, ZHANG Z X, DONG J, et al. Structure and properties of aromatic poly (benzimidazole-imide) copolymer fibers ［J］. Journal of Applied Polymer Science, 2015, 132 (7).

［65］ YIN C Q, DONG J, ZHANG Z X, et al. Structure and properties of polyimide fibers containing benzimidazole and amide units ［J］. Journal of Polymer Science Part B: Polymer Physics, 2015, 53 (3): 183-191.

［66］ YIN C Q, DONG J, ZHANG D B, et al. Enhanced mechanical and hydrophobic properties of polyimide fibers containing benzimidazole and benzoxazole units ［J］. European Polymer Journal, 2015, 67: 88-98.

［67］ CHEN Y T, ZHANG Q H. Synthesis and properties of polyimides derived from diamine monomer containing bi-benzimidazole unit ［J］. Journal of Polymer Research, 2014, 21 (5): 424.

［68］ SONG G L, ZHANG Y, WANG D M, et al. Intermolecular interactions of polyimides containing benzimidazole and benzoxazole moieties ［J］. Polymer, 2013, 54 (9): 2335-2340.

［69］ ZHUANG Y B, GU Y. Poly (benzoxazole-amide-imide) copolymers for interlevel dielectrics: interchain hydrogen bonding, molecular arrangement and properties ［J］. Journal of Polymer Research, 2013, 20 (6): 1-8.

［70］ MA X Y, MA X F, QIU X P, et al. Preparation and properties of imidazole-containing polyimide/silica hybrid films ［J］. 高等学校化学研究: 英文版, 2014 (6): 1047-1050.

［71］ ZHANG P, CHEN Y, LI G Q, et al. Enhancement of properties of polyimide/silica hybrid nanocomposites by benzimidazole formed hydrogen bond ［J］. Polymers for Advanced Technologies, 2012, 23 (10): 1362-1368.

［72］ MALLAKPOUR S, DINARI M. Fabrication of polyimide/titania nanocomposites containing benzimidazole side groups via sol-gel process ［J］. Progress in Organic Coatings, 2012, 75 (4): 373-378.

［73］ GHOSE S, WATSON K A, WORKING D C, et al. Preparation and characterization of PETI-

330/multiwalled carbon nanotube［C］//Nanocomposites. San Francisco：［s. n.］, 2005.

［74］CHUANG K. High T_g Polyimides［Z］. 2001.

［75］GHOSE S, WATSON K A, CANO R J, et al. Phenylethynyl terminated imide (PETI) composites made by High temperature VARTM［C］//14th European Conference on Composite Materials. Budapest：［s. n.］, 2010.

［76］HU A J, HAO J Y, HE T, et al. Synthesis and characterization of high-temperature fluorine-containing PMR polyimides［J］. Macromolecules, 1999, 32 (24)：8046-8051.

［77］FUSARO R L. Molecular relaxations, molecular orientation and the friction characteristics of polyimide films［J］. A S L E Transactions, 1977, 20 (1)：1-14.

［78］FUSARO R L. Tribological Properties and Thermal Stability of Various Types of Polyimide Films［J］. A S L E Transactions, 2008, 25 (4)：465-477.

［79］杨祖华, 阎逢元, 王金清, 等. 几种共聚型聚酰亚胺薄膜的摩擦学性能研究［J］. 材料保护, 2004, 37 (2)：1-3, 62.

［80］CHITSAZ-ZADEH M R, EISS N S. Friction and wear of polyimide thin films［J］. Wear, 1986, 110 (3-4)：359-368.

［81］JONES J W, EISS N S. Effect of chemical structure on the friction and wear of polyimide thin films［J］. Polymer Wear and Its Control, 1985, 287：135-148.

［82］许晓璐, 赵文轸, 宋邦才. 不同分子结构聚酰亚胺固体润滑膜的摩擦学性能研究［J］. 中国表面工程, 2005, 18 (3)：16-19.

［83］TIAN J S, WANG H Y, HUANG Z Y, et al. Investigation on tribological properties of fluorinated polyimide［J］. Journal of Macromolecular Science, Part B, 2010, 49 (4)：791-801.

［84］LI T S, CONG P H, LIU X J, et al. Tribophysical and tribochemical effects of a thermoplastic polyimide［J］. Journal of Materials Science, 2000, 35 (10)：2597-2601.

［85］FUSARO R L, HADY W F. Low-wear partially fluorinated polyimides［J］. A S L E Transactions, 1985, 28 (4)：542-552.

［86］LI T S, TIAN J S, HUANG T, et al. Tribological behaviors of fluorinated polyimides at different temperatures［J］. Journal of Macromolecular Science, Part B, 2011, 50 (5)：860-870.

［87］CONG P H, LI T S, LIU X J, et al. Effect of temperature on the friction and wear properties of a crosslinked and a linear polyimide［J］. Acta Polymerica Sinica, 1998, 70 (5)：556-561.

［88］TEWARI U S, SHARMA S K, VASUDEVAN P. Friction and wear studies of a bismaleimide［J］. Tribology International, 1988, 21 (1)：27-30.

［89］陈建升, 陶志强, 胡爱军, 等. KH-308 聚酰亚胺及其复合材料的研究［J］. 宇航材料工艺, 2006, 36 (6)：20-25.

［90］FRIEDRICH K, ZHONG Z, SCHLARB A K. Effects of various fillers on the sliding wear of polymer composites［J］. Composites Science and Technology, 2005, 65 (15-16)：2329-2343.

［91］PUÉRTOLAS J A, CASTRO M, MORRIS J A, et al. Tribological and mechanical properties of graphene nanoplatelet/PEEK composites [J]. Carbon, 2019, 141: 107-122.

[92] ZHAO J, MAO J Y, LI Y R, et al. Friction-induced nano-structural evolution of graphene as a lubrication additive [J]. Applied Surface Science, 2018, 434: 21-27.

[93] MIN C Y, NIE P, SONG H J, et al. Study of tribological properties of polyimide/graphene ox-ide nanocomposite films under seawater-lubricated condition [J]. Tribology International, 2014, 80: 131-140.

[94] LI C J, MENG X, ZHAO X W, et al. In situ synthesis of monomer casting nylon-6/graphene-polysiloxane nanocomposites: intercalation structure, synergistic reinforcing, and friction-reducing effect [J]. ACS Applied Materials & Interfaces, 2017, 9 (38): 33176-33190.

[95] ZHAO F Y, ZHANG L G, LI G T, et al. Significantly enhancing tribological performance of epoxy by filling with ionic liquid functionalized graphene oxide [J]. Carbon, 2018, 136: 309-319.

[96] CHEN C S, CHEN X H, XU L S, et al. Modification of multi-walled carbon nanotubes with fatty acid and their tribological properties as lubricant additive [J]. Carbon, 2005, 43 (8): 1660-1666.

[97] XIE H M, JIANG B, HE J J, et al. Lubrication performance of MoS_2 and SiO_2 nanoparticles as lubricant additives in magnesium alloy-steel contacts [J]. Tribology International, 2016, 93: 63-70.

[98] LI X H, CAO Z, ZHANG Z J, et al. Surface-modification in situ of nano-SiO_2 and its structure and tribological properties [J]. Applied Surface Science, 2006, 252 (22): 7856-7861.

[99] ZHANG H J, ZHANG Z Z, GUO F, et al. Friction and wear behavior of the hybrid PTFE/cot-ton fabric composites filled with TiO_2 nanoparticles and modified TiO_2 nanoparticles [J]. Poly-mer Engineering and Science, 2009, 49 (1): 115-122.

[100] AN J W, YOU D H, LIM D S. Tribological properties of hot-pressed alumina-CNT composites [J]. Wear, 2003, 255 (1-6): 677-681.

[101] SAWYER W G, FREUDENBERG K D, BHIMARAJ P, et al. A study on the friction and wear behavior of PTFE filled with alumina nanoparticles [J]. Wear, 2003, 254 (5-6): 573-580.

[102] CLAVERÍA I, ELDUQUE D, LOSTALÉ A, et al. Analysis of self-lubrication enhancement via PA66 strategies: texturing and nano-reinforcement with ZrO_2 and graphene [J]. Tribology International, 2019, 131: 332-342.

[103] CHE Q L, ZHANG G, ZHANG L G, et al. Switching brake materials to extremely wear-re-sistant self-lubrication materials via tuning interface nanostructures [J]. ACS Applied Materials & Interfaces, 2018, 10 (22): 19173-19181.

[104] YUAN H, YANG S G, LIU X H, et al. Polyimide-based lubricating coatings synergistically enhanced by MoS_2@ HCNF hybrid [J]. Composites Part A: Applied Science and Manufac-

turing, 2017, 102: 9-17.

[105] CHEN B B, LI X, JIA Y H, et al. MoS$_2$ nanosheets-decorated carbon fiber hybrid for improving the friction and wear properties of polyimide composite [J]. Composites Part A: Applied science and Manufacturing, 2018, 109: 232-238.

[106] CAO X A, GAN X H, PENG Y T, et al. An ultra-low frictional interface combining FDTS SAMs with molybdenum disulfide [J]. Nanoscale, 2018, 10 (1): 378-385.

[107] YI G W, YAN F Y. Mechanical and tribological properties of phenolic resin-based friction composites filled with several inorganic fillers [J]. Wear, 2007, 262 (1-2): 121-129.

[108] GAO C P, GUO G F, ZHANG G, et al. Formation mechanisms and functionality of boundary films derived from water lubricated polyoxymethylene/hexagonal boron nitride nanocomposites [J]. Materials & Design, 2017, 115: 276-286.

[109] TYAGI R, XIONG D S, LI J L, et al. High-temperature friction and wear of Ag/h-BN-containing Ni-based composites against steel [J]. Tribology Letters, 2010, 40 (1): 181-186.

[110] MA J, QI X W, ZHAO Y L, et al. Effects of elevated temperature on tribological behavior of polyimide and polyimide/mesoporous silica nanocomposite in dry sliding against GCr15 steel [J]. Wear, 2017, 374-375: 142-151.

[111] ALY A A, ZEIDAN E B, ALSHENNAWY A A, et al. Friction and wear of polymer composites filled by nano-particles: a review [J]. World Journal of Nano Science and Engineering, 2012, 2 (1): 32-39.

[112] ZHANG H J, ZHANG Z Z, GUO F. A study on the sliding wear of hybrid PTFE/kevlar fabric/phenolic composites filled with nanoparticles of TiO$_2$ and SiO$_2$ [J]. Tribology Transactions, 2010, 53 (5): 678-683.

[113] ZENG M, WEI C, XIONG X M, et al. Frictional brake material reinforced with sisal fiber and glass fiber hybrid [J]. Advanced Materials Research, 2011, 150-151: 284-287.

[114] HAN Y, TIAN X F, YIN Y S. Effects of ceramic fiber on the friction performance of automotive brake lining materials [J]. Tribology Transactions, 2008, 51 (6): 779-783.

[115] KUMAR M, SATAPATHY B K, PATNAIK A, et al. Evaluation of fade-recovery performance of hybrid friction composites based on ternary combination of ceramic-fibers, ceramic-whiskers, and aramid-fibers [J]. Journal of Applied Polymer Science, 2012, 124 (5): 3650-3661.

[116] FU H, FU L, ZHANG G L, et al. Abrasion mechanism of stainless steel/carbon fiber-reinforced polyether-ether-ketone (PEEK) composites [J]. Journal of Materials Engineering and Performance, 2009, 18 (7): 973-979.

[117] ABADI S B K, KHAVANDI A K Y. Effects of mixing the steel and carbon fibers on the friction and wear properties of a PMC friction material [J]. Applied Composite Materials, 2010, 17: 151-158.

[118] GUAN Q F, LI G Y, WANG H Y, et al. Friction-wear characteristics of carbon fiber rein-

forced friction material [J]. Journal of Materials Science, 2004, 39 (2): 641-643.

[119] DADKAR N, TOMAR B S, SATAPATHY B K. Evaluation of flyash-filled and aramid fibre reinforced hybrid polymer matrix composites (PMC) for friction braking applications [J]. Materials & Design, 2009, 30 (10): 4369-4376.

[120] PARK J H, CHUNG J O, KIM H R. Friction characteristics of brake pads with aramid fiber and acrylic fiber [J]. Industrial Lubrication and Tribology, 2010, 62 (2): 91-98.

[121] ÖZTÜRK B, ARSLAN F, ÖZTÜRK S. Hot wear properties of ceramic and basalt fiber reinforced hybrid friction materials [J]. Tribology International, 2007, 40 (1): 37-48.

[122] SAMYN P, SCHOUKENS G. Tribological properties of PTFE-filled thermoplastic polyimide at high load, velocity, and temperature [J]. Polymer Composites, 2009, 30 (11): 1631-1646.

[123] SAMYN P, BAETS P D, VANCRAENENBROECK J, et al. Postmortem raman spectroscopy explaining friction and wear behavior of sintered polyimide at high temperature [J]. Journal of Materials Engineering and Performance, 2006, 15 (6): 750-757.

[124] SAMYN P, SCHOUKENS G. The lubricity of graphite flake inclusions in sintered polyimides affected by chemical reactions at high temperatures [J]. Carbon, 2008, 46 (7): 1072-1084.

[125] LIU H, WANG T M, WANG Q H. Synthesis and tribological properties of thermosetting polyimide and its carbon nanotube-containing composites [J]. Polymer-Plastics Technology and Engineering, 2012, 51 (1): 1-5.

[126] LIU H, WANG T M, WANG Q H. Tribological properties of thermosetting polyimide/TiO$_2$ nanocomposites under dry sliding and water-lubricated conditions [J]. Journal of Macromolecular Science, Part B, 2012, 51 (11): 2284-2296.

[127] LIU H, LI Y Q, WANG T M, et al. In situ synthesis and thermal, tribological properties of thermosetting polyimide/graphene oxide nanocomposites [J]. Journal of Materials Science, 2012, 47 (4): 1867-1874.

[128] NIE P, MIN C Y, SONG H J, et al. Preparation and tribological properties of polyimide/carboxyl-functionalized multi-walled carbon nanotube nanocomposite films under seawater lubrication [J]. Tribology Letters, 2015, 58 (1): 7.

[129] HU C, QI H M, YU J X, et al. Significant improvement on tribological performance of polyimide composites by tuning the tribofilm nanostructures [J]. Journal of Materials Processing Technology, 2020, 281: 116602.

[130] LI J, CHENG X H. The effect of carbon fiber content on the friction and wear properties of carbon fiber reinforced polyimide composites [J]. Journal of Applied Polymer Science, 2008, 107 (3): 1737-1743.

[131] ZHAO G, HUSSAINOVA I, ANTONOV M, et al. Effect of temperature on sliding and erosive wear of fiber reinforced polyimide hybrids [J]. Tribology International, 2015, 82: 525-533.

［132］QI H M, HU C, ZHANG G, et al. Comparative study of tribological properties of carbon fibers and aramid particles reinforced polyimide composites under dry and sea water lubricated conditions ［J］. Wear, 2019, 436-437: 203001.

［133］MU L W, SHI Y J, FENG X, et al. The effect of thermal conductivity and friction coefficient on the contact temperature of polyimide composites: Experimental and finite element simulation ［J］. Tribology International, 2012, 53: 45-52.

［134］JIA J H, ZHOU H D, GAO S Q, et al. A comparative investigation of the friction and wear behavior of polyimide composites under dry sliding and water-lubricated condition ［J］. Materials Science and Engineering: A, 2003, 356 (1-2): 48-53.

［135］CHEN J S, JIA J H, ZHOU H D, et al. Tribological behavior of short-fiber-reinforced polyimide composites under dry-sliding and water-lubricated conditions ［J］. Journal of Applied Polymer Science, 2008, 107 (2): 788-796.

［136］HUANG T, LI T S, XIN Y S, et al. Mechanical and tribological properties of hybrid fabric-modified polyetherimide composites ［J］. Wear, 2013, 306 (1-2): 64-72.

［137］HUANG T, LIU P, LU R G, et al. Modification of polyetherimide by phenylethynyl terminated agent for improved tribological, macro-and micro-mechanical properties ［J］. Wear, 2012, 292-293: 25-32.

［138］LIU H, WANG T M, WANG Q H. In situ synthesis and properties of PMR PI/SiO$_2$ nanocomposites ［J］. Journal of Applied Polymer Science, 2012, 125 (1): 488-493.

第 **2** 章

热塑性聚酰亚胺的摩擦磨损性能

2.1 不同单体构型热塑性聚酰亚胺的结构设计及其摩擦磨损性能

2.1.1 引言

大量的研究表明，聚酰亚胺的结构是影响其机械性能、热学性能、加工性能及摩擦学性能的关键因素之一。通常，由刚性棒状结构的芳香二胺或二酐制备的聚酰亚胺表现出优异的热学性能。但由于其分子主链的刚性较强，分子链段间易形成紧密堆积，制备的聚酰亚胺往往仅能部分溶于极性溶剂或难以熔融，导致其成型工艺极为苛刻，限制了聚酰亚胺的实际应用。因此，在提高聚酰亚胺耐热性的同时，改善其成型工艺性能是近年来研究的热点。

本节以联苯二酐和联苯醚胺为单体，设计了不同单体构型的聚酰亚胺，探讨了聚酰亚胺的机械性能、热学性能和摩擦学性能等与其结构之间的科学联系，以期为耐高温、易成型聚酰亚胺的制备提供理论和技术指导。

2.1.2 不同单体构型热塑性聚酰亚胺的结构设计、制备及表征

以非对称的 2,3′,3′,4-联苯四甲酸二酐（a-BPDA）为二酐，线性 4,4′-二氨基二苯醚（4,4′-ODA）和非线性的 3,4′-二氨基二苯醚（3,4′-ODA）的混合溶液为二胺，通过调节 4,4′-ODA 和 3,4′-ODA 单体的摩尔比（0∶10、2∶8、4∶6、5∶5、6∶4、8∶2、10∶0），制备了 7 种不同结构的聚酰亚胺材料，分别命名为 PIM、CPI2、CPI4、CPI5、CPI6、CPI8 和 PIP，详细的合成路线如图 2-1 所示。

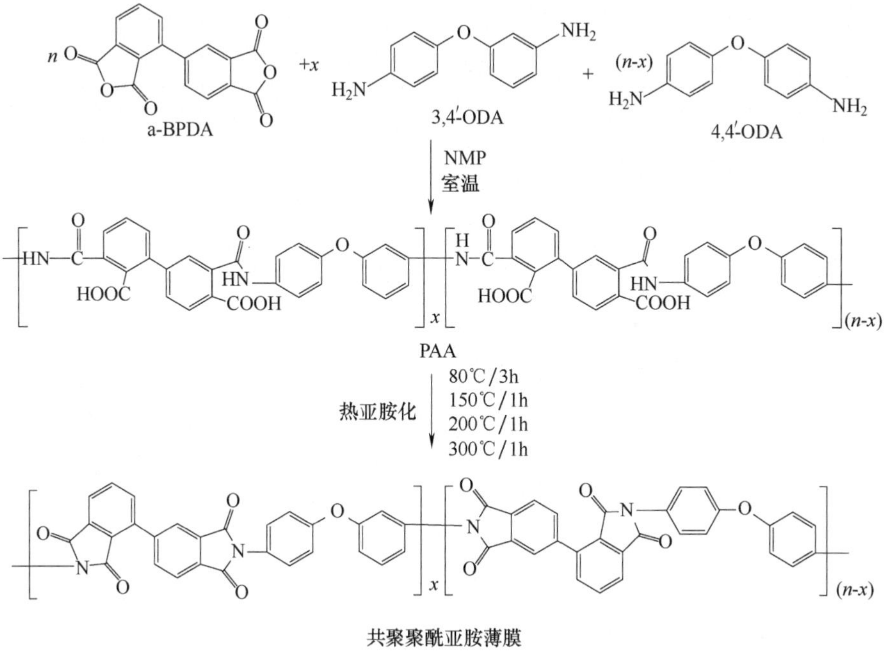

共聚聚酰亚胺薄膜

图 2-1　不同构型二胺的聚酰亚胺合成路线示意图

聚酰亚胺的详细合成步骤如下：首先将 10mmol（2.00g）4,4'-ODA 以及 10mmol（2.00g）3,4'-ODA 加入带有机械搅拌及氮气保护装置的三口瓶中，加入适量 NMP 使其全部溶解。在冰水浴条件下缓慢加入 20mmol（5.88g）的 a-BPDA，加入 NMP 调节溶液的固含量为 15%（质量分数），通入氮气气氛，并搅拌 12h 得到聚酰胺酸溶液。将聚酰胺酸溶液真空脱气 0.5h，然后倒入玻璃基板阶梯升温使其亚胺化，60℃保温 8h；再将温度升至 100℃，保温 1h；继续将温度升至 200℃，保温 1h；最后将温度升至 300℃，保温 1h；紧接着将聚酰亚胺的玻璃基板放入热水中，使聚酰亚胺从基板上脱落，使用乙醇将聚酰亚胺冲洗干净，在 120℃下干燥完全，最终得到聚酰亚胺薄膜材料。

不同结构的聚酰亚胺亚胺化前后的结构变化如图 2-2a 所示。在 1782cm⁻¹ 和 $1715cm^{-1}$ 处典型的特征吸收峰，分别对应于亚胺羰基的对称和不对称的伸缩振动；而亚胺化后在 $1373cm^{-1}$ 处的特征吸收峰归属于亚胺基团 C—N—C 的伸缩振动。亚胺化之后在 $1673cm^{-1}$ 和 $3200 \sim 3500cm^{-1}$ 处羧基的特征峰完全消失，证明亚胺化过程已经进行完全。为进一步确定聚酰亚胺的亚胺化程度，对制备的聚酰亚胺材料进行了核磁共振（NMR）表征分析，图 2-2b 所示为代表性样品 PIM 的 ¹H NMR 测试结果。在 $7.4 \sim 8.2ppm$ 之间出现了聚酰亚胺代表性的芳香族质子的化学位移，相应峰的归属如图 2-2b 中的 a~j 所示。聚酰胺酸中的化学位移大于 10ppm 的羧基官能团的信号峰没有出现，间接证明了亚胺化完全。此外，对小于 2.5ppm（d-DMSO）的吸收峰值深入分析，发现在 1.89（dd）、2.16（t）、3.29（t）和 3.34（s）ppm 处的四个属于 NMP 溶剂分子质子的特征峰，表明溶剂在亚胺化过程中难以完全除去。

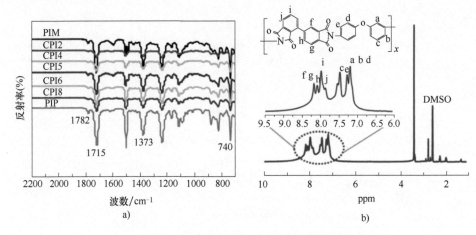

图 2-2　傅里叶变换红外光谱谱图和核磁共振表征

a）傅里叶变换红外光谱（FTIR）谱图　b）核磁共振表征

玻璃化转变温度是聚合物链段以及链迁移运动相关的参数，分子间强的相互作用导致链段和大分子链的运动难度增加，也就是需要在更高的温度下才能够发生明显的链运动，因此导致更高的玻璃化转变温度。

为了揭示不同构型的二胺单体及其比例对聚酰亚胺材料物理、机械性能的影响，对制备的 7 种聚酰亚胺的机械性能、热学性能等进行了表征，如图 2-3a～c 所示，详细的机械性能和热学性能数据统计见表 2-1。可以发现，不同构型的单体对聚酰亚胺的热稳定性能没有明显的影响，这主要是由于大分子链的结构没有发生变化，分子链的结合方式也未改变（见图 2-3b）。随着 4,4′-ODA 在聚合物分子链中的占比增加，合成聚酰亚胺分子链的刚性越强，低温条件下的分子链不易运动，导致其玻璃化转变温度上升，耐温性能也随之提高（见图 2-3c）。机械性能分析表明，以 3,4′-ODA 与 a-BPDA 均聚合成的聚酰亚胺的拉伸强度较高，断裂伸长率较小，韧性较差；而以 4,4′-ODA 与 a-BPDA 均聚合成的聚酰亚胺的断裂伸长率较大，韧性较强。除此之外，以二者不同的比例共聚合成的聚酰亚胺，随着 4,4′-ODA 单体在大分子链中摩尔数的增加，其材料的机械性能以及玻璃化转变温度变化并不是呈现出理想的单调趋势，我们推断这一变化可能与聚酰亚胺大分子链的聚集态结构有关。为验证这一推测，对 PIP、PIM 及 CPI5 三种代表性的聚酰亚胺材料进行了广角 X 射线衍射（WAXD）表征，20°左右宽的衍射峰的出现表明三种聚酰亚胺材料均为无定形非晶态结构（见图 2-3d）。尽管如此，以对称性的 4,4′-ODA 二胺制备的 PIP 以及非对称性的 3,4′-ODA 制备的 PIM 的半峰宽值小于 CPI5，而且 PIP 的半峰宽值也小于 PIM，说明在聚酰亚胺 PIP 以及 PIM 中芳香环的 π-π 共轭致使存在某些有序大分子链的堆积结构。这种紧密堆积的大分子链结构增强了聚酰亚胺的物理交联作用，影响了聚酰亚胺的一系列性能。

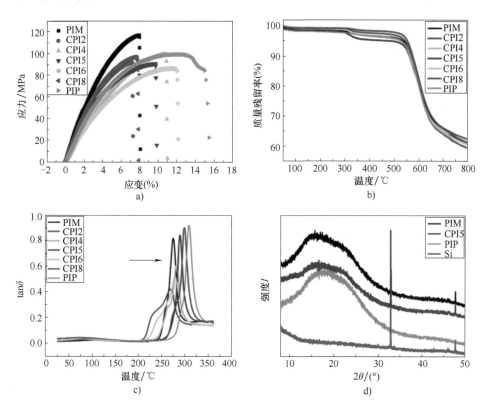

图 2-3　不同聚酰亚胺的机械性能以及热学性能分析

a）典型的应力-应变曲线　b）热重分析曲线　c）损耗因子曲线　d）广角 X 射线衍射表征

表 2-1　不同结构聚酰亚胺的机械性能以及热学性能数据统计

样品	PIM	CPI2	CPI4	CPI5	CPI6	CPI8	PIP
拉伸强度/MPa	121.6±4.8	88.8±2.1	98.8±1.0	84.5±5.9	106.8±8.6	94.0±10.3	97.6±1.7
断裂伸长率（%）	8.7±0.8	7.7±0.3	12.3±1.2	11.6±1.4	8.6±0.9	16.6±1.9	16.6±1.3

（续）

样品	PIM	CPI2	CPI4	CPI5	CPI6	CPI8	PIP
$\tan\delta$	0.80	0.41	0.60	0.81	0.51	0.89	0.90
玻璃化转变温度 $T_g/℃$	275.8	270.7	282.2	290.2	279.5	299.8	309.7
初始热分解温度 $T_d/℃$	541.5	545.7	543.8	545.2	546.5	546.4	554.4
样品失重5%时的热分解温度 $T_{d5}/℃$	538.0	545.3	532.6	511.5	532.2	553.4	532.9
样品失重10%时的热分解温度 $T_{d10}/℃$	564.4	568.6	562.9	561.3	562.9	574.2	566.6
质量残留率 R_w（%）	61.87	62.9	61.08	59.98	62.10	61.57	60.09

对于共混或共聚的聚合物，评价两种结构间的相互作用一般利用 Fox 方程（2-1）和 Gorden-Taylor 方程（2-2）

$$T_g = \frac{w_A T_{gA} + k w_B T_{gB}}{w_A + k w_B} \qquad (2\text{-}1)$$

$$T_g = w_A T_{gA} + w_B T_{gB} \qquad (2\text{-}2)$$

式中，T_g 是共聚物的玻璃化转变温度；w 是各组分的质量分数；k 是和两种组分相互作用力有关的参数。

图 2-4 所示为基于 Fox 以及 Gordene-Taylor 方程拟合的共聚聚酰亚胺的玻璃化转变温度与 4,4′-ODA 含量的关系，可以看出共聚物的玻璃化转变温度与 4,4′-ODA 的含量遵循 Gorden-Taylor 方程，其中 $k = 0.45$。此外，玻璃化转变温

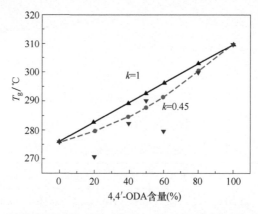

图 2-4　基于 Fox 以及 Gordene-Taylor 方程拟合的共聚聚酰亚胺的
玻璃化转变温度与 4,4′-ODA 含量的关系

度的宽度随着不同单体构型的比例变化而变化。因此，聚酰亚胺的玻璃化转变温度可以在一定的范围内通过单体的构型进行调控。除此之外，可以发现聚酰亚胺 PIM、CPI5、CPI8 以及 PIP 出现了很窄的玻璃化转变温度的特性，说明分子链间的相互作用力较小。以上研究结果为探究聚酰亚胺的结构与摩擦学性能之间的关系奠定了基础。

2.1.3 不同单体构型热塑性聚酰亚胺的摩擦磨损性能

采用球-盘接触模式（CSEM，THT07-135 摩擦磨损试验机）研究了不同单体构型聚酰亚胺的摩擦磨损性能，对偶为 GCr15 钢球（直径为 3mm），样品为在金属表面制备的聚酰亚胺薄膜（厚度约为 20μm）。摩擦试验在干摩擦条件下进行，载荷为 5N，转速为 0.1m/s，滑动距离为 1000m。试验结束后，利用非接触式光学干涉仪（MicroXAX 3D）测试样品的磨损体积，然后通过式（2-3）和式（2-4）计算磨损率。

$$\Delta V = \left[\frac{\pi \left(\frac{R}{2} \right)^2}{180} \arcsin \frac{b}{R} - \frac{b \sqrt{\left(\frac{R}{2} \right)^2 - \left(\frac{b}{2} \right)^2}}{2} \right] \pi b \tag{2-3}$$

$$K = \frac{\Delta V}{PL} \tag{2-4}$$

式中，ΔV 为磨损体积（mm^3）；R 为金属对偶直径（mm）；b 为磨痕宽度（mm）；K 为体积磨损率 $[mm^3/(N \cdot m)]$；P 为载荷（N）；L 为摩擦距离（m）。

图 2-5 所示为不同结构聚酰亚胺材料的摩擦磨损行为测试结果。从图 2-5a 所示摩擦系数与滑动距离的关系可以看出，经过一定时间的跑合后，所有聚酰亚胺的摩擦过程进入稳定阶段。其中，PIP 的跑合距离较长，约为 50m。图 2-5b 比较了不同结构聚酰亚胺的稳态摩擦系数和磨损率，可以看出 PIM 和 CPI5 的摩擦系数相同，平均值为 0.24，而 PIP 的摩擦系数最低，接近 0.17。与之相反，CPI8 样品的摩擦系数最高，约为 0.32。随着聚酰亚胺分子链中的对称性 4,4'-ODA 摩尔分数的增加，平均摩擦系数呈现先降低，然后明显增加，最后降至最低值的变化趋势。对比发现，对称性二胺单体代替非对称合成的聚酰亚胺，其摩擦系数降低约 30%。同时发现对称二胺单体代替非对称合成的聚酰亚胺，其耐磨性能也得到了明显提高。由对称性的 4,4'-ODA 与 a-BPDA 均聚合成的 PIP 的磨损率最低，为 $1.69 \times 10^{-5} mm^3/(N \cdot m)$。相比 PIM 的 $1.78 \times 10^{-5} mm^3/(N \cdot m)$，降低了约 5%。上述试验结果表明，聚酰亚胺的摩擦磨损性能受到合成单体构型的影响，而对称性的单体构型有利于降低其摩擦系数，但是磨损率有所增加。

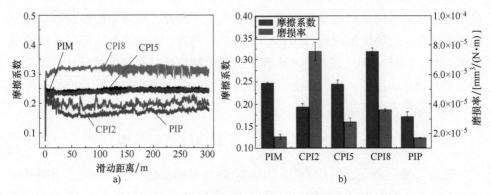

图 2-5 摩擦系数和磨损率变化情况

a）摩擦系数随滑动距离的变化曲线 b）平均摩擦系数和磨损率随 4,4′-ODA 单体摩尔分数的变化趋势

由于聚合物独特的黏弹性，前人研究结果表明，其摩擦力主要由三部分构成（见图 2-6），分别是黏附力 f_A，形变迟滞（内摩擦）力 f_D 和犁削力 f_F。相应地，聚合物材料的摩擦系数可以表示为 $\mu_C = \mu_A + \mu_D + \mu_F$，其中，$\mu_A$ 为黏附摩擦系数，μ_D 为形变迟滞摩擦系数，μ_F 为犁削摩擦系数。

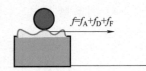

图 2-6 聚合物的摩擦力构成

根据鲍登 F. P. 和泰伯 D. 的研究，摩擦系数的上述三个分量可以分别用式（2-5）、式（2-6）和式（2-7）表示。

$$\mu_A = \frac{K\sigma_0 W \tan\delta}{H} \tag{2-5}$$

式中，K 为比例常数；σ_0 为应力；W 为载荷；H 为硬度。

$$\mu_D = \frac{K_h P_a \tan\delta}{E'} \tag{2-6}$$

式中，K_h 为与微凸体形状和接触长度有关的常数；P_a 为接触面上的名义应力；E' 为复合材料的储能模量。

$$\mu_F = \frac{2h}{\pi r} \tag{2-7}$$

式中，h 为微凸体陷入材料的深度；r 为微凸体的投影半径。

从上述材料摩擦系数的分量与其性能及摩擦接触参数的关系可以看出，本节所研究的聚酰亚胺的宏观摩擦系数受其物理、机械性能的强烈影响。通过调节不同结构的单体，使材料的机械强度（储能模量 E'）提高，硬度增加，分子链间相互作用力加强，交联密度（$\tan\delta$）增大，可提高材料的减摩性能。根据我们的试验结果，两种单体共聚的聚酰亚胺摩擦系数较高，而由一种二胺单体均聚合成的聚酰亚胺摩擦系数较低，该研究结果对通过改变单体构型调控聚酰亚胺的摩擦性能具有指导作用。为进一步探究不同单体构型对聚酰亚胺耐磨性的影响，对样品表面进行了纳米压痕硬度分析，其正压力与压头压入深度的关系如图 2-7 所示，相应的硬度值列于表 2-2 中。其中，PIM、PIP 以及 CPI5 的纳米压痕硬度较高，其磨损率相应较小，表明提高聚酰亚胺的硬度，有利于提高其耐磨性。

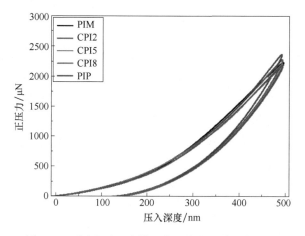

图 2-7　不同聚酰亚胺样品表面纳米压痕硬度测试

表 2-2　不同聚酰亚胺样品表面纳米压痕硬度数据

样品	PIM	CPI2	CPI5	CPI8	PIP
硬度/MPa	476.3±10.4	450.6±9.0	464±4.5	454.6±15.1	456.3±10.0

　　从以上摩擦磨损性能分析可见，通过改变聚酰亚胺合成过程中不同的二胺单体构型，可以实现其摩擦系数以及磨损率的调控。其中，非对称性的二胺单体可以实现聚酰亚胺材料的抗磨需求，而对称性的二胺单体不仅有利于提高聚酰亚胺的耐温性能，而且还可以降低材料的摩擦系数以及磨损率。

2.1.4　不同单体构型热塑性聚酰亚胺的磨损率与其机械性能之间的关系

　　研究结果表明，材料的机械强度越高，其磨损率越低。而不同结构的二胺对聚酰亚胺的拉伸强度与断裂伸长率的影响结果并不一致。探究二者与聚酰亚胺材料的磨损性能关系对今后的聚酰亚胺摩擦学材料设计十分重要。为了解释磨损率与机械性能之间的关系，使用了斯皮尔曼等级（Spearman）相关系数进行探究分析。

在统计学中，以查尔斯·斯皮尔曼命名的斯皮尔曼等级相关系数（Spearman's rank correlation coefficient）是衡量两个变量的依赖性的非参数指标，通常用希腊字母 ρ 表示。它是基于分层数据研究两个变量之间关系的一种常见方法。它利用单调方程评价两个统计变量的相关性，相关系数的值可以反映两个变量之间的关系：如果数据中没有重复值，并且当两个变量完全单调相关时，斯皮尔曼等级相关系数则为 +1 或 −1；$-1<\rho<0$ 表示负相关；$0<\rho<1$ 表示正相关。ρ 的计算见式（2-8）。

$$\rho = 1 - \frac{6\sum d_i^2}{n(n^2-1)} \tag{2-8}$$

式中，d_i 为 X_i 和 Y_i 之间的等级差，$d_i = rg(X_i) - rg(Y_i)$，X_i 和 Y_i 分别是观测值 i 的取值等级；n 为观测值的总数量。

为了揭示不同单体构型的聚酰亚胺的磨损率与其机械性能之间的关系，我们利用 SPSS 数据统计分析软件对试验数据进行了分析，具体的过程分两个步骤进行：①用式（2-8）计算斯皮尔曼等级相关系数；②使用单方面假设检验评估结果的可靠性。为统计方便，我们分别用 X_1 与 X_2 表示材料的拉伸强度和断裂伸长率，用 Y 表示材料的磨损率。详细的分析结果见表 2-3 和表 2-4。

表 2-3　拉伸强度（X_1）与磨损率（Y）之间的关联性

				X_1	Y
Spearman	X_1	相关系数		1.000	−0.600
		显著性（单尾）		0	0.142
		个案数		5	5
		自助抽样[1]	偏差	0.000[2]	0.084[2]
			标准误差	0.000[2]	0.441[2]
			85%置信区间 上限	1.000[2]	−1.000[2]
			85%置信区间 下限	1.000[2]	−0.111[2]
	Y	相关系数		−0.600	1.000
		显著性（单尾）		0.142	0.0
		个案数		5	5
		自助抽样[1]	偏差	0.084[2]	0.000[2]
			标准误差	0.441[2]	0.000[2]
			85%置信度 上限	−1.000[2]	1.000[2]
			85%置信度 下限	−0.111[2]	1.000[2]

① 除非另有说明，否则自助抽样结果基于 1000 个自助抽样样本。

② 基于 999 个样本。

表 2-4　断裂伸长率 (X_2) 与磨损率 (Y) 之间的关联性

				Y	X_2
Spearman	Y	相关系数		1.000	-0.462
		显著性（单尾）		0	0.217
		个案数		5	5
		自助抽样[①]	偏差	0.000[②]	0.049[③]
			标准误差	0.000[②]	0.553[③]
		75%置信度	上限	1.000[②]	-1.000[③]
			下限	1.000[②]	0.162[③]
	X_2	相关系数		-0.462	1.000
		显著性（单尾）		0.217	0
		个案数		5	5
		自助抽样[①]	偏差	0.049[③]	0.000[③]
			标准误差	0.553[③]	0.000[③]
		75%置信度	上限	-1.000[③]	1.000[③]
			下限	0.162[③]	1.000[③]

[①] 除非另有说明，否则自助抽样结果基于 1000 个自助抽样样本。

[②] 基于 996 个样本。

[③] 基于 987 个样本。

表 2-3 统计分析了不同单体构型的聚酰亚胺的拉伸强度与磨损率之间的关系，其中置信度（confidence interval）是对分析结果的检验。可以看出，拉伸强度 (X_1) 与磨损率 (Y) 呈负相关，相关系数为-0.6，置信度为85%。表 2-4 统计分析了上述聚酰亚胺的断裂伸长率与磨损率之间的关系，结果表明断裂伸长率 (X_2) 与磨损率 (Y) 呈负相关，相关系数为-0.462，置信度为 75%。以上分析结果表明，聚酰亚胺的机械性能对其耐磨性具有明显的影响：一方面，聚酰亚胺的拉伸强度越高，其磨损率越低；另一方面，断裂伸长率越大（较韧），越有利于提高聚酰亚胺的耐磨性。

2.1.5　不同单体构型热塑性聚酰亚胺的磨损机理

为了阐明不同结构聚酰亚胺的磨损机理，对其磨损表面及对应的 GCr15 对偶钢球表面进行了扫描电子显微镜（SEM）形貌分析，如图 2-8 所示。通过比较分析发现，聚酰亚胺 CPI5 和 PIP 的磨损表面比 PIM 光滑，特别是完全以线性 4,4′-ODA 合成的 PIP 的磨损表面非常光滑，几乎看不到犁沟。较大的断裂伸长率致使聚酰亚胺在摩擦过程中不易剥离，从而提高了其耐磨性能。而拉伸强度较大，断裂伸长率较小的 PIM 较脆，在反复应力的作用下表面易剥离，少量磨屑在摩擦副间移动，致使磨损表面呈现出很多的犁沟。而拉伸强度和断裂伸长率较小的 CPI5，磨损表面主要以塑性变形为主，几乎没有犁沟的出现。从上述磨损表面形貌分析可以发现，本节所研究的聚酰亚胺的磨损机理主要是黏着磨损和磨粒磨损。据此可以推断，黏着和犁削机理主导了不同单体构型的热塑性聚酰亚胺的摩擦过程。

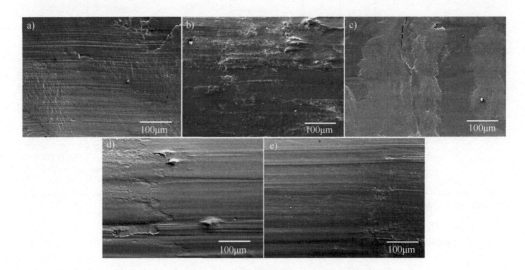

图 2-8　不同样品室温条件下的磨损表面 SEM 形貌
a) PIM　b) CPI2　c) CPI5　d) CPI8　e) PIP

　　基于上述磨损表面形貌分析的结果，进一步对与 CPI5 对摩的 GCr15 钢球表面的形貌和组成进行了分析（见图 2-9）。由图 2-9a 可见，GCr15 钢球表面被一层薄而均匀的转移膜覆盖，这与 CPI5 较小的拉伸强度和断裂伸长率有关，后者使其更易转移到钢球表面，而均匀的转移膜的形成是摩擦系统从跑合进入稳态摩擦阶段的重要原因。对钢球表面进行的能量色散 X 射线谱（EDS）元素分析（见图 2-9b）表明，与钢球表面原始的化学元素组成相比，C、N、O 元素的含量明显增加，证明了聚酰亚胺在摩擦过程中不但与对偶发生了物理转移，而且大量研究结果表明也发生了相关的螯合化学反应，详细的 EDS 元素分析结果见表 2-5。

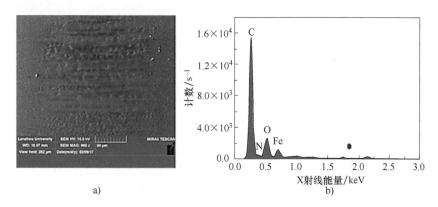

a)　　　　　　　　　　　　　　b)

图 2-9　GCr15 钢球表面的形貌和组成分析

a）钢球表面的转移膜　b）钢球表面的 EDS 元素分析

表 2-5　转移膜的元素组成以及相对含量

元素	质量百分数（%）	原子比（%）	误差（%）
C	46.32	60.90	5.40
N	8.55	9.64	9.97
O	23.70	23.40	7.22
Cr	5.24	3.75	7.10
Fe	21.43	6.06	5.97

2.1.6　小结

本节通过调节两种异构体二胺的比例，制备了不同结构的热塑性聚酰亚胺薄膜材料，系统考察了不同构型单体的配比对聚酰亚胺的机械性能、耐温性能以及摩擦学性能的影响，主要结论如下：

1）线性构型的二胺单体在聚酰亚胺分子链中的占比越大，其玻璃化转变温度越高，分子链间的 π-π 共轭愈加明显，材料的断裂伸长率较大，而机械强度较低。

2）聚酰亚胺分子链中的线性单元占比越大，与钢球对摩时的摩擦系数越小，而具有较大的拉伸强度或者断裂伸长率的聚酰亚胺材料表现出了优异的耐磨性能。

3）聚酰亚胺材料的耐磨性能与其拉伸强度正相关，而与断裂伸长率负相关，即拉伸强度越大，材料的耐磨性能越好，而韧性较差的聚酰亚胺材料的磨损率较高。

2.2 含苯并咪唑结构热塑性聚酰亚胺薄膜的摩擦磨损性能

2.2.1 引言

聚苯并咪唑作为优良的耐高温工程材料，其在400℃以上仍具有较好的力学性能和电学性能，是耐高温复合材料的理想树脂基体之一。同时聚苯并咪唑优良的耐磨、耐辐照、耐酸碱等性能也使其在尖端领域及微电子等行业有广阔的应用前景。研究表明，聚苯并咪唑的上述优良性能与其分子链中特殊的苯并咪唑结构有关。但是，由于聚苯并咪唑的合成方法及成型条件比较苛刻，限制了其进一步的广泛应用。聚酰亚胺薄膜作为应用广泛的工程薄膜，其耐热性仍不能满足现代技术的需求。为了进一步提高现有聚酰亚胺的耐热性能，我们采用含有苯并咪唑结构的二胺单体制备了热塑性聚酰亚胺，并对其摩擦磨损性能进行了研究。

2.2.2 含苯并咪唑结构热塑性聚酰亚胺的制备

含苯并咪唑结构热塑性聚酰亚胺前驱体聚酰胺酸的合成路线如图2-10所示，具体的合成步骤如下：将0.05mol的二胺单体缓慢加入含有适量NMP（按固含量15%计算）的带有机械搅拌及气体保护装置的三口瓶中。待单体溶解后加入等量的2,3,3′,4′-二苯醚四甲酸二酐（ODPA）。然后在室温下，机械搅拌16h，即得聚酰胺酸溶液。

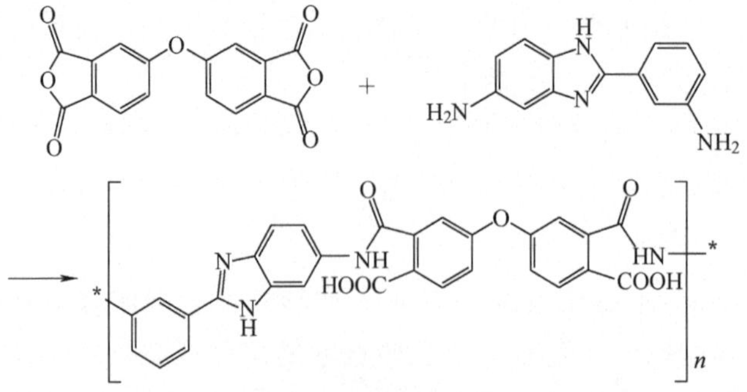

图2-10 含苯并咪唑结构热塑性聚酰亚胺前驱体聚酰胺酸的合成路线

44

　　将所得的聚酰胺酸溶液均匀地涂到干净的玻璃板上，通过玻璃棒刮涂将薄膜的厚度控制在 80~100μm 之间。将涂好聚酰胺酸的玻璃板置于烘箱中，分别在 60℃、80℃、100℃、150℃ 和 250℃ 各处理 1h。然后，分别在真空烘箱中于 300℃、320℃、350℃ 及 390℃ 处理 1h，即得到不同温度下亚胺化的薄膜（PBI-300、PBI-320、PBI-350 和 PBI-390）。最后，将这些薄膜裁剪成相应的尺寸用于测试。

2.2.3　含苯并咪唑结构热塑性聚酰亚胺的化学、物理及机械性能

　　图 2-11 所示为不同温度下亚胺化的聚酰亚胺薄膜的红外和紫外吸收谱图。从图 2-11a 可以看出，不同的成膜温度对材料的红外吸收并没有明显影响。亚胺环及 C—N 单键的红外吸收峰分别出现在 1722cm^{-1}、1782cm^{-1} 和 1373cm^{-1} 处。同时，1609cm^{-1}、1476cm^{-1}、1442cm^{-1} 和 1277cm^{-1} 处分别对应苯并咪唑结构的吸收峰、咪唑环的弯曲振动吸收峰和伸缩振动吸收峰，该结果与文献中的报道一致。

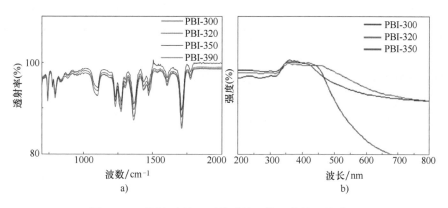

图 2-11　不同温度处理后薄膜的红外和紫外吸收谱图

a）红外吸收谱图　b）紫外吸收谱图

　　虽然不同的处理温度对聚酰亚胺的红外吸收峰没有影响，但随着成膜温度的升高，聚酰亚胺的分子链排列有序性增加，从而增强了分子间的相互作用力（π-π* 作用力）。由薄膜的紫外吸收峰（见图 2-11b）可以看出，随着成膜温度升高，薄膜的紫外吸收出现了明显的红移现象，且紫外吸收波长变宽，这归因于较高的处理温度使分子链能更好地进行取向，进而增强了分子链间的相互作用力。尽管如此，对不同亚胺化温度下制备的薄膜进行的 X 射线衍射（XRD）分析表明，热处理温度未对其结晶性能产生影响，不同温度下成型的聚酰亚胺

薄膜均没有出现明显的结晶现象（见图 2-12）。

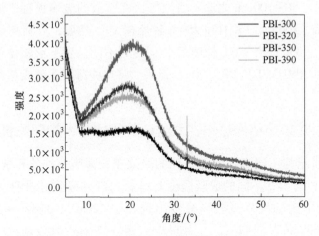

图 2-12　不同温度处理薄膜的 XRD 曲线

　　如前所述，随着处理温度的升高，聚酰亚胺的分子链取向度增加，后者对薄膜的硬度产生影响（见图 2-13a），但薄膜的弹性模量没有发生明显的变化，只有当热处理温度达到 390℃时，聚酰亚胺薄膜的弹性模量才大幅度提高，硬度也明显增大。需要指出的是，在 390℃的成膜温度下，聚酰亚胺材料发生氧化或炭化，导致薄膜变脆，以致无法进行拉伸性能测试。除此之外，聚酰亚胺薄膜的拉伸强度和断裂伸长率随着成膜温度升高而增加（见图 2-13b），这也与较高的成膜温度导致的聚酰亚胺分子链取向度增大有关。

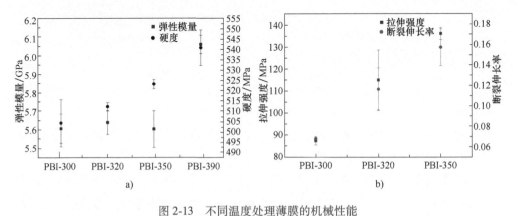

图 2-13　不同温度处理薄膜的机械性能

a）弹性模量和硬度　　b）拉伸强度和断裂伸长率

图 2-14 所示为不同亚胺化温度下制备的聚酰亚胺薄膜的 DMA 及热重分析结

果。从图 2-14a 中 tanδ 随温度的变化曲线可以看出，随着成膜温度的升高，薄膜的 DMA 曲线的峰形逐渐由宽而矮向窄而高变化，同时玻璃化转变温度也随之升高。这是由于苯并咪唑结构的刚性较强，含该结构的聚酰亚胺需要在更高的温度下才能完全热亚胺化，上述结论可以从聚酰亚胺的热重分析结果进一步证实。如图 2-14b 所示，在 300℃ 及 320℃ 下成型的薄膜的热重曲线上存在两个明显的热失重平台。400℃ 前的热失重说明在 300℃ 及 320℃ 下成型的薄膜没有完全亚胺化，这是由单体的性质所决定的。

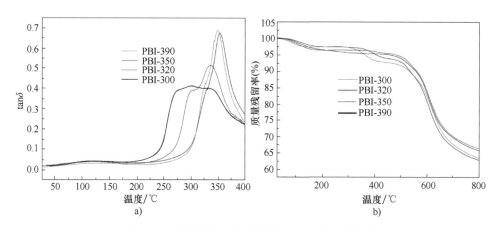

图 2-14　不同温度成型后薄膜的 DMA 及热重曲线

a）DMA 曲线　b）热重曲线

2.2.4　含苯并咪唑结构热塑性聚酰亚胺的摩擦磨损性能

含苯并咪唑结构热塑性聚酰亚胺的摩擦磨损性能测试在 CSM THT07-135 型球-盘接触模式摩擦磨损试验机上进行，热处理温度、载荷及滑动速度对其摩擦系数的影响如图 2-15 所示。可以看出，不同载荷下聚酰亚胺薄膜的摩擦系数均呈现先降低后升高的趋势。350℃ 下成型的聚酰亚胺薄膜在两种条件下均表现出较低的摩擦系数，并且摩擦系数随着载荷和速度的增加而降低。而随着成膜温度升高至 390℃，薄膜的摩擦系数均高于 350℃ 下成型薄膜的摩擦系数，说明成膜温度通过影响材料的机械性能对其在不同条件下的摩擦学性能产生了影响。因为成膜温度较低时，薄膜的内应力较大，机械性能较差，在摩擦过程中需要较大的切向力来克服材料的形变及剥离。随着温度的升高，薄膜的取向度增加，摩擦过程中薄膜的形变减小，材料更容易在对偶上形成转移膜，从而表现出较低的摩擦系数。

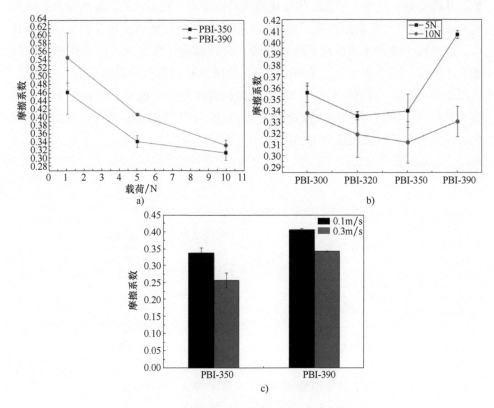

图2-15 不同条件下薄膜的摩擦系数（球-盘接触模式）

a）热处理温度 b）载荷 c）滑动速度

上述热处理温度对聚酰亚胺摩擦行为的影响从其磨损表面形貌及对应的对偶表面转移膜形貌的差异可以得到进一步证实。分析比较图2-16a~d可以看到，300℃和350℃下成膜的聚酰亚胺的磨损表面均比较光滑，但300℃下在对偶表面形成的转移膜较厚且不均匀，而350℃下形成薄且均匀的转移膜。然而，当温度过高时（390℃），由于材料模量及硬度的大幅度增加，材料变脆，并表现出类似热固性塑料的特性，导致聚酰亚胺薄膜的摩擦系数增加，磨损表面上出现明显的疲劳磨损现象（见图2-16e、f）。

图2-17所示为不同成膜温度下聚酰亚胺薄膜磨痕宽度的变化，随着成膜温度的升高，聚酰亚胺的磨痕逐渐变宽，即磨损率逐渐变大，这与文献报道的柔性较好的薄膜具有较低的磨损率一致。此外，当成膜温度不高于350℃时，聚酰亚胺的磨损表面以黏着磨损为主（见图2-17a~c），而反复剪切导致的疲劳磨损主导了390℃下成膜的聚酰亚胺的磨损表面（见图2-17d）。

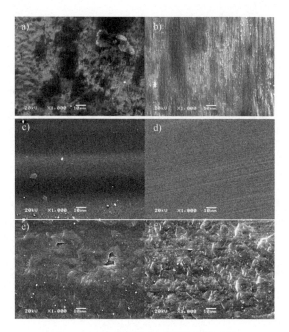

图 2-16　薄膜磨损表面及转移膜形貌

a）转移膜（300℃，10N，0.1m/s）　b）转移膜（350℃，10N，0.1m/s）

c）磨痕表面（300℃，10N，0.1m/s）　d）磨痕表面（500℃，10N，0.1m/s）

e）磨痕表面（390℃，5N，0.1m/s）　f）磨痕表面（390℃，10N，0.1m/s）

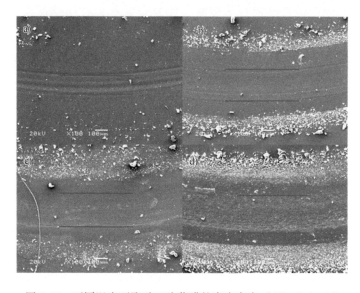

图 2-17　不同温度下聚酰亚胺薄膜的磨痕宽度（5N，0.1m/s）

a）300℃　b）320℃　c）350℃　d）390℃

2.2.5 小结

1）含苯并咪唑结构的热塑性聚酰亚胺薄膜的物理、机械性能受成膜温度的影响。在300~350℃的范围内，较高的成膜温度导致的聚酰亚胺分子链取向度的增大使得薄膜的拉伸强度和断裂伸长率增加，而390℃的成膜温度引起聚酰亚胺材料发生氧化或炭化，致使薄膜变脆。综合考虑薄膜的性能，含苯并咪唑结构的热塑性聚酰亚胺薄膜的最佳成膜温度为350℃。

2）摩擦磨损机理分析表明，当成膜温度不高于350℃时，含苯并咪唑结构的热塑性聚酰亚胺薄膜的磨损机理以黏着磨损为主，而反复剪切导致的疲劳磨损主导了390℃下成膜聚酰亚胺的磨损过程。

2.3 短切碳纤维含量及表面处理对碳纤维增强聚酰亚胺摩擦磨损行为的影响

2.3.1 引言

纯聚酰亚胺材料具有较低的拉伸强度、抗压强度，不适合单独作为摩擦材料使用。研究表明，通过填充各种功能填料可以显著改善聚酰亚胺的机械和摩擦学性能。其中，碳纤维增强的聚酰亚胺复合材料具有比模量高、比强度高、耐辐照、高温下机械性能优异、使用温度范围广（−269~400℃）等特点，在航空、航天飞行器和现代武器系统、化工医药、纺织工业、汽车工业、矿山工业以及精密机械行业等金属材料或其他工程塑料无法满足要求的情况下都可选择使用。

尽管如此，由于碳纤维本身的结构特性，其表面化学惰性较大，与聚合物基体的界面结合能较低，在很大程度上影响了其对聚合物材料的改性作用。通过表面处理，清除碳纤维表面的杂质、在碳纤维表面形成微孔和刻蚀沟槽，或者引进具有极性或反应性的官能团是提高碳纤维与聚合物基体间相互作用力的有效手段，常用的碳纤维表面处理方法有化学法、电化学法、等离子处理等。通常，单一处理方法由于优缺点共存，在提高某方面性能的同时，牺牲了材料另一方面的性能，复合表面处理法则可以适当调和几种表面处理方法的优缺点。本节以上海市合成树脂研究所生产的 YS-20 型聚酰亚胺为基体，运用复合表面处理技术对碳纤维进行表面改性，采用热压成型工艺制备了系列改性聚酰亚胺复合材料，考察了碳纤维含量、纤维表面处理以及不同填料复合改性处理（碳纤维、固体润滑剂、纳米氧化物）对热塑性聚酰亚胺复合材料摩擦磨损性能和磨损机理的影响，并对它们的作用机理进行了探讨。

2.3.2 短切碳纤维含量对聚酰亚胺复合材料摩擦磨损行为的影响

采用环块接触模式（M-2000 型摩擦磨损试验机）考察了碳纤维增强聚酰亚胺复合材料的摩擦磨损性能。图 2-18 所示为在 200N、0.431m/s 时，碳纤维含量对改性聚酰亚胺复合材料摩擦磨损性能的影响。可以看出，少量碳纤维（5%，质量分数）的加入就可以显著降低聚酰亚胺复合材料的摩擦系数和磨损率。当碳纤维的添加量为 15%（质量分数）时，其增强聚酰亚胺复合材料的摩擦系数和磨损率均降到最低值。然而随着碳纤维添加量的进一步增大，其增强聚酰亚胺复合材料的摩擦系数和磨损率都随之增大。通常在纤维含量较低时，纤维分散于树脂基体中，两相黏结较好；而在纤维含量较高时，纤维易于团聚，在树脂中不能有效地分散均匀，纤维与树脂间结合的紧密程度下降，树脂之间的空隙率增大，由此导致其增强聚酰亚胺的机械强度随之减小。因此，碳纤维含量比较高时，在外加载荷作用下，纤维与树脂之间的界面容易发生破坏，碳纤维从聚酰亚胺基体中脱落，进而磨断形成第三体，加重了磨损，致使纤维增强聚酰亚胺的摩擦学性能恶化。

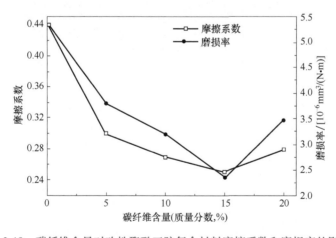

图 2-18　碳纤维含量对改性聚酰亚胺复合材料摩擦系数和磨损率的影响

图 2-19 和图 2-20 所示为碳纤维改性聚酰亚胺复合材料磨损表面以及 GCr15 对偶表面的 SEM 形貌照片。可以看出，纯的聚酰亚胺磨损表面有明显的犁沟，磨痕比较深，并伴有大颗粒磨屑。对偶表面有大量转移的聚酰亚胺磨屑，并且转移膜不连续，带有明显的犁削擦伤，这些都与其高的摩擦系数和磨损率相对

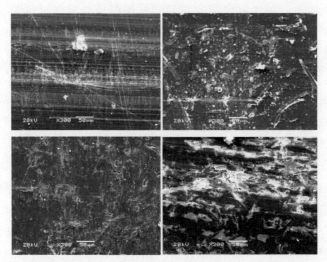

图 2-19　不同碳纤维含量改性聚酰亚胺复合材料磨损表面的 SEM 形貌照片

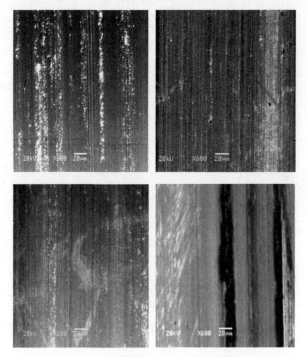

图 2-20　GCr15 对偶表面的 SEM 形貌照片

应。而添加 10%（质量分数）的碳纤维以后，聚酰亚胺复合材料磨损表面的犁削现象大大减少，磨损表面没有出现明显的塑性变形，磨痕也比较浅，但仍有少量包含纤维碎段和树脂的磨屑存在于磨损表面。对偶表面的转移膜较厚、连续，有轻微的犁削擦伤痕迹。同样条件下，添加 15%（质量分数）碳纤维后，磨损表面相对光滑，碳纤维和树脂紧紧地结合在一起，基本上看不到犁沟，磨损表面有少量小颗粒磨屑。磨损机制主要以黏着磨损和疲劳磨损为主。对偶表面的转移膜相对较薄且均匀连续。而添加 20%（质量分数）碳纤维后，磨损表面粗糙，有大量碳纤维从树脂中脱落，进而产生大量微裂纹，磨损加重。同时转移膜变得厚而不连续，有严重的犁削擦伤痕迹，此时严重的磨粒磨损占优势，犁削现象十分严重，材料的摩擦磨损性能降低。

2.3.3　短切碳纤维表面处理对聚酰亚胺复合材料摩擦磨损行为的影响

1. 碳纤维的表面处理及化学结构和组成表征

本节所用短切碳纤维长度约 3mm，直径约为 7.8μm，密度约为 1.8g/cm³。具体的表面处理过程如下：碳纤维用无水乙醇和丙酮的混合溶剂（1：1）回流清洗 24h 除去表面胶料，然后烘干备用。将清洗的碳纤维放入 65%~68%（质量分数）的硝酸溶液中，超声波清洗 1h，再 140℃回流 4h，处理完毕后，过滤并且用蒸馏水洗涤数次，烘干得到 CF-COOH。将处理后的碳纤维置于 SOCl₂ 中，加入少量 N,N-二甲基甲酰胺（DMF）做催化剂，将温度控制在 70℃反应 40h，然后将溶液过滤，过滤物用无水四氢呋喃反复洗涤后放置于 40℃的真空烘箱中干燥 5h。最后，加入过量的乙二胺（EDA）室温反应 24h 便得到乙二胺表面接枝的碳纤维。上述表面处理流程如图 2-21 所示。

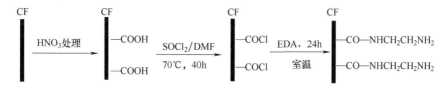

图 2-21　碳纤维的表面处理示意图

图 2-22 所示为碳纤维表面处理前后的衰减全反射傅里叶变换红外光谱（ATR-FTIR）图。可以看出，碳纤维经乙二胺（EDA）表面接枝后的表面官能团发生了明显变化。1630cm⁻¹ 的特征峰归结于 C＝O，—NH—的弯曲振动吸收峰出现在 1560cm⁻¹，3305cm⁻¹ 和 1320cm⁻¹ 的峰归结于 NH 和 CN 的伸缩振动吸收峰。以上新官能团的出现表明乙二胺成功接枝到了碳纤维的表面。

对改性碳纤维的表面化学组成进一步进行了 X 射线光电子能谱（XPS）分析，各元素在碳纤维表面的相对含量见表 2-6。处理前后碳纤维表面碳元素的相

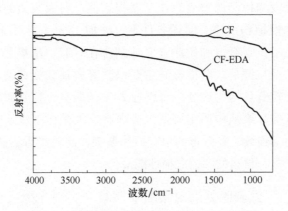

图 2-22　碳纤维表面处理前后的 ATR-FTIR 图

对原子浓度分别为 88.15% 和 71.75%，而氧元素的相对原子浓度从 9.5% 增加至 20.18%，氮元素的相对原子浓度从 2.35% 增加至 8.07%。可见，碳纤维表面接枝乙二胺后，表面氧元素和氮元素的相对原子浓度明显增大，而碳元素的相对原子浓度降低，说明大量的活性元素和活性基团被引入碳纤维表面。这些活性基团可以有效改善碳纤维在聚酰亚胺中的浸润性，提高二者的界面结合强度。

表 2-6　表面改性和未改性碳纤维表面的元素（相对原子浓度）分析

碳纤维	C（%）	O（%）	N（%）	O：C
未改性碳纤维（CF）	88.15	9.5	2.35	10.8
改性碳纤维（CF-EDA）	71.75	20.18	8.07	28.1

2. 碳纤维表面处理对聚酰亚胺复合材料摩擦磨损性能的影响

图 2-23 所示为载荷对改性和未改性碳纤维增强聚酰亚胺复合材料摩擦系数和磨损率的影响情况。从图中可以看出，表面改性和未改性碳纤维增强聚酰亚胺复合材料的摩擦系数和磨损率都随着载荷的增加而降低。随着载荷的增加，磨损表面许多大颗粒状磨屑会被碾压成小颗粒或者层状磨屑。此外，随着载荷的增加，对偶面上的转移膜更容易形成，以至于摩擦发生在该层磨屑与对偶面上的转移膜之间，磨屑中的碳纤维在一定程度上还可以起到润滑剂的作用，从而引起复合材料摩擦系数和磨损率的降低。此外，随着载荷的增加，摩擦过程产生的摩擦热增多，聚合物表面层发生软化，软化层也起到润滑剂的作用，有利于进一步提高复合材料的摩擦学性能。此外，在本节研究的载荷范围内，改性碳纤维增强聚酰亚胺的摩擦系数和磨损率均比改性前明显降低，这主要

是因为碳纤维经过表面改性后,表面活性官能团增加,纤维与树脂的界面黏结强度增加,当载荷作用于复合材料表面时,可以有效地将应力通过界面从树脂传递给纤维,有效地避免磨损表面产生应力集中,从而使其摩擦磨损性能得到改善。

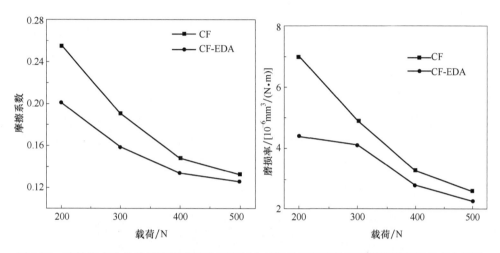

图 2-23 改性和未改性碳纤维增强聚酰亚胺复合材料的摩擦系数和磨损率随载荷的变化情况

图 2-24 所示为滑动速度对改性及未改性碳纤维增强聚酰亚胺复合材料摩擦系数和磨损率的影响。可见,滑动速度从 0.431m/s 提高到 0.862m/s 时,表面改性及未改性碳纤维增强聚酰亚胺复合材料的摩擦系数和磨损率均降低,并且碳纤维表面改性明显提高了聚酰亚胺复合材料的摩擦磨损性能。随着滑动速度

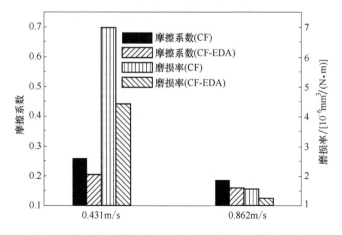

图 2-24 改性及未改性碳纤维增强聚酰亚胺的摩擦系数和
磨损率与滑动速度的关系 (200N)

的增加，没有足够的接触时间在磨损接触面形成黏合点，因黏着而引起的摩擦力大大降低。除此以外，滑动速度增大，摩擦面间的摩擦热增加，复合材料表面层发生软化，界面剪切强度降低，且更容易向对偶表面转移形成均匀、连续的转移膜。以上因素共同作用，使得聚酰亚胺复合材料的摩擦学性能得到改善。

图 2-25 所示为碳纤维增强聚酰亚胺复合材料在 200N、0.431m/s 下的磨损表面及对偶钢环表面形貌的 SEM 照片（白色箭头所示为滑动方向）。可以看出，未改性碳纤维增强聚酰亚胺的磨损表面比较粗糙，并且伴有许多划沟（见图 2-25a），与其对摩的钢环表面形成的转移膜厚而不均匀（见图 2-25c）。而纤维经过表面改性后，其增强聚酰亚胺的磨损表面变得相对光滑，黏着及犁削现象明显减弱（见图 2-25b），转移膜变得相对较薄，且均匀、连续（见图 2-25d）。可见，碳纤维表面改性对聚酰亚胺复合材料摩擦磨损性能的影响与其提高对偶钢环表面转移膜的性质有关。

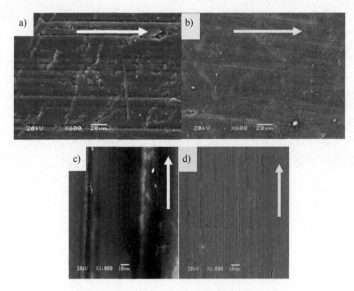

图 2-25　改性及未改性碳纤维增强聚酰亚胺磨损表面以及
对偶钢环表面 SEM 形貌照片（200N、0.431m/s）

a）未改性碳纤维增强聚酰亚胺　b）改性碳纤维增强聚酰亚胺　c）与未改性碳纤维增强
聚酰亚胺对摩形成的转移膜　d）与改性碳纤维增强聚酰亚胺对摩形成的转移膜

图 2-26 所示为聚酰亚胺复合材料在不同条件下磨损表面和对偶钢环表面转移膜的 SEM 形貌照片。在高速下，磨损表面光滑，有少量的小颗粒磨屑附着在磨损表面上，对应的转移膜更均匀、致密。磨损表面小颗粒磨屑的存在减小了

摩擦过程中实际的接触面积，进而减小了黏着力，摩擦系数因此降低。在高载荷下，复合材料磨损表面出现微熔迹象，大量磨屑被碾压在磨损表面上，对偶表面形成的转移膜连续、均匀。高载下摩擦界面上小的磨屑被压入聚合物表面所形成的磨屑层能减少聚合物本体与对偶钢环的直接接触，黏着磨损是碳纤维增强聚酰亚胺复合材料的主要磨损机理。

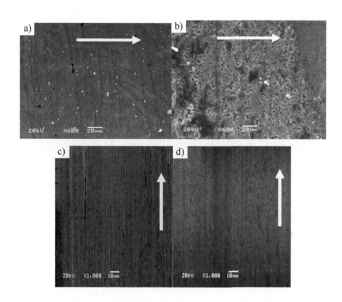

图 2-26　改性碳纤维增强聚酰亚胺在高载、高速下磨损表面以及对偶表面 SEM 形貌照片

a）200N、0.862m/s 条件下改性碳纤维增强聚酰亚胺磨损表面　b）500N、0.431m/s 条件下改性碳纤维增强聚酰亚胺磨损表面　c）改性碳纤维增强聚酰亚胺在高速磨损下的对偶表面转移膜

d）改性碳纤维增强聚酰亚胺在高载磨损下的对偶表面转移膜

2.3.4　小结

1）适量添加碳纤维可以明显改善聚酰亚胺的摩擦学性能，在本节所述摩擦接触工况下，短切碳纤维的最佳含量为 15%（质量分数）。当碳纤维含量过高时，大量纤维从树脂基体中脱落，形成第三体，加重了聚酰亚胺的磨损。

2）复合表面处理可以明显改善短切碳纤维与聚酰亚胺基体的界面结合性能，后者是聚酰亚胺复合材料摩擦学性能改善的重要原因。

3）碳纤维表面改性对聚酰亚胺复合材料摩擦磨损性能的影响与其提高对偶钢环表面转移膜的性质有关，表面改性的纤维增强的聚酰亚胺复合材料在对偶表面形成薄而均匀、连续的转移膜。

2.4 短切碳纤维和固体润滑颗粒复合填充改性聚酰亚胺的摩擦磨损性能

2.4.1 引言

纤维增强、功能填料填充是有效改善聚合物复合材料摩擦磨损性能的途径。其中，纤维（如芳纶、玻璃纤维和碳纤维）可以提高聚合物的抗蠕变和机械性能。固体润滑剂（如石墨）可以促进对偶表面转移膜的形成。而添加无机纳米粒子，可以提高转移膜的形成速率以及转移膜与对偶的结合强度。因此，利用不同填料各自的功能性及其协同作用能够有效地提高聚合物复合材料的摩擦磨损性能。

本节利用湿法混料、热压成型工艺，制备了短切碳纤维（SCF）、石墨（Gr）、纳米 SiO_2 体积分数分别为 10%、10% 和 3% 的聚酰亚胺复合材料，探讨了蒸馏水和液体石蜡润滑条件下碳纤维、石墨以及纳米 SiO_2 的协同效应对聚酰亚胺复合材料摩擦磨损性能的影响。

2.4.2 短切碳纤维增强、石墨和纳米 SiO_2 填充聚酰亚胺复合材料的摩擦磨损性能

图 2-27 所示为聚酰亚胺基体以及填充聚酰亚胺复合材料在 200N、0.431m/s 条件下的摩擦学性能。可以看出，未填充的聚酰亚胺无论是摩擦系数还是磨损率都比较高，这也是其很少以基体材料的形式用于摩擦学部件的原因。而添加石墨和短切碳纤维后，聚酰亚胺的摩擦学性能得到显著的改善，尤其是添加碳纤维后，聚酰亚胺的磨损率大幅度降低，减小至纯聚酰亚胺磨损率的 29.4%。然而，纳米 SiO_2 单独作为添加相，在降低聚酰亚胺摩擦系数的同时，显著增大了材料的磨损率，这与纳米 SiO_2 的磨粒效应有关。石墨具有明显的层状六方晶体结构，虽然同一分子层内的碳原子牢固结合在一起不易破坏，但层与层之间通过微弱的范德华力结合，摩擦过程中在剪切力的作用下容易滑移。碳纤维机械强度大，在纤维方向有很好的导电、导热性能，填充聚合物后，可以大大提高聚合物材料的抗磨损性能。向石墨填充的聚酰亚胺中进一步添加碳纤维或者纳米 SiO_2，聚酰亚胺复合材料的摩擦学性能进一步得到改善，这主要是因为碳纤维或者纳米 SiO_2 的加入可以加快转移膜的形成，并且提高了转移膜与对偶钢

环之间的结合力。向碳纤维填充的聚酰亚胺中进一步填充纳米 SiO_2，复合材料的摩擦系数大大降低，而磨损率仅有轻微改善。从以上研究结果可以发现，无论作为单一填充相还是第二填充相，碳纤维在提高复合材料的耐磨性方面起主要作用。通过复合填充碳纤维、石墨和纳米 SiO_2，聚酰亚胺复合材料的摩擦学性能达到最佳，可见三者之间存在协同效应。接下来，我们以此配方的聚酰亚胺复合材料为研究对象，系统考察了载荷、速度、时间、润滑条件等对填充聚酰亚胺复合材料摩擦学性能的影响。

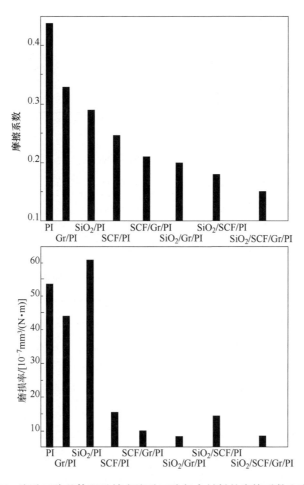

图 2-27　聚酰亚胺基体以及填充聚酰亚胺复合材料的摩擦系数和磨损率

图 2-28 所示为碳纤维、石墨和纳米 SiO_2 复合填充的聚酰亚胺在 200N、0.431m/s 条件下的摩擦系数随滑动时间的变化曲线。可以看出，起始阶段的摩擦系数较高，摩擦过程处于跑合阶段。随着滑动的进行，摩擦系数逐渐降低，

并在滑动时间达到 60min 时趋于稳定，摩擦进入稳态。摩擦系数从跑合阶段到稳定阶段的转变过程与对偶表面转移膜的形成密切相关，随着摩擦的不断进行，对偶钢环表面转移膜的形成和脱落逐渐达到平衡，摩擦接触最终发生在聚酰亚胺复合材料磨损表面与转移膜之间，对偶钢环表面的犁削作用被抑制，填充聚酰亚胺复合材料的摩擦系数趋于稳定。由于材料的稳态摩擦系数能够更加准确地反映其长期服役性能，以下讨论的摩擦系数均为聚酰亚胺复合材料的稳态摩擦系数。

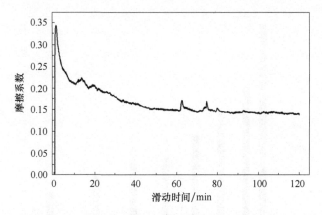

图 2-28　碳纤维、石墨和纳米 SiO_2 复合填充聚酰亚胺在 200N、0.431m/s 条件下的摩擦系数随滑动时间的变化曲线

　　图 2-29 所示为载荷对碳纤维、石墨和纳米 SiO_2 复合填充聚酰亚胺摩擦学性能的影响。从图中可以看出，聚酰亚胺复合材料的摩擦系数随着载荷的增大逐渐降低，这种摩擦系数对载荷的依赖关系可以用 $\mu = kN^{n-1}$ 解释（式中，μ 代表摩擦系数，N 代表载荷，n 是常数，数值在 $2/3 \sim 1$ 之间，其值取决于聚合物弹性形变和塑性形变的相互变化）。在干摩擦条件下，由于塑料形变引起的摩擦热导致局部接触区域温度上升，并且随着载荷的增大，摩擦热变大，因而摩擦表面温度大幅升高，导致以下两个方面的结果：一方面，在摩擦热的影响下塑料接触表面发生变形，接触面积随之增大；另一方面，在摩擦热的作用下，塑料表面的抗剪切能力降低。而在摩擦过程中，摩擦力一般与真实接触面积和界面剪切强度成正比，所以最终的摩擦系数取决于二者的共同作用。与摩擦系数随载荷的变化趋势类似，填充聚酰亚胺的磨损率也随着载荷的增大而降低。高载荷下，新形成的磨屑被碾压在磨损表面形成一层紧密结合、光滑的磨屑层，后者能够降低对偶钢环对聚合物基体表面的犁削作用，从而导致摩擦系数和磨损率随着载荷的增大而降低。

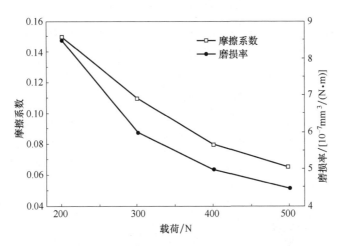

图 2-29　载荷对碳纤维、石墨、纳米 SiO_2 复合填充聚酰亚胺摩擦学性能的影响

　　图 2-30 所示为速度对碳纤维、石墨和纳米 SiO_2 复合填充聚酰亚胺摩擦学性能的影响。可以看出，填充聚酰亚胺在高速下的摩擦系数和磨损率均有所降低。相较于低速下的摩擦接触，摩擦接触面在高速下没有足够时间形成更多的黏结点，因而摩擦的黏着分量降低。此外，高速摩擦接触更有利于对偶表面转移膜的形成。以上因素都是聚酰亚胺复合材料在高速下表现出较好摩擦学性能的原因。

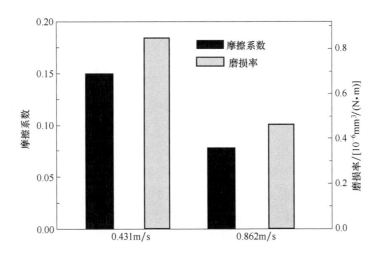

图 2-30　速度对碳纤维、石墨、纳米 SiO_2 复合填充聚酰亚胺摩擦学性能的影响

　　为了进一步考察碳纤维、石墨和纳米 SiO_2 复合填充聚酰亚胺的摩擦磨损性

能对载荷和速度的依赖性，接下来我们对比了在固定的 PV 值（载荷和速度的乘积）下，不同载荷和速度的耦合对其摩擦学性能的影响，如图 2-31 所示。可以发现，在相同的 PV 值下，聚酰亚胺复合材料在低载高速下的摩擦学性能明显优于高载低速下。此外，在本节研究的 PV 值范围内，PV 值增大进一步提高了聚酰亚胺复合材料的减摩抗磨性能。可以推断，高 PV 值强化了碳纤维、石墨和纳米 SiO_2 之间的协同效应，因为磨屑在高 PV 值下更易于被碾压在磨损表面，形成第三固相，避免了聚合物本体与对偶钢环的直接接触，并在一定程度上可以起到润滑剂的作用，因此填充聚酰亚胺复合材料在高 PV 值下的摩擦学性能更加优异。

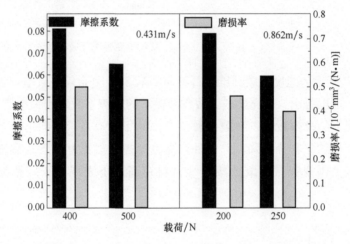

图 2-31　PV 值对碳纤维、石墨、纳米 SiO_2 复合填充聚酰亚胺摩擦学性能的影响

图 2-32 比较了碳纤维、石墨、纳米 SiO_2 复合填充聚酰亚胺在干摩擦、水润滑及油润滑条件下的摩擦磨损性能。可以看出，润滑条件对填充聚酰亚胺的摩擦学性能具有显著影响，油润滑条件下聚酰亚胺复合材料表现出最佳的摩擦学性能，而水润滑条件下填充聚酰亚胺复合材料的抗磨性大幅降低。油润滑条件下，填充聚酰亚胺优异的摩擦学性能主要源于液体石蜡的冷却和边界润滑作用，以及摩擦接触面间形成的油膜有效避免了聚酰亚胺复合材料表面与对偶钢环的直接接触。而水润滑条件下，断裂的碳纤维在接触界面上形成第三体，引起磨粒磨损，并且水分子能够渗入磨损表面上被破坏的填料与基体的界面中，加剧界面剪切作用下复合材料表面的破坏，同时抑制对偶钢环表面转移膜的形成，这在一定程度上也减弱了水的润滑作用，最终导致聚酰亚胺复合材料的耐磨性与干摩擦和油润滑条件下相比显著降低。

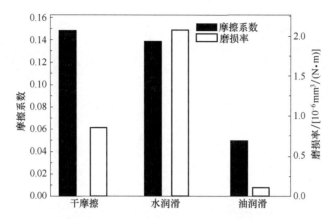

图 2-32　碳纤维、石墨、纳米 SiO₂ 复合填充聚酰亚胺在干摩擦、
水润滑及油润滑条件下的摩擦磨损性能

　　图 2-33 和图 2-34 所示分别为复合填充聚酰亚胺的磨损表面形貌和对应的对偶钢环表面的转移膜形貌。可以看出，未填充聚酰亚胺的磨损表面比较粗糙，有明显的划痕，与其对摩的钢环表面形成的转移膜厚而不均匀，且有大颗粒的

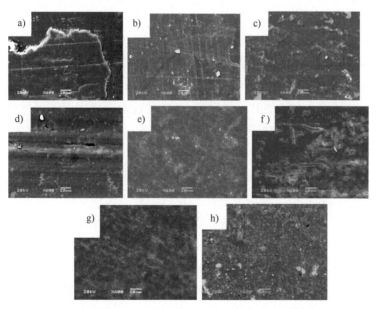

图 2-33　碳纤维、石墨、纳米 SiO₂ 复合填充聚酰亚胺磨损
表面的 SEM 形貌照片（200N、0.431m/s）

a）PI　b）Gr/PI　c）SCF/PI　d）纳米 SiO₂/PI　e）SCF/Gr/PI　f）纳米 SiO₂/SCF/PI

g）纳米 SiO₂/Gr/PI　h）纳米 SiO₂/SCF/Gr/PI

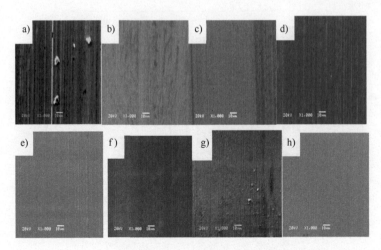

图 2-34　复合填充聚酰亚胺对偶钢环表面的 SEM 形貌照片

a）PI　b）Gr/PI　c）SCF/PI　d）纳米 SiO_2/PI　e）SCF/Gr/PI　f）纳米 SiO_2/SCF/PI

g）纳米 SiO_2/Gr/PI　h）纳米 SiO_2/SCF/Gr/PI

磨屑附着，说明黏着磨损和磨粒磨损机理在未填充聚酰亚胺的摩擦过程中发挥了主要作用。而单一石墨和碳纤维填充聚酰亚胺的磨损表面上没有出现明显的塑性变形和犁沟痕迹，相应的转移膜比较厚、连续、不均匀。石墨的加入虽然降低了材料的抗剪切能力，但却有助于对偶表面转移膜的形成，且本身具有优良的润滑性。碳纤维除了可以大幅提高聚酰亚胺的机械性能外，自身也具有一定的润滑性。而单一纳米 SiO_2 添加后，复合材料的磨损表面变得比较粗糙，且存在严重的犁削现象，转移膜比较厚，连续但不均匀，其表面也有大量的犁沟，说明填充纳米 SiO_2 的复合材料在摩擦过程中发生了严重的磨粒磨损，导致复合材料的抗磨性大大降低。石墨和碳纤维两者复合填充聚酰亚胺后，复合材料的磨损表面变得相对光滑，基本上看不到犁沟，对偶表面形成的转移膜相对较薄且均匀，复合材料的磨损机理主要表现为黏着磨损。纳米 SiO_2 和碳纤维复合填充聚酰亚胺后，磨损表面相对光滑，磨损表面显露的碳纤维没有明显的破坏，而是紧密地与树脂结合在一起，说明纳米 SiO_2 的加入，在磨损过程中对碳纤维有保护作用。与单一添加碳纤维和纳米 SiO_2 相比，转移膜变得更加均匀，厚度也变薄。而石墨和纳米 SiO_2 复合填充聚酰亚胺后，磨损表面没有出现明显的犁沟，但表面上有大量小颗粒的磨屑，转移膜连续且比较厚，表面存在转移的磨屑，说明发生了轻微的磨粒磨损。纳米 SiO_2、石墨和碳纤维三者复合填充后，磨损表面存在大量的小颗粒磨屑，磨损过程中存在轻微的磨粒磨损。均匀、连续的转移膜形成后，摩擦发生在聚合物本体与转移膜之间，避免了聚合物与对偶钢环的直接接触，抑制了钢环的犁削作用，因而摩擦学性能得到改善。从磨损表面和转移膜的 SEM 形貌可以看出，单一添加 SiO_2 后，磨粒磨损变严重，而将 SiO_2 与石墨、石墨和碳纤维复合添加后，磨损表面存在的磨粒粒径变小，磨粒磨损相对减弱，大量的小颗粒磨屑减小了摩擦过程中的实际接触面积，三者表现出明显的协同效应。

图 2-35 所示为复合填充聚酰亚胺材料在高载、高速及水和油润滑条件下磨损表面的 SEM 形貌照片。可以看出，在高载时，复合填充聚酰亚胺材料的磨损表面相对光滑，基本上看不到犁削迹象，并且有一层磨屑被碾压整合在一起，可以有效避免材料本体与对偶之间的直接接触，还可以起到润滑剂的效果，从而改善了复合材料的摩擦学性能。高速下，复合材料的磨损表面比较光滑，虽然少量碳纤维暴露在磨损表面上，但仍与树脂基体紧密结合。此外，磨损表面上伴有少量裂纹，表明高速下轻微的黏着磨损以及疲劳磨损在复合材料的摩擦过程中发挥了主要作用。在水润滑条件下，复合材料的磨损表面存在明显的犁沟以及水侵蚀所形成的孔洞，表明水润滑条件下发生了严重的磨粒磨损，并且水的侵蚀加剧了复合材料的磨损。在油润滑条件下，聚酰亚胺复合材料的磨损表面变得更加光滑，基本上看不到刮伤，仅仅存在着轻微的疲劳磨损迹象，这与其优异的摩擦学性能相一致。

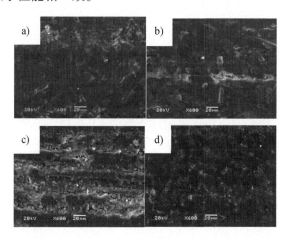

图 2-35　复合填充聚酰亚胺材料在高载、高速及水和油润滑
条件下磨损表面的 SEM 形貌照片

a）500N、0.431m/s　b）200N、0.862m/s　c）200N、0.431m/s，水润滑
d）200N、0.431m/s，油润滑

2.4.3 小结

1）单一的碳纤维、石墨和纳米 SiO_2 填充对聚酰亚胺材料的摩擦学性能产生的影响不同，单独添加纳米 SiO_2 明显增大了聚酰亚胺的磨损率，而单独添加碳纤维和石墨则可以显著提高聚酰亚胺的摩擦学性能。

2）碳纤维、石墨和纳米 SiO_2 三者之间存在摩擦学协同效应，将三者按一定比例复合填充改性聚酰亚胺能显著降低复合材料的摩擦系数和磨损率。其机理在于纳米 SiO_2 的磨粒效应被抑制，碳纤维和石墨的润滑作用被强化，并促进了对偶表面均匀、连续转移膜的形成，最终摩擦发生在聚合物本体与转移膜之间，有效避免了聚酰亚胺复合材料表面与对偶钢环的直接接触，抑制了钢环的犁削作用，从而提高了复合材料的摩擦学性能。

3）干摩擦条件下，碳纤维、石墨和纳米 SiO_2 复合填充改性的聚酰亚胺复合材料在高速下表现出更加优异的减摩抗磨性能，而以油为润滑剂则可以进一步提高复合填充改性聚酰亚胺复合材料的摩擦学性能，该复合材料不适于水润滑条件下作为摩擦学部件使用。

2.5 短切碳纤维增强聚酰亚胺纳米复合材料的极限 PV 值

2.5.1 引言

理论和实践表明，通过添加固体润滑剂以及纤维等功能填料可以有效地改善聚酰亚胺复合材料的摩擦磨损性能。其中，增强纤维在摩擦界面上主要起承担载荷的作用，能降低材料的变形，并能够阻碍裂纹的扩展，从而有效地降低聚酰亚胺材料的磨损。然而，在重载高速或高 PV 条件下，由于应力集中，增强纤维以及纤维与树脂基体的界面在高频剪切作用下容易遭到破坏，导致磨损加剧。虽然固体润滑剂能够通过促进转移膜的形成降低材料的磨损，但固体润滑剂的加入降低了树脂-树脂以及树脂-功能填料之间的界面结合强度，造成复合材料的机械强度下降，无法满足高载工况下的承载需求。

纳米材料独特的尺寸效应（体积效应、表面效应）使其在改性聚合物材料方面得到了广泛的应用。大量的研究表明，少量的纳米颗粒即能够有效地改善材料的机械性能和摩擦磨损性能。根据 Yamaguchi、Yukisaburo 的研究，材料的极限 PV 值不仅取决于材料的承载能力，更大程度上与摩擦表面的温升有关（见图 2-36）。根据 PV 值与磨损表面临界温度的关系式［式（2-9）］可知，材料极

限 PV 值与材料摩擦系数成反比，即在相同的表面温升情况下，材料的摩擦系数越小，材料能耐受的极限 PV 值就越高。因此，降低材料的摩擦系数是提高其极限 PV 值的有效途径。

$$PV_{max} = \frac{Hn}{\mu K}(\tau_{bmax} - \tau_a)$$ (2-9)

式中，P 为正压力（kg/cm^2）；V 为速度（cm/s）；H 为材料与环境之间的总导热系数 $[cal/(cm^2 \cdot ℃ \cdot s)]$；$n$ 为热辐射面与摩擦面的面积比；μ 为动态摩擦系数；K 为摩擦功等效当量 $[cal/(kg \cdot cm)]$；τ_{bmax} 为临界温度（℃）；τ_a 为环境温度（℃）。

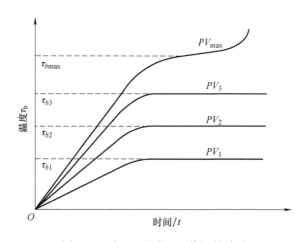

图 2-36 表面温度与 PV 值间的关系

基于以上分析，本节在两种传统的碳纤维增强聚酰亚胺（YS20）复合材料（PI/SCF、PI/SCF/SLs）的基础上，制备了两种纳米 SiO_2 改性的聚酰亚胺纳米复合材料（配方见表 2-7），探究了纳米 SiO_2、固体润滑剂在不同 PV 值下对聚酰亚胺复合材料摩擦磨损性能的影响规律和机理，旨在为适应宽 PV 范围的聚酰亚胺复合材料的研制提供理论依据。

表 2-7 聚酰亚胺复合材料配方及定义

样品	密度/（g/cm^3）	质量分数（%）				
		PI	SCF	PTFE	WS$_2$	SiO$_2$
PI	1.40	100	0	0	0	0
PI/SCF（用 C1 表示）	1.43	85	15	0	0	0
PI/SCF/SiO$_2$（用 C1/SiO$_2$ 表示）	1.48	80	15	0	0	5

（续）

样品	密度/ (g/cm^3)	质量分数（%）				
		PI	SCF	PTFE	WS_2	SiO_2
PI/SCF/PTFE/WS_2（用 C2 表示）	1.98	70	15	7.5	7.5	0
PI/SCF/PTFE/WS_2/SiO_2（用 C2/SiO_2 表示）	1.82	70	15	5	5	5

2.5.2 聚酰亚胺纳米复合材料的物理、机械性能

众所周知，纳米颗粒在聚合物复合材料中的分散状态在很大程度上决定着材料的物理、机械性能。图 2-37 所示为纳米 SiO_2 在两种纳米复合材料 C1/SiO_2 和 C2/SiO_2 中的分散情况。从高分辨扫描电子显微镜照片可以看出，纳米 SiO_2 在聚酰亚胺纳米复合材料中分布较为均匀（如图 2-37 中箭头所示），未出现明显的团聚现象（表面黏附的团聚体为未清洗干净的 SiC 抛光膏），表现出良好的分散性。

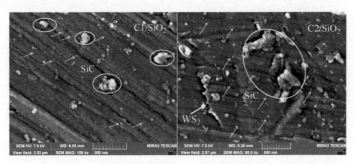

图 2-37 纳米 SiO_2 在聚酰亚胺复合材料中的分散情况

图 2-38 所示为聚酰亚胺及其复合材料在 25~350℃ 范围内的储能模量随温度的变化关系，可以看出，短切碳纤维非常有效地改善了聚酰亚胺材料的储能模量。通过添加纳米 SiO_2 或固体润滑剂，聚酰亚胺复合材料的储能模量得到了不同程度的提高，通过对比复合材料 C1、C1/SiO_2 和 C2 可以发现，5%（体积分数）纳米 SiO_2 较 15%（体积分数）固体润滑剂（7.5% WS_2 和

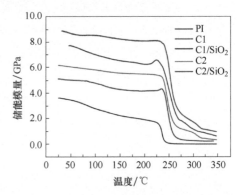

图 2-38 聚酰亚胺及其复合材料储能模量
（1Hz，25~350℃）随温度的变化关系

7.5%PTFE）在提高聚酰亚胺储能模量方面具有更好的优势，这主要是由于纳米 SiO$_2$ 较大的比表面积增大了与树脂基体之间的结合界面，提高了 SiO$_2$ 与树脂间的相互作用。此外，短切碳纤维及其与纳米 SiO$_2$ 和固体润滑剂的复合填充均在一定程度上提高了聚酰亚胺的玻璃化转变温度，这是由于填料的加入限制了聚酰亚胺分子链的运动。

图 2-39 比较了聚酰亚胺复合材料的组分对其弯曲性能的影响。短切碳纤维的加入有效地提高了聚酰亚胺的抗弯强度和弯曲模量（C1）。进一步的比较发现，5%（体积分数）纳米 SiO$_2$ 较 15%（体积分数）固体润滑剂（7.5%WS$_2$ 和 7.5%PTFE）在提高聚酰亚胺复合材料抗弯强度和弯曲模量方面更具优势。然而，15%（体积分数）固体润滑剂（7.5%WS$_2$ 和 7.5%PTFE）的加入降低了树脂间以及纤维与树脂基体间的界面结合力，致使聚酰亚胺复合材料 C2 的抗弯强度明显降低。然而，纳米 SiO$_2$ 的进一步填充，明显提高了复合材料的抗弯强度，使得复合材料 C2/SiO$_2$ 表现出最高的弯曲模量。

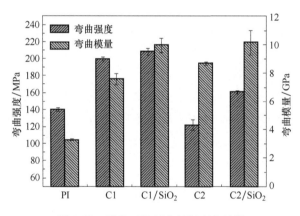

图 2-39　聚酰亚胺复合材料弯曲性能

为了从微观结构层面揭示纳米 SiO$_2$ 对上述聚酰亚胺复合材料机械性能的影响，对复合材料的断面进行了 SEM 分析，如图 2-40 所示。从断面照片中可以看出，碳纤维增强聚酰亚胺（C1）断面整体较为光洁，表面存在纤维-树脂界面剥离现象；添加纳米 SiO$_2$ 之后，聚酰亚胺纳米复合材料 C1/SiO$_2$ 断面较为粗糙，树脂与纤维的界面结合较好，存在少量剥离或拔出现象，但剥离界面粗糙，存在大量的剥离纹理，进一步说明纤维与树脂之间的界面结合力较好。然而，随着固体润滑剂的加入，复合材料 C2 的断面上出现大量的碳纤维拔出现象，后者归因于固体润滑剂的加入降低了树脂与碳纤维的界面结合强度，这也是复合材料

C2/SiO$_2$的抗弯强度较 C1/SiO$_2$小的原因。

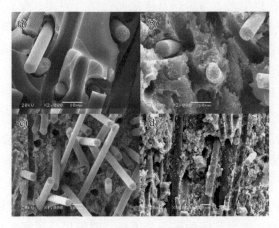

图 2-40　聚酰亚胺复合材料断面 SEM 照片
a）C1　b）C1/SiO$_2$　c）C2　d）C2/SiO$_2$

2.5.3　聚酰亚胺纳米复合材料的摩擦磨损性能

在所研究的聚酰亚胺复合材料的极限 PV 值测试过程中，初始载荷固定为 100N，速度固定为 1m/s，在定速模式下不断加载（每次加载 200N），直至材料失效。如果在 1m/s、900N 条件下材料仍未失效，则滑动速度依次提高到 1.5m/s、2m/s 和 3m/s，直至达到复合材料的极限 PV 值。需要说明的是，聚酰亚胺树脂在 1m/s、200N 的摩擦条件下已经因为发生严重的黏着磨损而失效（见图 2-41），接下来不再讨论。表 2-8 列出了聚酰亚胺复合材料在不同 PV 条件下的平均摩擦系数、平均磨损率以及稳定阶段的表面温度或失效温度。

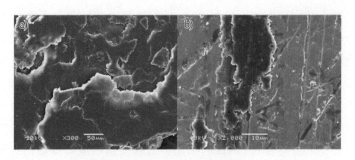

图 2-41　聚酰亚胺树脂 1m/s、200N 时磨损表面及对偶形貌
a）磨损表面　b）对偶形貌

表 2-8　聚酰亚胺复合材料在不同 PV 条件下的平均摩擦系数 (COF)、平均磨损率 (W_s) 以及稳定阶段的表面温度或失效温度 (T)

速度/(m/s)	载荷/N、PV/(MPa·m/s)	C1			C1/SiO₂			C2			C2/SiO₂		
		COF	W_s	T	COF	W_s	T	COF	W_s	T	COF	W_s	T
1	100、5.64	0.178	7.30	82	0.058	6.09	62	0.21	5.45	97	0.156	1.53	72
	300、16.93	0.157	4.22	151	0.041	3.44	80	0.185	3.11	168	0.077	1.28	74
	500、28.22	0.102	2.82	156	0.033	2.34	80	0.081	1.71	132	0.046	1.07	94
	700、39.50	0.139[1]	8.45[1]	190[1]	0.025	1.81	82	0.084[1]	2.22[1]	248[1]	0.043	1.02	102
	900、50.79				0.024	2.97	85				0.028	0.64	108
1.5	300、25.40	0.094	2.81	138	0.036	3.33	76	0.126	3.64	179	0.064	2.38	83
	500、42.33	0.077[2]	2.34[2]	192[2]	0.035	1.63	88	0.093	1.97	213	0.043	1.12	106
	700、59.26				0.030	1.52	102	0.112[1]	3.07[1]	233[1]	0.035	1.46	112
	900、76.19				0.026	1.76	135				0.070[1]	4.53[1]	187[1]
2	300、33.86	0.097[2]	4.37[2]	180[2]	0.035	2.73	94	0.116	2.73	174	0.033	2.17	89
	500、56.43				0.037	2.63	145	0.108[3]	9.91[3]	267[3]	0.026	1.76	105
	700、79.01				0.028	2.28	154				0.138[1]	1.08[1]	240[1]
	900、101.58				0.022	1.98	178						
3	700、118.51				0.027	2.46	189						
	900、152.37				0.022[3]	2.95[3]	270[3]						

① 摩擦系数过高，超过试验机保护力矩。
② 摩擦系数剧烈波动。
③ 试样表面严重变形。

图 2-42 所示为 1m/s 条件下聚酰亚胺复合材料的摩擦磨损性能随载荷的变化。从图 2-42a 可以看出，随着载荷的增加，摩擦系数呈降低的趋势。根据公式 $\mu = KN^{n-1}$，通常认为在弹性范围内，真实接触面积正比于载荷的三分之二次方，在加载过程中，载荷增大的程度大于真实接触面积增大的程度。因此，摩擦系数随载荷的增大而减小。但是，当载荷增大到某一临界值时，过高的摩擦热导致材料的磨损率急剧增大，最终失效，如聚酰亚胺复合材料 C1。与复合材料 C1 和 C2 相比，纳米 SiO_2 填充的聚酰亚胺纳米复合材料 C1/SiO_2 和 C2/SiO_2 的摩擦系数明显降低，并且摩擦过程更加平稳。此外，低载条件下 C1/SiO_2 表现出明显低于 C2/SiO_2 的摩擦系数，表明少量的纳米 SiO_2 即能有效地降低聚酰亚胺复合材料的摩擦系数。

图 2-42b 比较了载荷对不同组分的聚酰亚胺复合材料磨损率（W_s）的影响，可以看出，聚酰亚胺复合材料的磨损率随着载荷的增加总体上呈先降低后增加的趋势。为了更加直观地比较，图 2-42c 所示为复合材料的高度磨损率（W_t），它随着载荷的增加整体呈增大的趋势。对复合材料 C1 而言，磨损表面纤维应力集中现象随着载荷的增加而加剧，继而在剪切力及摩擦热的作用下发生纤维-树脂界面失效，最终导致其磨损率急剧增加而失效。然而，通过添加纳米 SiO_2 以及固体润滑剂能够有效降低复合材料 C1/SiO_2、C2 以及 C2/SiO_2 的磨损率，其磨损率在 700N（39.5MPa·m/s）时分别降低了 413%、658% 以及 916%。进一步对比发现，纳米复合材料 C1/SiO_2、C2/SiO_2 的磨损率分别低于未添加纳米 SiO_2 的复合材料 C1、C2 的磨损率。此外，添加固体润滑剂的复合材料 C2 和 C2/SiO_2 的磨损率明显低于未添加固体润滑剂的 C1 和 C1/SiO_2，并且磨损率随载荷的增加趋于平稳。

在上述载荷影响的研究基础上，探究了聚酰亚胺复合材料的摩擦磨损性能对滑动速度的依赖性。从图 2-43 可以看出，随着滑动速度的增加，聚酰亚胺复合材料摩擦磨损行为的变化趋势与其填充组分密切相关。对于短切碳纤维增强的聚酰亚胺复合材料 C1，随着滑动速度增加，单位时间内产生的摩擦热增大，复合材料表面发生软化，界面剪切强度降低，导致摩擦系数降低。同时，摩擦热导致 C1 表面机械性能下降，加剧了碳纤维的应力集中，在反复的剪切作用下纤维-树脂界面遭到破坏，导致摩擦系数剧烈波动、磨损率急剧增大，最终由于过度磨损而失效。与复合材料 C1 不同，C2 的摩擦系数随着滑动速度的增加而增大，这主要是由于固体润滑剂及润滑膜在摩擦热以及闪温的作用下发生氧化，导致润滑性能下降，最终在 2m/s、500N 的条件下因磨损急剧增大而失效（见图 2-43b）。当进一步填充纳米 SiO_2 后，C1/SiO_2 和 C2/SiO_2 在高 PV 条件下的摩擦磨损性能得到明显的改善。

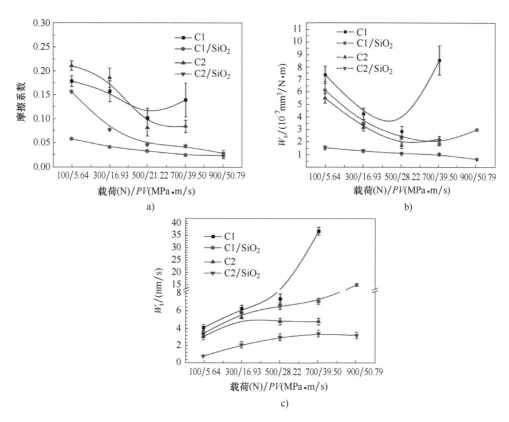

图 2-42　1m/s 条件下聚酰亚胺复合材料的摩擦磨损性能随载荷的变化

a) 摩擦系数　b) 磨损率 W_s　c) 磨损率 W_t

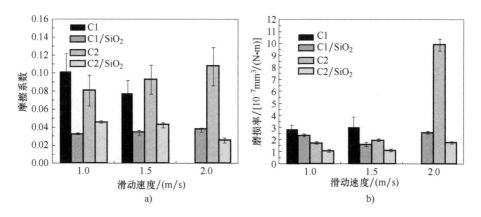

图 2-43　聚酰亚胺复合材料在 500N 条件下的摩擦系数和磨损率随速度的变化

a) 摩擦系数　b) 磨损率

为了探究纳米 SiO_2 及固体润滑剂在高 PV 条件下对聚酰亚胺复合材料摩擦磨损行为的影响机理，我们对聚酰亚胺复合材料在 500N、1.5m/s 条件下的磨损表面形貌（见图 2-44）和相应的转移膜形貌（见图 2-45）进行了分析。从图 2-44a可以看出，复合材料 C1 的磨损表面上碳纤维发生了严重的断裂和剥离，后者在接触界面充当磨粒对磨损表面造成严重的磨粒磨损。添加纳米 SiO_2 之后，纳米复合材料 $C1/SiO_2$ 的磨损表面比较平整，碳纤维与树脂基体之间的界面保持完好（见图 2-44c）。这种磨损表面形貌的演化与纳米 SiO_2 的滚动作用以及摩擦副表面硅基润滑膜的形成有关，以上两种作用降低了摩擦过程中对偶表面对接触界面上碳纤维的剪切作用，保护了碳纤维与树脂基体之间的界面（见图 2-44d），因此有效降低了复合材料的磨损率。对于复合材料 C2，由于固体润滑剂的添加促进了转移膜的形成，抑制了对偶表面微凸体对复合材料表面的损伤作用，从而降低了复合材料的磨损率。与此同时，固体润滑剂的添加造成复合材料中树脂-树脂以及纤维-树脂间界面结合力的下降，反复的界面剪切引起复合材料表面上发生轻微的界面剥离，致使磨损表面相对粗糙（见图 2-44e）。由图 2-44g 可以看出，聚酰亚胺纳米复合材料 $C2/SiO_2$ 的磨损表面非常平滑，没有明显的表面刮擦、纤维剥离等现象。然而，与图 2-44c 相比，复合材料 $C2/SiO_2$ 的磨损表面上存在大量白色的斑驳。由于固体润滑剂的加入弱化了聚酰亚胺树脂间的界面结合力，因而难以承受高载高速条件下的剪切作用。因此，白色的斑驳被认为是树脂在剪切作用下于树脂界面间萌生的裂纹。由图 2-44g 还可以发现，在碳纤维沿速度方向一侧存在大量磨屑的积聚，该磨屑被认为是来源于转移膜的磨损。

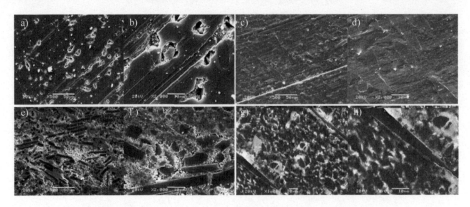

图 2-44　500N 和 1.5m/s 条件下聚酰亚胺复合材料磨损表面形貌

a）C1，500×　b）C1，2000×　c）$C1/SiO_2$，500×　d）$C1/SiO_2$，2000×　e）C2，500×

f）C2，2000×　g）$C2/SiO_2$，1000×　h）$C2/SiO_2$，2000×

　　图 2-45 所示为 500N 和 1.5m/s 条件下聚酰亚胺复合材料的转移膜形貌。从图 2-45a 可以看出，剥离破碎的碳纤维对复合材料 C1 在对偶表面形成的转移膜造成了严重的磨损，因而加剧了材料的失效。随着纳米 SiO_2 的添加，纳米复合材料 $C1/SiO_2$ 的转移膜表面非常光滑，仅存在少量的刮擦痕迹，这主要是由于纳米 SiO_2 的滚动作用以及硅基转移膜的形成有效降低了磨损表面碳纤维的应力集中，从而降低了对偶对碳纤维的损伤以及磨损表面硬质碳纤维对转移膜的磨损（见图 2-45b）。与纳米 SiO_2 对 C1 转移膜形貌的影响有所不同，聚酰亚胺纳米复合材料 $C2/SiO_2$ 的转移膜与 C2 相比出现了严重的刮擦迹象（见图 2-45c 和图 2-45d）。尽管如此，纳米 SiO_2 对复合材料中碳纤维与树脂基体之间界面的强化作用使其耐磨性优于未添加纳米 SiO_2 的复合材料，这与固体润滑剂和纳米颗粒协同作用提高聚合物复合材料耐磨性的结论是一致的。

图 2-45　500N 和 1.5m/s 条件下聚酰亚胺复合材料转移膜表面形貌

a) C1　b) $C1/SiO_2$　c) C2　d) $C2/SiO_2$

　　如前所述，对偶表面形成的转移膜在聚酰亚胺复合材料的摩擦磨损过程中发挥了非常重要的作用。除摩擦接触条件外，复合材料的填充组分是影响转移膜性能的关键因素。本节采用纳米压痕技术对纳米 SiO_2 填充的聚酰亚胺复合材料在相同的摩擦条件下形成的转移膜进行了表征，如图 2-46 所示。可以看出，复合材料 $C1/SiO_2$ 形成的转移膜的硬度和弹性模量均大于复合材料 $C2/SiO_2$，表明 $C1/SiO_2$ 所形成的转移膜具有更高的承载能力及抗刮擦能力。结合复合材料的化学组成及文献报道，$C1/SiO_2$在摩擦过程中逐步释放出纳米SiO_2，并且通过剪切挤压、摩擦烧结以及摩擦化学等作用在对偶表面形成了以SiO_2等为主体的转移膜，后者表现出较高的承载以及抗刮擦性能。相比之下，固体润滑剂的加入降低了复合材料$C2/SiO_2$转移材料间的界面结合力，使其承载和抗刮擦性能下降。因此，随着PV值的增加，当界面剪切力达到转移膜的承载或抗刮擦能力的临界值时，转移膜易遭到破坏。

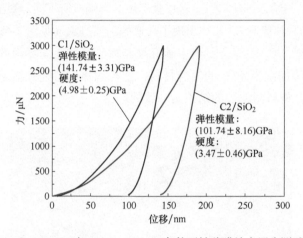

图 2-46　$C1/SiO_2$ 和 $C2/SiO_2$ 在 500N、1.5m/s 条件下转移膜纳米压痕测试的力-位移曲线

　　为了探究聚酰亚胺复合材料能够耐受的极限摩擦工况，对其极限 PV 值进行了研究。图 2-47 所示为聚酰亚胺复合材料的磨损率（W_t）随 PV 值的变化，可以看出，聚酰亚胺复合材料的磨损率随着 PV 值的增大而不断增大。其中，复合材料 C1 在 500N、1.5m/s 的条件下由于纤维-树脂界面的严重破坏（见图 2-44a）而失效。固体润滑剂的加入提高了复合材料 C2 的耐磨性，使其完全失效的摩擦工况增大到2m/s、500N。与传统复合材料 C1 和 C2 相比，纳米 SiO_2 填充改性的 $C1/SiO_2$ 和 $C2/SiO_2$ 的极限 PV 值得到了有效的提高，分别达到 152.3MPa·m/s（900N、3m/s）和 79MPa·m/s（700N、2m/s）。然而，进一步的对比分析表明，在 PV 值小于 59.3MPa·m/s 时，$C1/SiO_2$ 相较于 $C2/SiO_2$ 表现出更加优异的耐磨性能。当 PV 值大于 59.3MPa·m/s 时，复合材料 $C2/SiO_2$ 的磨损率随着 PV 值的增加而急剧增加，最终在 79MPa·m/s（700N、2m/s）时完全失效。与复合材料 $C2/SiO_2$ 不同，$C1/SiO_2$ 的磨损率在较宽的 PV 范围内缓慢增大，最终复合材料 $C1/SiO_2$ 的极限 PV 值达到 152.3MPa·m/s（900N、3m/s）。

　　图 2-48 所示为聚酰亚胺复合材料在失效或邻近失效 PV 条件下的磨损表面形貌。复合材料 $C1/SiO_2$ 优异的机械性能使其在高 PV 条件下表现出较好的承载和抗剪切能

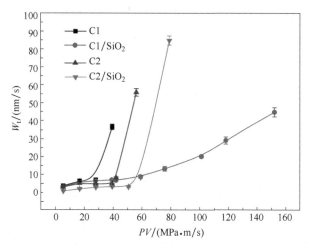

图 2-47　聚酰亚胺复合材料的磨损率（W_t）随 PV 值的变化

力，在 900N、2m/s 摩擦条件下的磨损表面仍然较为平整，纤维与树脂之间的界面保持完好，未出现纤维剥离、破碎等现象（见图 2-48a、b）。然而，复合材料 C2/SiO$_2$ 的磨损表面在 700N、2m/s 的条件下已经出现严重的纤维剥离、破碎以及纤维-树脂界面失效等现象（见图 2-48c、d）。对于未填充纳米 SiO$_2$ 的复合材料 C2，类似的纤维断裂和纤维-树脂基体失效在 500N、2m/s 时已经明显出现（见图 2-48e、f）。

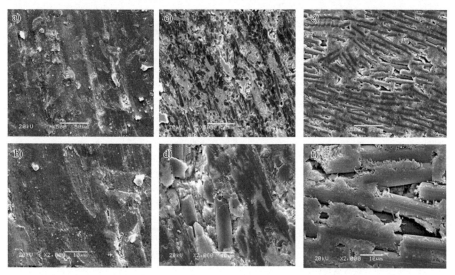

图 2-48　聚酰亚胺复合材料在失效或邻近失效 PV 条件下的磨损表面形貌

a）C1/SiO$_2$、900N、2m/s、500×　　b）C1/SiO$_2$、900N、2m/s、2000×　　c）C2/SiO$_2$、700N、2m/s、500×

d）C2/SiO$_2$、700N、2m/s、2000×　　e）C2、500N、2m/s、500×　　f）C2、500N、2m/s、2000×

通过对复合材料在对偶表面形成转移膜的 XPS 分析，摩擦热作用下的摩擦化学反应是引起材料失效的重要原因。如图 2-49 所示，转移到对偶表面的复合材料 C2 中的固体润滑剂在摩擦热的作用下氧化分解，即转移膜表面的 WS_2 被完全氧化为 WO_3，PTFE 被氧化分解为含氧小分子链有机物，进而导致摩擦系数升高，材料表面熔融分解而失效。尽管纳米 SiO_2 的填充提高了 $C2/SiO_2$ 复合材料的极限 PV 值，在 700N、1.5m/s 的摩擦条件下复合材料 $C2/SiO_2$ 转移膜中的固体润滑剂 WS_2 和 PTFE 在摩擦热及闪温的作用下仍然完全氧化分解。值得指出的是，由于碳纤维和纳米 SiO_2 的协同作用，在 $C1/SiO_2$ 复合材料的摩擦过程中，纳米 SiO_2 在基体磨损后被释放到接触界面，最终在机械挤压剪切、摩擦烧结及摩擦化学等作用下在对偶表面形成一层具有优异机械性能和减摩抗磨性能的硅基润滑膜，从而提高了摩擦系统的摩擦磨损性能，使 $C1/SiO_2$ 复合材料表现出更高的极限 PV 值。

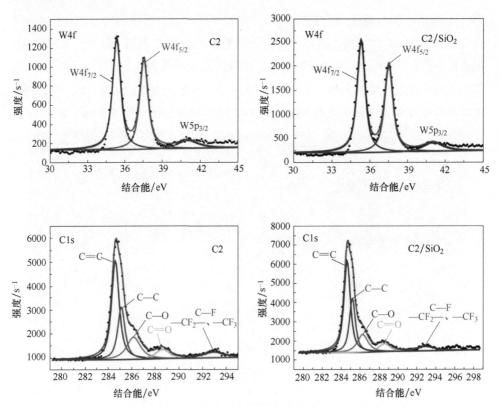

图 2-49　聚酰亚胺复合材料转移膜的 XPS 分析

（C2：500N、2m/s，$C2/SiO_2$：700N、1.5m/s，$C1/SiO_2$：700N、3m/s）

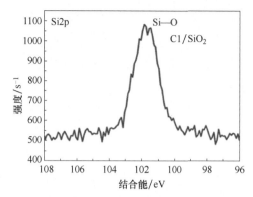

图 2-49　聚酰亚胺复合材料转移膜的 XPS 分析（续）

（C2：500N、2m/s，C2/SiO_2：700N、1.5m/s，C1/SiO_2：700N、3m/s）

2.5.4　小结

1）在较低的 PV 条件下，固体润滑剂的填充能够促进转移膜的形成，避免聚酰亚胺复合材料表面与对偶的直接接触，有效降低对偶表面微凸体对复合材料表面的刮擦作用，从而降低复合材料的磨损率。本节的研究表明，在 PV 值低于 59.3MPa·m/s 的条件下，C2/SiO_2 复合材料中的固体润滑剂与纳米 SiO_2 的协同作用，有效保护了纤维-树脂界面，从而使其表现出优异的耐磨性。

2）当 PV 值超过 59.3MPa·m/s 时，固体润滑剂的加入降低了复合材料 C2/SiO_2 的机械强度，加之固体润滑剂（WS_2 和 PTFE）在摩擦热及闪温的作用下氧化失效，导致复合材料 C2/SiO_2 在高 PV 条件下的摩擦磨损性能恶化，最终在 700N、2m/s 条件下因过度磨损而失效。

3）在高 PV 条件下，复合材料 C1/SiO_2 优异的机械性能保障了其承载和抗剪切的能力，在反复的界面剪切、机械挤压和摩擦烧结等物理、化学作用下，对偶表面形成了具有优异的机械和减摩抗磨性能的硅基润滑转移膜，后者有效地降低了接触界面上碳纤维的应力集中，保护了纤维-树脂界面，将纳米复合材料的极限 PV 值提高到 152.3MPa·m/s，为苛刻 PV 工况下聚酰亚胺复合材料的研制奠定了理论基础。

2.6　短切玄武岩纤维增强聚酰亚胺复合材料的摩擦磨损性能

2.6.1　引言

针对纤维增强聚酰亚胺复合材料在航天飞行器、现代武器系统、化工医药、纺织工业、汽车工业、矿山工业以及精密机械等行业的广泛应用，开发新型的增强填料和技术有利于高端装备领域聚酰亚胺复合材料产业的可持续发展。玄武岩纤维（BF）是苏联开发的一种无机纤维，成本低、能耗少、生产过程清洁，是一种生态环境材料，深受各国学者的关注。玄武岩纤维具有良好的机械性能，在耐高温性、化学稳定性、耐腐蚀性、导热性、绝缘性、抗摩擦性等许多技术指标方面优于玻璃纤维，且在部分技术上可替代昂贵的碳纤维材料。

本节率先将玄武岩纤维用于热塑性聚酰亚胺的增强改性，采用热压成型工艺制备了不同含量的短切玄武岩纤维增强聚酰亚胺复合材料，并基于前人有关固体润滑剂能够有效提高聚合物复合材料减摩抗磨性能的研究结果，将玄武岩纤维增强和固体润滑剂填充同时用于聚酰亚胺材料的摩擦学改性，并考察了玄武岩纤维含量、玄武岩纤维与常用固体润滑剂（石墨、MoS_2）耦合等对改性聚酰亚胺复合材料摩擦磨损性能的影响规律和机理，以期为扩大玄武岩纤维在减摩抗磨聚合物复合材料改性领域的应用提供理论指导。

2.6.2 短切玄武岩纤维含量对聚酰亚胺复合材料摩擦磨损性能的影响

图 2-50 所示为在 200N、0.431m/s 时短切玄武岩纤维的添加量对聚酰亚胺复合材料摩擦系数和磨损率的影响。未改性的聚酰亚胺的摩擦系数和磨损率都较高，而添加少量短切玄武岩纤维（5%，质量分数）后，聚酰亚胺的摩擦系数

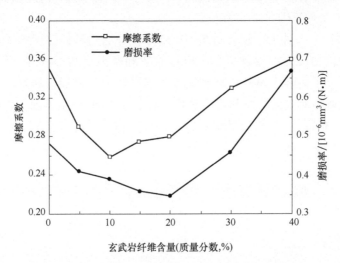

图 2-50　短切玄武岩纤维含量对聚酰亚胺复合材料摩擦系数和磨损率的影响

和磨损率明显降低，并随着短切玄武岩纤维添加量的进一步增大而降低，直至添加量为 10%（质量分数）时，复合材料的摩擦系数降低到最低值。继续增大短切玄武岩纤维的添加量导致复合材料的摩擦系数逐渐升高。与摩擦系数的变化趋势类似，适量的短切玄武岩纤维的添加能够明显提高聚酰亚胺的耐磨性，20%（质量分数）纤维添加复合材料的磨损率最小。综合考虑聚酰亚胺复合材料的摩擦学性能，短切玄武岩纤维的最佳添加量为 10%（质量分数）。接下来，重点研究该添加量的短切玄武岩纤维增强的聚酰亚胺复合材料的摩擦学性能对滑动速度和载荷的依赖性。

图 2-51 所示为载荷对短切玄武岩纤维改性聚酰亚胺复合材料摩擦学性能的影响，可以明显看出，改性聚酰亚胺复合材料的摩擦系数随着载荷的增大逐渐减小，这种变化趋势可以用摩擦系数与载荷的普遍方程来解释，即 $\mu = KN^{n-1}$ 其中，μ 代表摩擦系数，N 为载荷，n 是常数，数值在 2/3 ~ 1 之间，其值取决于聚合物弹性变形和塑性变形的相互变化）。随着载荷的增大，磨损表面上许多大颗粒状磨屑被碾压成小颗粒或者层状磨屑，从而降低了对偶钢环对聚合物本体的犁削作用。此外，随着载荷的增加，对偶面上的转移膜更容易形成，后者避免了聚合物与对偶钢环的直接接触，使得摩擦发生在聚合物本体表面的磨屑层与对偶面上的转移膜之间。在以上因素的共同作用下，短切玄武岩纤维填充聚酰亚胺复合材料的摩擦系数和磨损率均随着载荷的增大而逐渐降低。

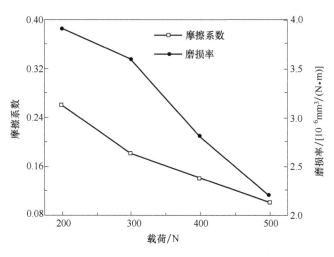

图 2-51　短切玄武岩纤维改性聚酰亚胺复合材料的摩擦
系数和磨损率随载荷的变化曲线

与载荷的影响类似，短切玄武岩纤维改性聚酰亚胺复合材料的摩擦系数和磨损率均随着滑动速度的增大而降低（见图2-52），这是由于摩擦接触面间在高速下没有足够的时间形成更多的黏结点，导致摩擦的黏着分量降低。此外，高速下接触界面产生的摩擦热大大增加，复合材料表面软化引起其抗剪切能力降低。以上两者共同作用，使得复合材料在高速下的摩擦系数相较于低速下降低。与此同时，高速下，磨损表面发生软化，大量磨屑沿着滑动方向被碾压在磨损表面，其抗磨性大大提高。

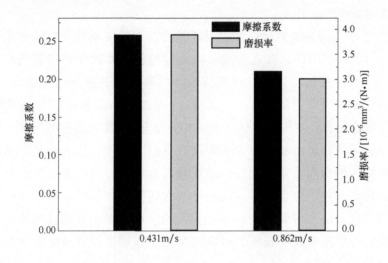

图2-52　短切玄武岩纤维改性聚酰亚胺的摩擦系数和磨损率与滑动速度的关系

图2-53和图2-54所示分别为不同玄武岩纤维添加量聚酰亚胺复合材料的磨损表面以及GCr15对偶表面的SEM形貌照片。可以看出，纯的聚酰亚胺磨损表面有明显的犁沟，并伴有大颗粒磨屑（见图2-53a），与其对摩形成的转移膜不连续，以片状磨屑碾压层的形式黏附在钢环表面（见图2-54a）。相比之下，添加10%（质量分数）玄武岩纤维后，聚酰亚胺复合材料磨损表面的犁削现象大大减弱，基本上看不到犁沟，有少量小颗粒磨屑附着在表面（见图2-53b），对应的钢环表面形成了相对均匀连续的转移膜（见图2-54b）。当玄武岩纤维的添加量达到30%（质量分数）时，复合材料的磨损表面变得粗糙，大量玄武岩纤维从树脂基体中断裂脱落，引发大量微裂纹（见图2-53c），摩擦过程中发生了严重的磨粒磨损，转移到对偶表面的复合材料形成的转移膜厚而不连续（见图2-54c），不利于聚酰亚胺复合材料摩擦磨损性能的提高。

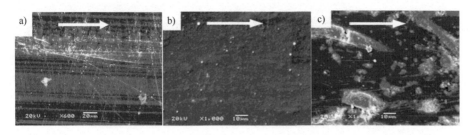

图 2-53　不同玄武岩纤维含量改性聚酰亚胺复合材料磨损表面的 SEM 形貌照片

a）PI　b）10%（质量分数）BF-PI　c）30%（质量分数）BF-PI

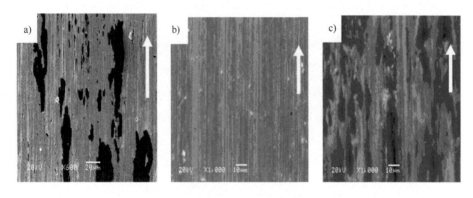

图 2-54　不同玄武岩纤维含量的聚酰亚胺复合材料对偶表面的 SEM 形貌照片

a）PI　b）10%（质量分数）BF-PI　c）30%（质量分数）BF-PI

　　图 2-55 和图 2-56 所示分别为 10%（质量分数）短切玄武岩纤维改性聚酰亚胺复合材料在高速和高载下的磨损表面以及 GCr15 对偶表面的 SEM 形貌照片。从图 2-55a 可以看到，短切玄武岩纤维填充聚酰亚胺复合材料在高速下的磨损表面相对光滑，伴有大量软化后被碾压附着在表面的麻点状磨屑堆积，但没有出现明显的犁沟，相应的对偶表面被相对连续均匀的转移膜覆盖（见图 2-55b）。与高速条件下的磨损表面形貌有所不同，短切玄武岩纤维填充聚酰亚胺复合材料在高载下的磨损表面更加光滑，仅有少量小颗粒磨屑附着在表面上（见图 2-56a），与其配副的钢环表面形成的转移膜也更加均匀、连续（见图 2-56b）。需要指出的是，无论是高速还是高载摩擦条件下，10%（质量分数）短切玄武岩纤维改性聚酰亚胺复合材料的磨损表面上均未发现断裂剥落的玄武岩纤维，说明该填充量的玄武岩纤维与聚酰亚胺基体的界面在摩擦过程中没有明显的破坏，玄武岩纤维在摩擦过程中能够优先承担载荷，这也是其提高复合材料减摩抗磨性能的重要原因之一。

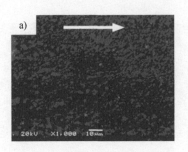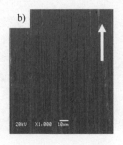

图 2-55　短切玄武岩纤维改性聚酰亚胺复合材料在高速下
磨损表面以及对偶表面的 SEM 形貌照片

a）磨损表面　b）对偶表面

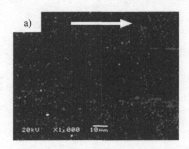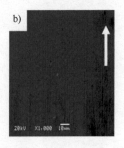

图 2-56　短切玄武岩纤维改性聚酰亚胺复合材料在高载下
磨损表面以及对偶表面的 SEM 形貌照片

a）磨损表面　b）对偶表面

2.6.3　短切玄武岩纤维增强固体润滑剂填充聚酰亚胺复合材料的摩擦磨损性能

以前面确定的最佳短切玄武岩纤维填充量 10%（质量分数）的聚酰亚胺复合材料为基础，考察了不同固体润滑剂添加量对复合材料摩擦磨损的影响。从图 2-57 可以看出，石墨的添加有效地改善了短切玄武岩纤维增强聚酰亚胺复合材料的摩擦学性能，尤其对抗磨性的改善尤为显著。当石墨的体积分数为 10% 时，复合材料的摩擦系数降低了 10.7%，磨损率则降低了 60.5%。随着石墨含量的进一步增大，摩擦系数和磨损率下降的趋势有所缓和。当石墨的体积含量为 35% 时，聚酰亚胺复合材料的摩擦学性能达到最佳。继续增大石墨的体积含量无法继续改善复合材料的摩擦磨损性能，这主要是由于过高的含量导致石墨聚集在一起，致使聚酰亚胺复合材料内部组分分布不均，磨损表面容易产生应力集中，引起复合材料摩擦学性能的恶化。与石墨类似，MoS_2 的添加也能够大幅度改善短切玄武岩纤维增强聚酰亚胺复合材料的摩擦学性能，如图 2-58 所示。复合材料的摩擦系数随着 MoS_2 含量的增加逐渐减小，而磨损率则先减小后增大。综合考虑复合材料的摩擦系数和磨损率，MoS_2 的最佳体积含量为 40%。下面将以最佳含量的石墨和 MoS_2 填充、短切玄武岩纤维增强的聚酰亚胺复合材料为研究对象，系统研究摩擦接触工况（载荷、速度和时间等）对复合材料摩擦磨损性能的影响规律和机理。

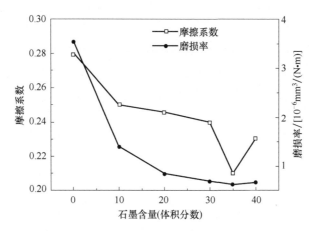

图 2-57　石墨含量对短切玄武岩纤维增强聚酰亚胺复合材料摩擦学性能的影响

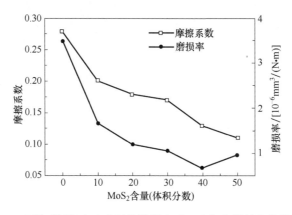

图 2-58　MoS_2 含量对短切玄武岩纤维增强聚酰亚胺复合材料摩擦学性能的影响

图 2-59 和图 2-60 所示分别为载荷和速度对石墨和 MoS_2 填充短切玄武岩纤维增强的聚酰亚胺复合材料的摩擦系数和磨损率的影响。可以明显地看出，当滑动速度从 0.431m/s 增大到 0.862m/s 时，两种聚酰亚胺复合材料的摩擦系数和磨损率均明显降低，说明玄武岩纤维增强、固体润滑剂填充的聚酰亚胺复合

材料在较高的速度下表现出更加优异的摩擦学性能。此外，随着载荷增大，两种聚酰亚胺复合材料的摩擦系数和磨损率均逐渐降低，类似的影响规律在聚四氟乙烯复合材料中也被报道。从以上分析可见，滑动速度和载荷在影响玄武岩纤维增强、固体润滑剂填充的聚酰亚胺复合材料的摩擦学性能方面表现出相似的趋势。为了更好地理解滑动速度和载荷对复合材料摩擦磨损性能的综合影响，图 2-61 绘制了所研究的两种聚酰亚胺复合材料的摩擦系数和磨损率随 PV 值的变化曲线。从图中可以明显地看出，石墨和 MoS_2 填充、短切玄武岩纤维增强的聚酰亚胺复合材料的摩擦系数和磨损率与 PV 值呈负相关关系，即 PV 值越大，复合材料的摩擦系数和磨损率越小。在 431N·m/s 的 PV 值下，两种复合材料的摩擦系数和磨损率分布低至 0.05~0.06 和 $2×10^{-7} mm^3/(N·m)$。该部分研究结果为结合短切玄武岩纤维增强和固体润滑剂填充技术制备高性能减摩抗磨聚酰亚胺复合材料奠定了理论和实践基础。

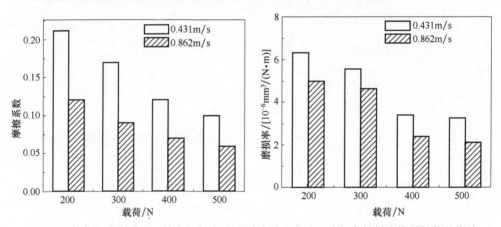

图 2-59　载荷和速度对石墨填充短切玄武岩纤维增强聚酰亚胺复合材料摩擦学性能的影响

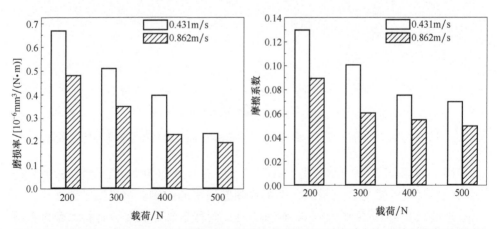

图 2-60　载荷和速度对 MoS_2 填充短切玄武岩纤维增强聚酰亚胺复合材料摩擦学性能的影响

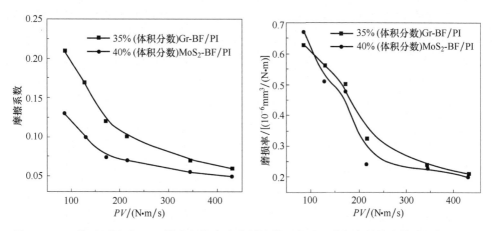

图 2-61 *PV* 值对石墨及 MoS$_2$ 填充短切玄武岩纤维增强聚酰亚胺复合材料摩擦学性能的影响

图 2-62 所示为石墨及 MoS$_2$ 填充短切玄武岩纤维增强聚酰亚胺复合材料在不同摩擦条件下的摩擦系数随滑动时间的变化曲线。可以看出，两种复合材料在不同摩擦条件下的摩擦过程都可以分成跑合摩擦阶段和稳定摩擦阶段。其中，在 200N、0.431m/s 的条件下，两种复合材料的跑合摩擦阶段约为 30min。当摩擦条件较为苛刻时（200N、0.862m/s 和 500N、0.431m/s），跑合摩擦阶段缩短为约 15min。与此同时，复合材料的稳态摩擦系数明显下降，尤其是石墨填充的复合材料的稳态摩擦系数下降的幅度尤其显著。以上分析结果表明，石墨和 MoS$_2$ 填充短切玄武岩纤维增强的聚酰亚胺复合材料更适合于在高载或高速的摩擦工况下服役，后者既能缩短跑合摩擦阶段，又能够降低复合材料的摩擦系数，对于聚酰亚胺复合材料的减摩设计具有重要的指导作用。

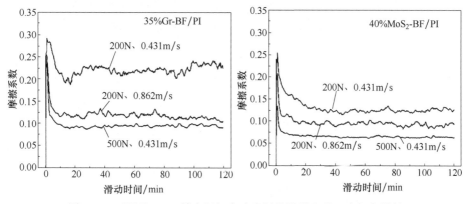

图 2-62 石墨及 MoS$_2$ 填充短切玄武岩纤维增强聚酰亚胺复合材料
不同摩擦条件下摩擦系数随滑动时间的变化曲线

图 2-63 所示为石墨和 MoS_2 填充短切玄武岩纤维增强聚酰亚胺复合材料的磨损表面以及对偶表面的 SEM 形貌照片。未填充固体润滑剂的短切玄武岩纤维增强聚酰亚胺复合材料的磨损表面上有大量的磨屑，并且有大量玄武岩纤维暴露在表面上（见图 2-63a），对偶钢环上形成的转移膜比较厚、不连续，且伴有许多沟痕，显示出磨粒磨损的迹象（见图 2-63d），这与其摩擦学性能较差相对应。当填充 35%（体积分数）的石墨后，玄武岩纤维增强的聚酰亚胺复合材料的磨损表面相对光滑（见图 2-63b），主要表现为黏着磨损和疲劳磨损的特征，对应的转移膜较添加固体润滑剂前变薄，但仍然不均匀（见图 2-63e）。与石墨填充类似，黏着磨损和疲劳磨损主导了 40%（体积分数）MoS_2 填充的玄武岩纤维增强聚酰亚胺复合材料的摩擦过程，磨损表面被均匀的塑性变形层覆盖，没有出现明显的犁削沟壑（见图 2-63c），与其对磨的钢环表面形成的转移膜厚度较薄、均匀连续，与复合材料磨损表面形貌相对应（见图 2-63f）。

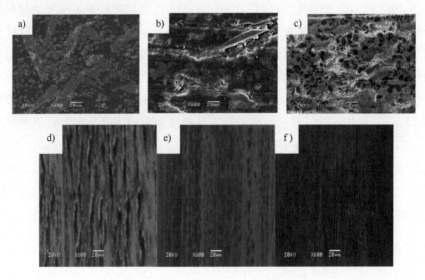

图 2-63　石墨及 MoS_2 填充短切玄武岩纤维增强聚酰亚胺复合材料的
磨损表面以及对偶表面的 SEM 形貌照片

a）未填充的 BF/PI　b）35%（体积分数）Gr-BF/PI　c）40%（体积分数）MoS_2-BF/PI

d）未填充的 BF/PI 的转移膜　e）35%（体积分数）Gr-BF/PI 的转移膜

f）40%（体积分数）MoS_2-BF/PI 的转移膜

图 2-64 所示为石墨填充短切玄武岩纤维增强聚酰亚胺复合材料在高速和高载下的磨损表面及对偶表面的 SEM 形貌照片。从图 2-64a 可以看出，高速下复合材料磨损表面上有少量玄武岩纤维暴露出来，但其仍与树脂结合紧密。此外，

磨屑沿着滑动方向被碾压在磨损表面上形成塑性变形层，对偶表面对应形成的转移膜均匀、连续，并且厚度较薄（见图 2-64c）。当滑动发生在高载荷条件下时，复合材料的磨损表面相对光滑，基本上看不到犁削现象，磨屑被碾压整合形成的塑性变形层更加完整（见图 2-64b），与其对摩的对偶钢环表面被均匀连续的转移膜覆盖（见图 2-64d）。

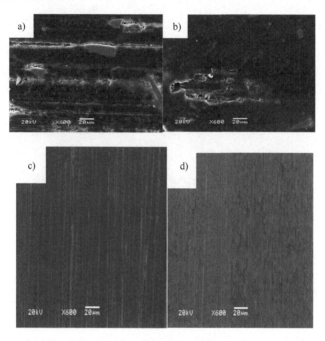

图 2-64　石墨填充短切玄武岩纤维增强聚酰亚胺复合材料在高速和高载下
磨损表面及对偶表面的 SEM 形貌照片

a) 200N、0.862m/s　b) 500N、0.431m/s

c) 200N、0.862m/s 对应转移膜　d) 500N、0.431m/s 对应转移膜

　　图 2-65 所示为 MoS_2 填充短切玄武岩纤维增强聚酰亚胺复合材料在高速和高载下的磨损表面以及对偶表面的 SEM 形貌照片。从图中可以看出，高速摩擦条件下，大量碾压形成的片状磨屑滞留在磨损表面（见图 2-65a），在摩擦过程中起到一定程度的润滑作用，复合材料主要表现为轻微的疲劳磨损，与其对摩的对偶表面形成的转移膜连续、均匀（见图 2-65c）。高载荷下，轻微的黏着磨损和疲劳磨损主导了复合材料的摩擦过程，大量的磨屑被碾压整合在磨损表面形成塑性变形层（见图 2-65b），对应的转移膜厚度很薄、连续、均匀（见图 2-65d）。

　　从以上分析可以看出，相较于高速摩擦条件，高载荷摩擦接触使得摩擦过程中形成的磨屑在更大程度上被反复剪切和碾压，使得复合材料磨损表面被塑性变形层覆盖，后者在物理、机械性能方面优于复合材料基体，最终摩擦发生在复合材料塑性变形层和转移膜之间，这是复合材料摩擦学性能改善的重要原因。

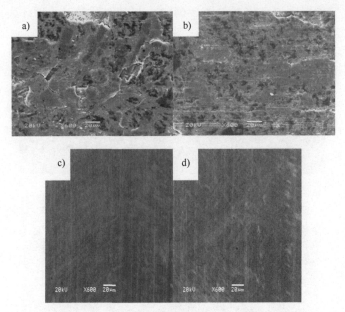

图 2-65　MoS_2 填充短切玄武岩纤维增强聚酰亚胺复合材料在高速和高载下
磨损表面及对偶表面的 SEM 形貌照片

a）200N、0.862m/s　b）500N、0.431m/s　c）200N、0.862m/s 对应转移膜
d）500N、0.431m/s 对应转移膜

2.6.4　小结

1）短切玄武岩纤维在改善热塑性聚酰亚胺的摩擦磨损性能方面具有重要的应用前景。综合考虑聚酰亚胺复合材料的摩擦磨损性能，短切玄武岩纤维的最佳添加量为 10%（质量分数）。

2）固体润滑剂石墨和 MoS_2 的填充能够进一步提高短切玄武岩纤维增强聚酰亚胺复合材料的摩擦磨损性能，石墨和 MoS_2 的最佳含量（体积分数）分别为35% 和 40%。

3）短切玄武岩纤维增强、固体润滑剂填充的聚酰亚胺复合材料在高速、高载摩擦工况下表现出更加优异的减摩抗磨性能，这主要与复合材料表面被反复剪切变形形成物理、机械性能提高的表面层，并在对偶表面形成均匀、连续的转移膜有关。

2.7　芳纶纤维增强聚酰亚胺基摩擦材料的组分和表面织构设计及其摩擦磨损性能

2.7.1　引言

聚合物基复合材料因其优异的摩擦学性能和机械性能，在超声电动机摩擦材料领域具有极大的应用前景。在众多聚合物基复合材料中，PTFE 基复合材料是当前最常用的超声电动机摩擦材料。PTFE 基复合材料温度稳定性高、表面能低、摩擦系数稳定。同时，PTFE 基复合材料的动静摩擦系数接近，可以提高超声电动机的启停特性。但是，受限于 PTFE 本身的特性，超声电动机能量转换效率低的问题没有得到根本解决。要想提高超声电动机的输出特性，摩擦材料需要具备良好的机械性能和优异的摩擦学性能。基于此，分子刚性大、强度高、耐温性好的芳香杂环高分子化合物聚酰亚胺受到了广泛关注。选用高性能的聚酰亚胺基摩擦材料替代传统的 PTFE 基摩擦材料，可以保证超声电动机在高载荷、低转速运行时具有良好的稳定性和输出性能。

为满足超声电动机对新型高性能摩擦材料的迫切需求，本节以热塑性聚酰亚胺 YS20 为基体，利用芳纶纤维（AF，$50\sim200\mu m$）为增强相，以聚四氟乙烯（PTFE，M-18F，$75\mu m$）粉、纳米二氧化硅（SiO_2，20nm）、二硫化钼（MoS_2，$20\mu m$）和类石墨烯氮化碳（$g\text{-}C_3N_4$，$0.2\sim10\mu m$）为功能填料，对聚酰亚胺基摩擦材料进行组分（见表 2-9）和表面织构设计，并系统研究了其摩擦磨损性能。研究结果对于新型聚酰亚胺基替代传统聚四氟乙烯基摩擦材料用于高性能超声电动机具有重要的指导意义。

表 2-9　PI 和 PTFE 基摩擦材料中功能填料的含量

种类	组分含量（质量分数，%）					
	PI	PTFE	AF	MoS_2	$g\text{-}C_3N_4$	SiO_2
PI 基摩擦材料	63	5	15	5	10	2
PTFE 基摩擦材料	5	63	15	5	10	2

2.7.2　新型摩擦材料的设计依据

能量转换效率低是制约超声电动机进一步发展的瓶颈，PTFE 基摩擦材料由于其自身属性很难解决这个问题。但是，新型摩擦材料的研究方向仍不明确，针对这一科学问题，本节从摩擦学性能和机械性能两个方面分析如何制备及调控高能量转换效率的超声电动机用摩擦材料，详细的分析过程见下面的公式。

超声电动机能量转换效率 η

$$\eta = P_{out}/P_{in} \tag{2-10}$$

输入功率 P_{in}

$$P_{in} = \frac{1}{\tau}\int_t^{t+\tau} I^T V \mathrm{d}t \tag{2-11}$$

输出功率 P_{out}

$$P_{out} = \frac{1}{\tau}\int_t^{t+\tau} T\omega \mathrm{d}t \tag{2-12}$$

输出转矩 T

$$T = \mu F r_e \tag{2-13}$$

式中，τ 为输入电压的周期；I 为流过定子压电陶瓷片电极的电流；V 为电压；μ 为摩擦系数；F 为预压力；r_e 为接触界面的等效半径；ω 为旋转的角速度。

根据上述公式可知，超声电动机的能量转换效率和摩擦系数呈正相关关系，即高摩擦系数有利于提高超声电动机的能量转换效率。研究表明，摩擦系数与电动机输出特性息息相关，但是摩擦系数需要在一个合理的范围内，因为过大的摩擦系数会加剧摩擦材料的磨损，增大超声电动机的噪声，降低超声电动机的输出稳定性和工作寿命。

超声电动机依靠定子与转子接触界面间的摩擦作用力进行转矩传递，所以摩擦材料的弹性模量对超声电动机的能量转换效率等输出性能具有极大的影响。根据定子、转子间的动力传递形式可以得出，在一定的预压力作用下，摩擦材料层的法向变形量 Δh 可以写成式（2-14）。

$$\Delta h = \frac{F h_m}{2\pi r_e E_m b_m} \tag{2-14}$$

式中，F 为预压力；h_m 为摩擦材料层的厚度；E_m 为摩擦材料的弹性模量；b_m 为摩擦材料层的宽度。

根据超声电动机的接触模型，在一个波长范围内存在驱动区和阻碍区，如图 2-66 所示。由式（2-14）可知，其他条件一定时，摩擦材料层的法向变形量与弹性模量呈反比例函数关系。但是，根据赵淳生等的研究结果，弹性模量跟超声电动机输出特性之间并不是一个简单的线性关系。当摩擦材料的弹性模量较大时，必然会增大对偶接触层的接触刚度，降低摩擦材料的法向变形量。因此，定转子接触区域会大部分位于驱动区，这有利于提高超声电动机的界面切向力，进而提高其能量转换效率。当摩擦材料的弹性模量较小时，在相同的预压力下，定转子接触区域会很容易超过等速点，此时接触区域会部分位于阻碍区间内，削弱定转子间的驱动作用，降低超声电动机输出特性。

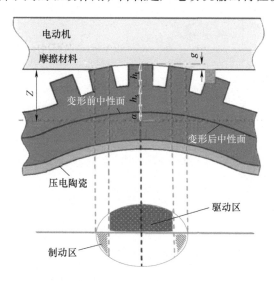

图 2-66　一个波长范围内超声电动机定子和转子的接触模型示意图

综上所述，根据超声电动机的能量转换效率和摩擦材料层的法向变形公式可知，提高超声电动机能量转换效率的两个重要途径是适当提高摩擦材料的摩擦系数和弹性模量。因此，本节提出了一种新型的聚酰亚胺基摩擦材料，并通过与 PTFE 基摩擦材料的机械性能、热稳定性、摩擦学性能、超声电动机输出特性等进行对比，验证其作为超声电动机摩擦材料的可行性。

2.7.3　聚酰亚胺基摩擦材料的摩擦磨损性能及其对超声电动机输出特性的影响

1. 聚酰亚胺基摩擦材料的物理、机械性能

以 PTFE 基摩擦材料为参照，首先研究了本节设计的新型聚酰亚胺基摩擦材料的热性能，如图 2-67 所示。从两种摩擦材料在氮气气氛中的热重曲线可以看出，在 500℃之前两种材料均未出现明显的分解，但 PI 基摩擦材料在 800℃时的残碳含量（质量分数）明显高于 PTFE 基摩擦材料，说明新型的 PI 基摩擦材料具有更佳的热稳定性。

图 2-68 所示为 PI 基摩擦材料和 PTFE 基摩擦材料的动态机械性能测试结果。可以看到，两种摩擦材料表现出相似的储能模量-温度变化趋势，即储能模量随

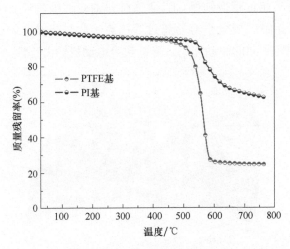

图 2-67　PI 基摩擦材料和 PTFE 基摩擦材料的热重曲线

着温度升高而逐渐下降，且在玻璃化转变温度附近出现明显的台阶式降低。就储能模量的大小来说，PI 基摩擦材料的储能模量（3440MPa）远远高于 PTFE 基摩擦材料（1700MPa），表明 PI 基摩擦材料具有更高的抗变形能力。从损耗因子（tanδ）-温度曲线可以看出，PI 基摩擦材料的玻璃化转变温度显著高于 PTFE 基摩擦材料。由于超声电动机运行时摩擦界面会产生大量热量，导致整机温度升高，较高的玻璃化转变温度可以保证超声电动机的运行稳定性。

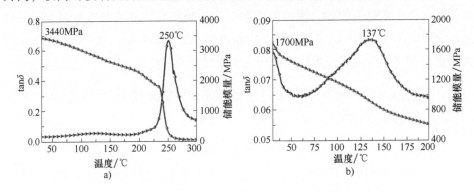

图 2-68　PI 基摩擦材料和 PTFE 基摩擦材料的动态机械性能

a）PI 基摩擦材料　b）PTFE 基摩擦材料

　　表 2-10 列出了 PI 基摩擦材料和 PTFE 基摩擦材料的基本物理、机械性能参数。结合 TRUM-60 超声电动机的组装预压力范围（一般为 200～300N）和式（2-14）可知，当超声电动机的组装预压力 F 为 240N，摩擦材料层的宽度

b_m 和厚度 h_m 分别为 2.5mm 和 0.25mm，定子与摩擦材料接触界面的等效半径 r_e 为 27.2mm 时，PI 基摩擦材料摩擦层的法向变形量 $\Delta h = 1.51 \times 10^{-5}$ mm，而相同条件下 PTFE 基摩擦材料摩擦层的法向变形量 $\Delta h = 12.7 \times 10^{-5}$ mm。可见，PI 基摩擦材料更高的硬度和弹性模量使其具有良好的抗压变形能力和接触刚度，可以减小摩擦层的法向变形量，相应减小定子和转子的接触区域，并使其大部分位于驱动区间内，从而提高超声电动机的输出性能。

表 2-10 PI 基摩擦材料和 PTFE 基摩擦材料的基本物理、机械性能参数

性能	PI 基摩擦材料	PTFE 基摩擦材料
弹性模量/GPa	9.3	1.1
硬度（邵氏 D）	85	64
玻璃化转变温度/℃	250	137
储能模量/MPa	3440	1700

2. 聚酰亚胺基摩擦材料的摩擦磨损性能

聚合物复合材料的摩擦是一个复杂的过程，材料在摩擦过程中发生转移和一些复杂的化学反应。转移的聚合物磨屑通过物理或者化学作用黏结在对偶表面，其中部分结合差的从对偶表面刮擦掉，同时又有新的材料发生转移。最终，材料的补给和刮擦达到一种动态平衡，摩擦系数逐渐稳定。

图 2-69a 所示为 PI 基和 PTFE 基摩擦材料与磷青铜配副在销-盘接触模式下的摩擦系数随滑动时间的变化曲线。与 PTFE 基摩擦材料相比，PI 基摩擦材料的摩擦系数波动更小，更有利于超声电动机的运行稳定性。而且，PI 基摩擦材料的稳态摩擦系数较 PTFE 基摩擦材料高，前者稳定在 0.26，而后者稳定在 0.20。此外，PI 基摩擦材料具有更优异的耐磨性，其磨损率约为 PTFE 基摩擦材料的 8%（见图 2-69b）。可见，PI 基摩擦材料具有更高、更稳定的摩擦系数，更优异的耐磨性，完全符合长寿命超声电动机摩擦材料的选择标准。为了探究两种摩擦材料的磨损机理，对其磨损表面形貌进行了分析，如图 2-70所示。从图 2-70a 可以看出，PTFE 基摩擦材料的磨损表面相对平整，仅出现较浅的划痕和部分轻微的片层剥落，说明摩擦过程中 PTFE 基摩擦材料主要发生了磨粒磨损和黏着磨损，这一结论与相关研究的结果相一致。与 PTFE 基摩擦材料明显不同，PI 基摩擦材料的磨损表面上出现明显的犁沟（见图 2-70b），说明材料主要发生了磨粒磨损，磨粒磨损被发现是 PI 基摩擦材料常见的磨损形式。

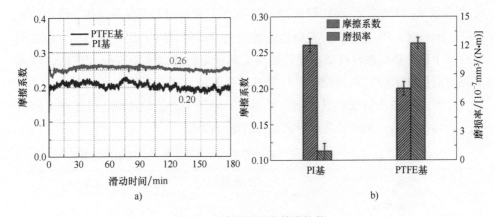

图 2-69　摩擦材料摩擦学性能

a）摩擦系数随时间的变化曲线　b）两种摩擦材料摩擦系数和磨损率的对比

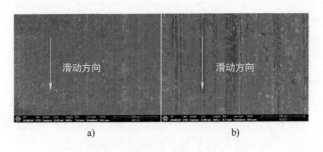

图 2-70　两种摩擦材料的磨损形貌

a）FTFE 基摩擦材料　b）PI 基摩擦材料

　　与磨损表面形貌相对应，上述两种摩擦材料在对偶表面形成的转移膜的形貌也明显不同。PI 基摩擦材料在对偶表面形成的转移膜上存在明显的沟壑（见图 2-71a），而 PTFE 基摩擦材料的转移膜相对光滑平整，仅可见轻微的划痕（见图 2-71b）。对两种摩擦材料形成的转移膜的 XPS 分析表明，在摩擦过程中磷青铜对偶中的 Cu 与聚合物分子链发生了化学键合，并伴有大量 CuO 的产生（见图 2-72），以上摩擦化学反应的发生提高了转移膜与对偶的结合强度，有利于摩擦材料耐磨性的提高。需要指出的是，由于 PI 基摩擦材料的物理、机械性能，如玻璃化转变温度、硬度、弹性模量和储能模量等远远高于 PTFE 基摩擦材料，在相同的摩擦条件下，前者表现出更好的抵抗界面剪切的能力，这是其耐磨性优异的重要原因。

3. 聚酰亚胺基摩擦材料对超声电动机输出特性的影响

　　利用上述 PI 基和 PTFE 基摩擦材料组装了两台 TRUM-60 超声电动机，压力

图 2-71　两种摩擦材料的转移膜磨损形貌

a）PI 基摩擦材料的转移膜　b）PTFE 基摩擦材料的转移膜

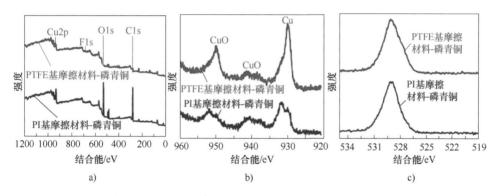

图 2-72　两种摩擦材料的转移膜的 XPS 分析

a）全谱　b）Cu2p 谱　c）O1s 谱

为 240N，激振频率为 41.5kHz，对应电动机的起始转速为 160r/min，图 2-73 所示为两台超声电动机的输出转速和能量转换效率的对比曲线。PI 基摩擦材料弹性模量和硬度的提高能够相应地提高摩擦层的接触刚度，使定子和转子的接触区域大部分位于超声电动机的驱动区间内，改善定子对转子的驱动作用。另外，材料摩擦系数的增大也可以有效提高超声电动机的输出转矩。通过控制磁滞制动器的输入电流给超声电动机施加负载转矩，超声电动机的输出转速随负载转矩的增大而减小，输出转矩相应地增大。PI 基摩擦材料使超声电动机的输出转速下降趋势更平缓一些（见图 2-73a）。此外，使用 PI 基摩擦材料之后，超声电动机的能量转换效率有了明显的改善，从 29% 提高到 44%，提升幅度达 51.7%（见图 2-73b）。这可以归因于：一方面，材料摩擦系数的增大改善了电动机的输出转矩；另一方面，弹性模量的增大提高了电动机的输出转速，以上两者综合作用明显提升了电动机的能量转换效率。可见，PI 基摩擦材料的改性对于进一步拓宽超声电动机的实际工程应用范围具有重要的意义。

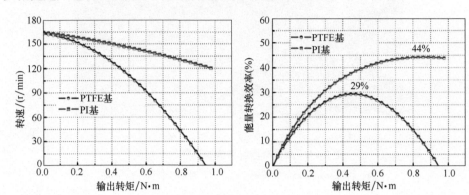

图 2-73　超声电动机输出特性对比

a）转速　b）能量转换效率

2.7.4 聚酰亚胺基摩擦材料的表面织构设计及其摩擦磨损性能

1. 聚酰亚胺基摩擦材料的表面织构设计

聚酰亚胺基摩擦材料的表面微凹坑织构采用纳秒脉冲光纤激光（FB-10W）制备，其波长、脉冲持续时间和最大单脉冲能量分别为 1064nm、80~100ns 和 0.5mJ。表面织构设计参数列于表 2-11，凹坑的二维和三维形貌如图 2-74 所示。

表 2-11　PI 基摩擦材料的表面织构设计参数

参数	PI 基摩擦材料系列								
	1#	2#	3#	4#	5#	6#	7#	8#	9#
直径/μm	200	200	200	300	300	300	400	400	400
面积密度（%）	4	7	12	4	7	12	4	7	12

2. 表面织构对聚酰亚胺基摩擦材料摩擦学性能的影响

为了最大限度地模拟超声电动机的实际服役工况，以超声电动机实际使用的磷青铜为对偶，采用改进的旋转摩擦试验机测试表面织构化的摩擦材料的摩擦磨损性能，如图 2-75a 所示，图 2-75b 所示是超声电动机定子与转子的结构示意图。需要说明的是，由于该部分研究工作主要聚焦于摩擦系数和能量转换效率的关系，对耐磨性与表面织构的关系不做探讨。

图 2-76 所示为不同直径和面积密度的表面织构对聚酰亚胺基摩擦材料摩擦系数的影响。很明显，表面织构化后的摩擦系数较织构化前明显增大（见图 2-76 和

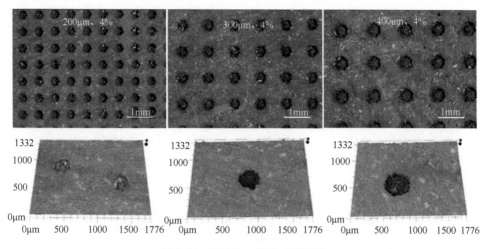

图 2-74　凹坑的二维和三维形貌

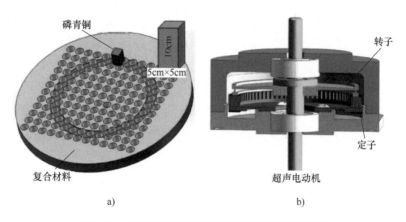

a)　　　　　　　　　　　b)

图 2-75　摩擦试验机和定子与转子的结构示意图

a）摩擦试验机　b）定子与转子

图 2-69）。如前所述，一定范围内的摩擦系数增大有利于提高超声电动机的输出特性。在相同的面积密度下，聚酰亚胺基摩擦材料的摩擦系数随着织构化直径的增大而降低，而在不同的面积密度（4%、7%、12%）下，凹坑直径为 200μm 时摩擦材料的摩擦系数最高（见图 2-76a）。进一步的研究表明，在相同直径的条件下，聚酰亚胺基摩擦材料的摩擦系数随着面积密度的上升先升高后降低（见图 2-76b）。直径 200μm、面积密度分别为 4%、7% 和 12% 的表面织构化的摩擦材料的摩擦系数分别为 0.304、0.332 和 0.319。综合以上结果，PI 基摩擦材料表面织构的最优参数为：直径 200μm、面积密度 7%。

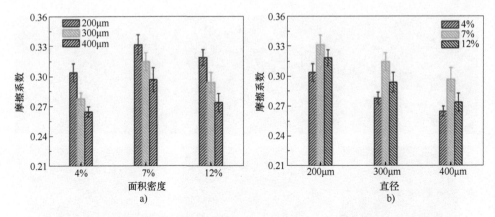

图 2-76 不同直径和面积密度的表面织构对聚酰亚胺基摩擦材料摩擦系数的影响

a）相同面积密度、不同直径　b）相同直径、不同面积密度

已有研究表明，表面织构能够捕获摩擦过程中界面产生的磨屑或者剥落的硬质颗粒，引起材料的摩擦系数降低。另一方面，对偶表面的微凸起和织构边界在压力和剪切力共同作用下会导致摩擦材料的摩擦系数和磨损率上升。在相同的面积密度下，随着直径的增加，凹坑存储磨屑的能力增强，引起材料的摩擦系数降低。在相同的直径下，面积密度对摩擦系数的影响是复杂的，低面积密度使织构的边界数量降低，摩擦系数趋于降低。面积密度增加，边界数量增多，摩擦系数趋于增大，但与此同时提高的织构存储磨屑的能力趋于降低材料的摩擦系数。以上因素共同作用，使得 PI 基摩擦材料的摩擦系数呈现图 2-76b 所示的变化趋势。

为了探究表面织构对聚酰亚胺基摩擦材料摩擦行为的影响及其在摩擦过程中的形貌变化，进行了不同时间、不同压力、不同转速的摩擦试验。作为参照，图 2-77a 所示为未表面织构化的摩擦材料在 60N、300r/min 和 2h 摩擦试验条件下的磨损表面形貌，从图中可见许多犁沟，这是由于摩擦过程中从材料表面剥离的硬质颗粒在摩擦界面引起磨粒磨损。但在相同试验条件下，表面织构化的摩擦材料的磨损表面光滑平整，凹坑织构里面有少量的磨屑存储，证实了前述表面织构存储磨屑的机理（见图 2-77b）。随着摩擦时间延长到 5h，凹坑里面的磨屑越来越多，磨损表面仍然十分光滑（见图 2-77c），表明表面织构对摩擦界面具有保护作用。为了进一步证实上述保护作用，将摩擦试验载荷增加到 300N，速度增加到 600r/min，时间增加到 8h，以加速表界面的破坏，便于分析表面织构的作用机理。从图 2-77e 可以发现，当表面织构被破坏以后，犁沟开始出现，表明其失去了对摩擦界面的保护能力，如图 2-77d 和 f 所示。图 2-78 所示为织构化摩擦材料磨损表面的三维形貌图。从图 2-78a 可以看出，在相对较短的摩擦时间内，只有少量的磨屑形成或者硬质颗粒剥落，在此情况下织物捕获磨屑的作用不太明显（见图 2-78a）。随着摩擦时间的延长，凹坑织构逐渐变浅，存储磨屑的作用逐渐明显（见图 2-78b）。当载荷和速度增大、摩擦时间延长之后，表面织构被破坏，致使其对界面的保护能力大大降低，磨损表面再次出现犁沟（见图 2-78c）。上述磨损表面形貌的变化与摩擦材料的摩擦机理完全一致。

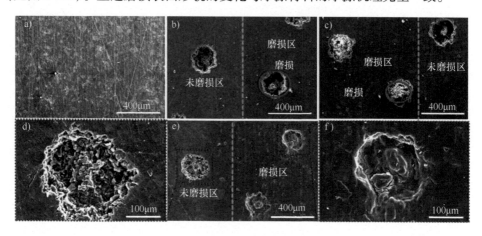

图 2-77　磨损表面的 SEM 形貌图

a）60N、300r/min、2h 的未表面织构化摩擦材料的磨损表面形貌　b）60N、300r/min、2h 的织构摩擦材料的磨损表面形貌　c）60N、300r/min、5h 的织构摩擦材料的磨损表面形貌　d）300N、600r/min、8h 的织物摩擦材料的磨损表面形貌　e）未磨损区域的凹坑形貌放大图　f）磨损区域的凹坑形貌放大图

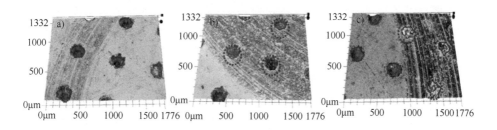

图 2-78　织构化摩擦材料磨损表面的三维形貌图

a）60N、300r/min、2h 的织构摩擦材料　b）60N、300r/min、5h 的织构化摩擦材料
c）300N、600r/min、8h 的织构化摩擦材料

3. 聚酰亚胺基摩擦材料表面织构化对超声电动机输出特性的影响

图 2-79 所示为聚酰亚胺基摩擦材料表面织构化对超声电动机输出特性的影响。从图 2-79a 可以看出，聚酰亚胺基摩擦材料表面织构化能够延缓超声电动机

转速的降低，而且摩擦材料表面织构化使得超声电动机的能量转换效率从 44%提高到 53%，提高了 20.5%（见图 2-79b）。需要特别说明的是，超声电动机的能量转换效率在 44%之上继续提高是非常困难的。因此，本部分工作通过聚酰亚胺基摩擦材料的织构化设计，将超声电动机的能量转换效率进一步提高了20.5%，为新型高性能超声电动机用摩擦材料的设计制备开辟了新思路。

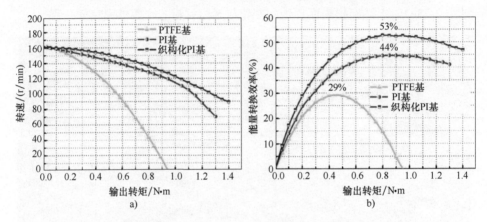

图 2-79　聚酰亚胺基摩擦材料表面织构化对超声电动机输出特性的影响
a）转速　b）能量转换效率

2.7.5　小结

1）相比于 PTFE 基摩擦材料，PI 基摩擦材料具有更高的摩擦系数和弹性模量，能够提高超声电动机的能量转换效率，其更高的玻璃化转变温度则可以保证超声电动机的运行稳定性。装备新型的 PI 基摩擦材料后，超声电动机的能量转换效率从 28%提高到 44%。

2）PI 基摩擦材料表面织构化以后，超声电动机的能量转换效率从 44%提高到 53%，提高了 20.5%，这可以归因于表面织构化改善了摩擦材料的摩擦磨损性能。在相同面积密度的条件下，摩擦材料的摩擦系数随着织构化直径的升高而降低。而在相同直径的条件下，摩擦系数随着面积密度的上升先升高后降低。综合考虑织构化对超声电动机输出特性的影响，PI 基摩擦材料表面织构的最优参数为直径 200μm，面积密度 7%。

3）表面织构化对摩擦材料摩擦磨损性能的影响与织构存储磨屑的作用及其磨损有关。随着摩擦时间的延长，凹坑织构逐渐被磨屑填充、变浅，表面织构起到保护摩擦界面的作用。摩擦作用下的织构破坏会极大地削弱其对界面的保护作用，造成摩擦材料表面犁沟的出现。

2.8　碳纳米管增强聚酰亚胺复合材料的分子动力学研究

2.8.1　引言

随着聚合物纳米复合材料的快速发展，纳米颗粒改性已经成为一种快速、高效提高聚合物摩擦学性能的方法。碳纳米管（CNT）作为一种理想的一维材料具有优异的机械性能和热稳定性。大量研究表明，CNT 对聚合物材料的机械和摩擦学性能具有优异的改善作用。尽管如此，有关摩擦磨损过程中碳原子与聚合物分子之间作用机理的研究非常缺乏，其难点主要是长度和时间尺度太小，限制了研究人员从原子水平上探索其作用机制。对 CNT 来说，当前的研究主要存在两方面的不足：一是缺乏 CNT 增强高分子材料的微观理论支撑，对 CNT 的微观增强机理缺乏深入的研究；另一方面，由于 CNT 存在取向性，使其对聚合物材料摩擦学性能影响的研究变得更加复杂。

基于上述科学问题，本节利用分子动力学模拟 CNT 的微观摩擦过程，分析不同取向 CNT 增强的 PI 复合材料的摩擦学性能的差异，并通过径向分布函数、原子浓度、摩擦系数、磨损率和摩擦界面温度等探究不同取向的 CNT 的微观摩擦学机理。

2.8.2　分子模型构建、优化与动力学平衡

分子模型构建的具体流程如下：

1）建立尺寸为 30Å×30Å×30Å 的周期性晶格。

2）构建长度为 27.77Å 的（5.5）CNT 模型，并将 CNT 按照平行于 X 轴、Y 轴和 Z 轴的方向置于步骤 1）的晶格中心。

3）将图 2-80 所示的 PI 链段按照蒙特卡罗规则随机添加到图 2-81a 所示的晶格之中，直至材料整体密度达到 2.1g/cm³，构建 X 轴取向的 CNT 分子模型。

4）将图 2-80 所示的 PI 链段按照蒙特卡罗规则随机添加到图 2-81b 所示的晶格之中，直至材料整体密度达到 2.1g/cm³，构建 Y 轴取向的 CNT 分子模型。

5）将图 2-80 所示的 PI 链段按照蒙特卡罗规则随机添加到图 2-81c 所示的晶格之中，直至材料整体密度达到 2.1g/cm³，构建 Z 轴取向的 CNT 分子模型。

为使构建的无定型分子模型能量达到最低，采用如下过程对无定型结构进行优化：

1）利用结构优化得到局部能量最小构型，采用 Smart 方法对该体系进行多次能量最小化优化，直到体系能量收敛度达到均方根值小于或等于 0.00001kcal/mol。

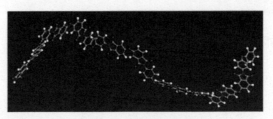

图 2-80　聚酰亚胺链段

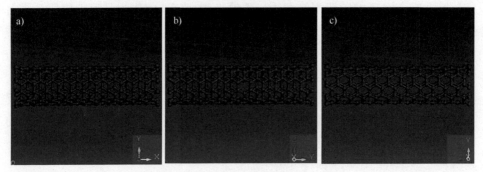

图 2-81　中心处有 CNT 的周期性晶格
a）*X* 方向　b）*Y* 方向　c）*Z* 方向

2）利用退火处理使体系得到充分松弛，将 300K 设置为两个体系的初始温度，将远高于材料玻璃化转变温度的 700K 设置为两个体系的目标温度。体系从 300K 开始以 100K 为一个步长升温到 700K，再以 100K 为一个步长将温度逐步降低到 300K，其中对于每一个温度体系将在 NVT 系综下运行 5ps 以达到分子动力学平衡，按照此规则连续循环 5 次。

3）利用动力学平衡模拟得到全局能量最小构型，将上述的体系先进行一次 500ps、298K 的 NVT 系综的动力学模拟。利用动力学模拟的最后一帧，再进行一次 500ps、0.1MPa 的 NPT 系综的动力学模拟。

经过分子动力学平衡后的材料分子无定型结构如图 2-82 所示，详细的优化过程参数列于表 2-12。

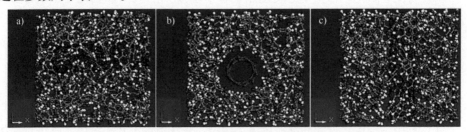

图 2-82　经过分子动力学平衡后的材料分子无定型结构
a）*X* 方向　b）*Y* 方向　c）*Z* 方向

表 2-12 分子模型优化与动力学平衡参数

过程	算法	收敛性判据	温度/K	时间/ps
几何优化	Smart	10^{-5} kcal/mol（能量）	—	—
退火	Nose thermostat	—	300~700	200
NVT	Andersen thermostat	—	298	500
NPT	Andersen thermostat	—	298	500

2.8.3 摩擦副分子模型构建与动力学平衡

摩擦副分子模型是一个三层结构，上下两层为铁原子层，中间为聚合物层如图 2-83 所示。上层对偶材料的尺寸为 9Å×9Å×19Å，下层对偶材料的尺寸为 30Å×30Å×8Å。分子动力学摩擦模拟过程中剪切运动的方向均选为 X 轴方向，图 2-83a 表示 CNT 取向为 X 轴方向，摩擦取向为 X 轴方向定义为 XCNT；图 2-83b 表示 CNT 取向为 Y 轴方向，摩擦取向为 Y 轴方向定义为 YCNT；图 2-83c 表示 CNT 取向为 Z 轴方向，摩擦取向为 Z 轴方向定义为 ZCNT。

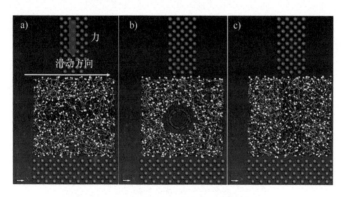

图 2-83 三层摩擦副分子模型
a) *XCNT* b) *YCNT* c) *ZCNT*

为使摩擦副分子模型体系能量最小化，对体系进行几何优化和能量优化及动力学平衡，优化过程见表 2-13。为了计算摩擦系数，需要记录摩擦过程中的法向载荷和切向摩擦力，摩擦系数计算见式（2-15）。

$$\mu = f/F \tag{2-15}$$

式中，μ 为摩擦系数；f 为摩擦力；F 为法向载荷。

表 2-13　摩擦副分子模型优化与动力学平衡参数

过程	算法	收敛性判据	温度/K	时间/ps
几何优化	Smart	10^{-5} kcal/mol（能量）	—	—
退火	Nose thermostat	—	300~700	200
NVT	Andersen thermostat	—	298	500
Confiened shear	Andersen thermostat	—	298	500

摩擦结束以后，计算并提取整个体系的原子的运动轨迹，规定离开基体材料的原子为摩擦过程中剥离的原子，将该原子数除以总原子数得到磨损率。

2.8.4　碳纳米管增强聚酰亚胺复合材料的微观摩擦磨损性能

宏观摩擦学研究过程中摩擦系数是最重要的指标之一，例如摩擦材料通过摩擦传递动力需要相对高的摩擦系数，润滑材料通过降低摩擦以降低磨损需要尽可能低的摩擦系数。所以首先利用分子动力学模拟计算了复合材料的摩擦系数，图 2-84 展示了不同取向的 CNT 对复合材料摩擦系数的贡献。结果发现 Y 取向的 CNT 增强的 PI 复合材料平均摩擦系数最高达到 0.270，而 X 和 Z 取向的 CNT 增强的 PI 复合材料平均摩擦系数几乎相同，分别为 0.242 和 0.243。结果发现，同样的 CNT 只是取向不同就会对复合材料的摩擦学性能产生极大的影响，因此，探究 CNT 的取向性对复合材料的摩擦学性能的影响十分必要。

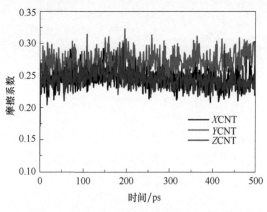

图 2-84　XCNT、YCNT 和 ZCNT 的摩擦系数

为了深入分析 CNT 的取向性问题，分别提取了摩擦过程第 250ps 和 500ps 时的分子链段运动情况。图 2-85 所示为 250ps 时的摩擦模拟快照，从图中可以看出摩擦过程中 CNT 和分子链的形态。当 CNT 为 X 取向时，发生了少量分子链段的断裂，但是基体材料基本未发生破坏，见图 2-85a 所示的白色方框；当 CNT 为 Y 取向时，基体材料大量剥落（见图 2-85b 所示白色方框），聚合物分子链的断裂明显加剧，这必然会降低复合材料的耐磨性能；当 CNT 为 Z 取向时，基体发生的变化与 X 取向的基体变化相差不大（见图 2-85c 白色方框），仅仅是断裂的分子链数量增多。图 2-86 展示了 500ps 时的摩擦模拟快照，分子链段和 CNT 表现的行为与 250ps 时相似。同样是 CNT 增强复合材料，但是取向的差别导致 CNT 与分子链之间的相互作用力不同。

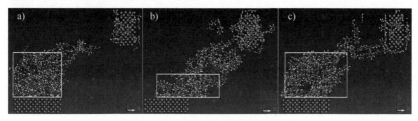

图 2-85　250ps 时的摩擦模拟快照

a）XCNT　b）YCNT　c）ZCNT

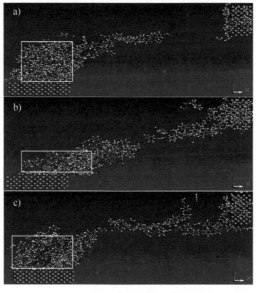

图 2-86　500ps 时的摩擦模拟快照

a）XCNT　b）YCNT　c）ZCNT

图 2-87 为不同取向的 CNT 对应的磨损率，其中磨损率的定义为摩擦掉落的原子数除以总原子数。结果表明，XCNT、YCNT、ZCNT 的磨损率分别为 11.5%、34.8% 和 28.0%。由以上结果可以得到 Y 取向的 CNT 对原子的束缚能力最弱，

而 X 取向和 Z 取向的 CNT 与分子链段之间明显具有更强的相互作用，其中，X 取向的作用力最为明显。

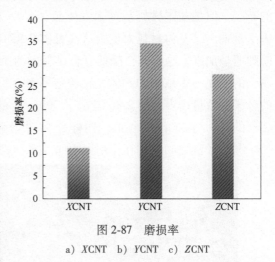

图 2-87 磨损率
a) XCNT b) YCNT c) ZCNT

判断 CNT 与 PI 分子链段的相互作用最直接的方法就是径向分布函数（RDF）和原子相对浓度，图 2-88 展示了三种取向 CNT 在摩擦过程中的碳原子与铜原子的径向分布函数曲线。结果发现，XCNT、YCNT 和 ZCNT 的平均 RDF 值分别为 0.60、0.80 和 0.66，该数据表明 YCNT 的 RDF 值要比 XCNT 和 ZCNT 分别高 33.3%和 21.2%。这说明在摩擦过程中，X 和 Z 取向的 CNT 始终与较多的分子链相互作用，该数据与摩擦过程中的分子链运动情况相一致。

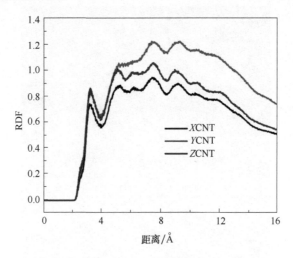

图 2-88 摩擦过程中的碳原子与铜原子的径向分布函数曲线
a) XCNT b) YCNT c) ZCNT

图 2-89 展示了三种取向的 CNT 在摩擦过程中的原子浓度曲线，在上层金属

对偶与复合材料的接触界面区域，*X*CNT、*Y*CNT 和 *Z*CNT 的原子浓度分别为 7.04、7.53 和 7.10。该结果表明，在摩擦过程中 *Y* 取向的 CNT 具有最弱的原子束缚能力，因此，摩擦界面原子更活泼、更易与对偶相互作用。相比之下，*X*CNT 和 *Z*CNT 能够吸附更多的分子链段，较少原子与对偶相互作用，保持了材料的整体性，详见图 2-85 和图 2-86 所示的白色方框。因此，*X* 取向和 *Z* 取向的 CNT 能够提高复合材料的摩擦学性能。

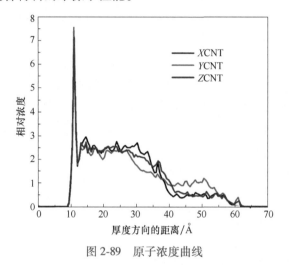

图 2-89　原子浓度曲线

为了探究不同取向 CNT 对 PI 摩擦学性能的影响机理，探究了三种取向 CNT 增强的 PI 复合材料的摩擦界面温度，如图 2-90 所示。结果发现复合材料的温度都是随着摩擦时间的延长而逐渐升高。跑合阶段，温度增加的比较快；稳定阶段，界面温度逐渐趋于平稳。温度的变化趋势与之前的 RDF 和原子浓度趋势完全相同。*X*CNT 和 *Z*CNT 不但可以提高摩擦学性能，还能降低摩擦界面温度，*Y* 取向的 CNT 对分子束缚能力弱，导致分子运动加快，与对偶的相互作用强，增加了分子与对偶相互作用的概率，提高了界面温度。从上述的结果可以发现，*X* 取向的 CNT 增强的复合材料的摩擦学性能最优；*Z* 取向的 CNT 增强

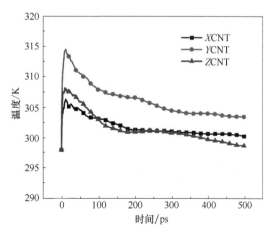

图 2-90　摩擦界面温度变化曲线

的复合材料的摩擦学性能居中；而 Y 取向的 CNT 增强的复合材料的摩擦学性能最差。

2.8.5　小结

1）建立了 X 取向、Y 取向和 Z 取向的分子无定型模型和分子摩擦模型，利用分子动力学模拟计算了复合材料的摩擦系数和磨损率。X、Y 和 Z 取向的 CNT 增强的 PI 复合材料的平均摩擦系数分别为 0.242、0.270 和 0.243，磨损率分别为 11.5%、34.8% 和 28.0%。

2）利用分子动力学的方法模拟了摩擦过程中分子链段的拉伸和断裂情况，发现 X 取向和 Z 取向的 CNT 与分子链段之间的相互作用强于 Y 取向的 CNT。

3）分子动力学模拟得到的摩擦界面温度变化、原子浓度变化、RDF 变化趋势完全相同。所有结果都反映出 Y 取向的 CNT 增强的 PI 复合材料对分子链段的束缚能力有限，分子在摩擦过程中容易与对偶发生相互作用，致使界面温度升高，导致复合材料的摩擦学性能降低。

参 考 文 献

[1] SAEED M B, ZHAN M S. Effects of monomer structure and imidization degree on mechanical properties and viscoelastic behavior of thermoplastic polyimide films [J]. European Polymer Journal, 2006, 42 (8): 1844-1854.

[2] PEI X L, ZHAI W T, ZHENG W G. Preparation and characterization of highly cross-Linked polyimide aerogels based on polyimide containing trimethoxysilane side groups [J]. Langmuir the ACS Journal of Surfaces & Colloids, 2014, 30 (44): 13375-13383.

[3] HERGENROTHER P M, WATSON K A, SMITH J G, et al. Polyimides from 2,3,3′,4′-bi-phenyltetracarboxylic dianhydride and aromatic diamines [J]. Polymer, 2002, 43 (19): 5077-5093.

[4] FOX T G. Influence of diluent and of copolymer composition on the glass temperature of a polymer system [J]. Bulletin of the American Physical Society, 1956, 1: 123.

[5] GORDON M, TAYLOR J S. Ideal copolymers and the second-order transitions of synthetic rubbers. i. noncrystalline copolymers [J]. Journal of Applied Chemistry, 1952, 2 (9): 493-500.

[6] 鲍登, 泰伯. 固体的摩擦与润滑 [M]. 袁汉昌, 译. 北京: 机械工业出版社, 1982.

[7] MAEDA N, CHEN N H, TIRRELL M, et al. Adhesion and friction mechanisms of polymer-on-polymer surfaces [J]. Science, 2002, 297 (5580): 379-382.

[8] NEUSE E W. Aromatic polybenzimidazoles. Syntheses, properties, and applications [J]. Advances in Polymer Science, 1982, 47: 1-42.

[9] PEI X Q, FRIEDRICH K. Sliding wear properties of PEEK, PBI and PPP [J]. Wear, 2012, 274-275: 452-455.

[10] SONG G L, ZHANG X D, WANG D M, et al. Negative in-plane CTE of benzimidazole-based polyimide film and its thermal expansion behavior [J]. Polymer, 2014, 55 (15): 3242-3246.

[11] CHEN Y T, ZHANG Q H. Synthesis and properties of polyimides derived from diamine monomer containing bi-benzimidazole unit [J]. Journal of Polymer Research, 2014, 21 (5): 424.

[12] MA X Y, MA X F, QIU X P, et al. Preparation and properties of imidazole-containing polyim-ide/silica hybrid films [J]. 高等学校化学研究: 英文版, 2014 (6): 1047-1050.

[13] WANG Q H, BAI Y K, CHEN Y, et al. High performance shape memory polyimides based on π-π Interactions [J]. Journal of Materials Chemistry A, 2015, 3: 352-359.

[14] FUSARO R L. Molecular relaxations, molecular orientation and the friction characteristics of polyimide films [J]. A S L E Transactions, 1977, 20 (1): 1-14.

[15] FUSARO R L. Tribological properties and thermal stability of various types of polyimide films [J]. A S L E Transactions, 1982, 25 (4): 465-477.

[16] 丛培红, 李同生, 张绪寿. 聚酰亚胺固体润滑膜的摩擦学研究概况 [J]. 材料科学与工程, 1998, 16 (1): 50-52, 59.

[17] XIE W, PAN W P, CHUANG K C. Thermal characterization of PMR polyimides [J]. Ther-mochimica Acta, 2001, 367-368: 143-153.

[18] 王军祥, 葛世荣, 张晓云, 等. 纤维增强聚合物复合材料的摩擦学研究进展 [J]. 摩擦学学报, 2000, 20 (1): 76-80.

[19] OGAWA H, SAITO K. Oxidation behavior of polyacrylonitrile fibers evaluated by new stabiliza-tion index [J]. Carbon, 1995, 33 (6): 783-788.

[20] WU Z H, PITTMAN C U, GARDNER S D. Nitric acid oxidation of carbon fibers and the effects of subsequent treatment in refluxing aqueous NaOH [J]. Carbon, 1995, 33 (5): 597-605.

[21] TOYODA M, KATOH H, INAGAKI M. Intercalation of nitric acid into carbon fibers [J]. 2001, 39 (14): 2231-2237.

[22] BASOVA Y V, HATORI H, YAMADA Y, et al. Effect of oxidation-reduction surface treatment on the electrochemical behavior of PAN-based carbon fibers [J]. Electrochemistry Communica-tions, 1999, 1 (11): 540-544.

[23] YUE Z R, JIANG W, WANG L, et al. Surface characterization of electrochemically oxidized carbon fibers [J]. Carbon, 1999, 37 (11): 1785-1796.

[24] PITTMAN C U, JIANG W, YUE Z R, et al. Surface properties of electrochemically oxidized carbon fibers [J]. Carbon, 1999, 37 (11): 1797-1807.

[25] WU G M. Oxygen plasma treatment of high performance fibers for composites [J]. Materials Chemistry and Physics, 2004, 85 (1): 81-87.

[26] XIAN G J, ZHONG Z. Sliding wear of polyetherimide matrix composites: I. Influence of short

carbon fibre reinforcement [J]. Wear, 2005, 258 (5-6): 776-782.

[27] HÄGER A M, DAVIES M. Short-fibre reinforced, high-temperature resistant prolymers for a wide field of tribological applications [J]. Composite Materials, 1993, 8: 107-157.

[28] BAHADUR S. The Development of transfer layers and their role in polymer tribology [J]. Wear, 2000, 245 (1-2): 92-99.

[29] GAO J T. Tribochemical effects in formation of polymer transfer film [J]. Wear, 2000, 245 (1-2): 100-106.

[30] XIAN G J, ZHONG Z. Sliding wear of polyetherimide matrix composites: II. Influence of graphite flakes [J]. Wear, 2005, 258 (5-6): 783-788.

[31] ZHANG Z, BREIDT C, CHANG L, et al. Enhancement of the wear resistance of epoxy: short carbon fibre, graphite, PTFE and nano-TiO_2 [J]. Composites Part A: Applied Science and Manufacturing, 2004, 35 (12): 1385-1392.

[32] CHUNG D L. Review Graphite [J]. Journal of Materials Science 2002, 37 (8): 1475-1489.

[33] CHAND S J. Review Carbon fibers for composites [J]. Journal of Materials Science, 2000, 35 (6): 1303-1313.

[34] YAMAGUCHI Y. Tribology of plastic materials: their characteristics and applications to sliding components [M]. Amsterdam: Elsevier Science Publishers B. V. , 1990.

[35] LANCASTER J K. A review of the influence of environmental humidity and water on friction, lubrication and wear [J]. Tribology International, 1990, 23 (6): 371-389.

[36] LANCASTER J K. Lubrication of carbon fibre-reinforced polymers part I —Water and aqueous solutions [J]. Wear, 1972, 20 (3): 315-333.

[37] SAMYN P, SCHOUKENS G. Thermochemical sliding interactions of short carbon fiber polyimide composites at high pv-conditions [J]. Materials Chemistry and Physics, 2009, 115 (1): 185-195.

[38] WANG Q H, ZHANG X R, PEI X Q. Study on the synergistic effect of carbon fiber and graphite and nanoparticle on the friction and wear behavior of polyimide composites [J]. Materials & Design, 2010, 31 (8): 3761-3768.

[39] WANG Q H, ZHANG X R, PEI X Q. A Synergistic Effect of Graphite and Nano-CuO on the Tribological Behavior of Polyimide Composites [J]. Journal of Macromolecular Science, Part B, 2010, 50 (2): 213-224.

[40] ZHAO G, LIU B X, WANG Q H, et al. The effect of the addition of talc on tribological properties of aramid fiber-reinforced polyimide composites under high vacuum, ultraviolet or atomic oxygen environment [J]. Surface and Interface Analysis, 2013, 45 (2): 605-611.

[41] ZHAO G, HUSSAINOVA I, ANTONOV M, et al. Effect of temperature on sliding and erosive wear of fiber reinforced polyimide hybrids [J]. Tribology International, 2015, 82 (B): 525-533.

[42] ZHAO G, HUSSAINOVA I, ANTONOV M, et al. Friction and wear of fiber reinforced polyimide composites [J]. Wear, 2013, 301 (1-2): 122-129.

[43] WANG Q H, XU J F, SHEN W C, et al. An investigation of the friction and wear properties of nanometer Si_3N_4 filled PEEK [J]. Wear, 1996, 196 (1-2): 82-86.

[44] WANG Q H, XU J F, SHEN W C, et al. The effect of nanometer SiC filler on the tribological behavior of PEEK [J]. Wear, 1997, 209 (1-2): 316-321.

[45] WANG Q H, XUE Q J, LIU H W, et al. The effect of particle size of nanometer ZrO_2 on the tribological behaviour of PEEK [J]. Wear, 1996, 198 (1-2): 216-219.

[46] WANG Q H, XUE Q J, LIU W M, et al. Effect of nanometer SiC filler on the tribological behavior of PEEK under distilled water lubrication [J]. Journal of Applied Polymer Science, 2000, 78 (3): 609-614.

[47] YAMAGUCHI Y, KASHIWAGI K. The limiting pressure-velocity (PV) of plastics under unlubricated sliding [J]. Polymer Engineering and Science, 1982, 22 (4): 248-253.

[48] ZHANG G, HÄUSLER I, ÖSTERLE W, et al. Formation and function mechanisms of nanostructured tribofilms of epoxy-based hybrid nanocomposites [J]. Wear, 2015, 342-343 (15): 181-188.

[49] WANG Q H, ZHANG X R, PEI X Q. Study on the friction and wear behavior of basalt fabric composites filled with graphite and nano-SiO_2 [J]. Materials & Design, 2010, 31 (3): 1403-1409.

[50] ÖSTERLE W, DMITRIEV A I, WETZEL B, et al. The role of carbon fibers and silica nanoparticles on friction and wear reduction of an advanced polymer matrix composite [J]. Materials & design, 2016, 93 (5): 474-484.

[51] 贾丽霞, 蒋喜志, 吕磊, 等. 玄武岩纤维及其复合材料性能研究 [J]. 纤维复合材料, 2005, 22 (4): 13-14.

[52] 霍冀川, 雷永林, 王海滨, 等. 玄武岩纤维的制备及其复合材料的研究进展 [J]. 材料导报, 2006, 20 (F05): 382-385.

[53] 王广健, 尚德库, 胡琳娜, 等. 玄武岩纤维的表面修饰及生态环境复合过滤材料的制备与性能研究 [J]. 复合材料学报, 2004, 21 (1): 38-44.

[54] MILITKÝ J, KOVAČI V, RUBNEROVÁ J. Influence of thermal treatment on tensile failure of basalt fibers [J]. Engineering Fracture Mechanics, 2002, 69 (9): 1025-1033.

[55] 谢尔盖, 李中郢. 玄武岩纤维材料的应用前景 [J]. 纤维复合材料, 2003, 20 (3): 17-20.

[56] KHEDKAR J, NEGULESCU I, MELETIS E I. Sliding wear behavior of PTFE composites [J]. Wear, 2002, 252 (5-6): 361-369.

[57] VOEVODIN A A, ZABINSKI J S. Nanocomposite and nanostructured tribological materials for space applications [J]. Composites Science and Technology, 2005, 65 (5): 741-748.

[58] AMATO I, CAPPELLI P G, MARTINENGO P C. Solid lubricant filled foams for high temperature applications [J]. Wear, 1975, 34 (1): 65-75.

[59] MIN H C, JU J, KIM S J, et al. Tribological properties of solid lubricants (graphite, Sb_2S_3, MoS_2) for automotive brake friction materials [J]. Wear, 2006, 260 (7-8): 855-860.

[60] BAHADUR S, POLINENI V K. Tribological studies of glass fabric-reinforced polyamide composites filled with CuO and PTFE [J]. Wear, 1996, 200 (1-2): 95-104.

[61] BLANCHET T A. Sliding wear mechanism of polytetrafluoroethylene (PTFE) and PTFE composites [J]. Wear, 1992, 153 (1): 229-243.

[62] UNAL H, MIMAROGLU A, KADOGLU U, et al. Sliding friction and wear behaviour of polytetrafluoroethylene and its composites under dry conditions [J]. Materials and Design, 2004, 25 (3): 239-245.

[63] LI J B, LIU S, YU A, et al. Effect of laser surface texture on CuSn6 bronze sliding against PTFE material under dry friction [J]. Tribology International, 2018, 118: 37-45.

[64] 章玉丹. 聚四氟乙烯基超声电机耐磨涂层的研究 [D]. 南京: 南京航空航天大学, 2015.

[65] ZHU J H, SHI Y J, FENG X, et al. Prediction on tribological properties of carbon fiber and TiO_2 synergistic reinforced polytetrafluoroethylene composites with artificial neural networks [J]. Materials and Design, 2009, 30 (4): 1042-1049.

[66] PENG S G, ZHANG L, XIE G X, et al. Friction and wear behavior of PTFE coatings modified with poly (methyl methacrylate) [J]. Composites Part B: Engineering, 2019, 172 (1): 316-322.

[67] SAMYN P, SCHOUKENS G, BAETS P D. Micro-to nanoscale surface morphology and friction response of tribological polyimide surfaces [J]. Applied Surface Science, 2010, 256 (11): 3394-3408.

[68] FUSARO R L. Tribological properties and thermal stability of various types of polyimide films [J]. A S L E Transactions, 2008, 25 (4): 465-477.

[69] MIN C Y, NIE P, SONG H J, et al. Study of tribological properties of polyimide/graphene oxide nanocomposite films under seawater-lubricated condition [J]. Tribology International, 2014, 80: 131-140.

[70] TANAKA A, UMEDA K, TAKATSU S. Friction and wear of diamond-containing polyimide composites in water and air [J]. Wear, 2004, 257 (11): 1096-1102.

[71] 赵淳生. 超声电机技术的发展、应用和未来 [J]. 电气时代, 2001 (3): 1-3.

[72] 赵淳生. 面向 21 世纪的超声电机技术 [J]. 中国工程科学, 2002, 4 (2): 86-91.

[73] WALLASCHEK J. Contact mechanics of piezoelectric ultrasonic motors [J]. Smart Materials and Structures, 1998, 7 (3): 369.

[74] LI J B, QU J J, ZHANG Y H. Wear properties of brass and PTFE-matrix composite in traveling wave ultrasonic motors [J]. Wear, 2015, 338-339 (15): 385-393.

[75] 刘俊标, 黄卫清, 赵淳生. 多自由度球形超声电机的发展和应用 [J]. 振动. 测试与诊断, 2001, 21 (2): 85-89.

[76] 陈超, 曾劲松, 赵淳生. 旋转型行波超声电机理论模型的仿真研究 [J]. 振动与冲击, 2006, 25 (2): 129-133, 190.

[77] LI S, YANG R, WANG T M, et al. Surface textured polyimide composites for improving conversion efficiency of ultrasonic motor [J]. Tribology International, 2020, 152: 106489.

[78] 曲建俊, 周铁英, 张志谦. 超声波电动机定子和转子接触状态的数值分析 [J]. 机械工程学报, 2002, 38 (3): 74-78.

[79] QI H M, LI G T, LIU G, et al. Comparative study on tribological mechanisms of polyimide composites when sliding against medium carbon steel and NiCrBSi [J]. Journal of Colloid and Interface Science, 2017, 506 (15): 415-428.

[80] QI H M, ZHANG G, WETZEL B, et al. Exploring the influence of counterpart materials on tribological behaviors of epoxy composites [J]. Tribology International, 2016, 103: 566-573.

[81] QI H M, GUO Y X, ZHANG L G, et al. Covalently attached mesoporous silica-ionic liquid hybrid nanomaterial as water lubrication additives for polymer-metal tribopair [J]. Tribology International, 2018, 119: 721-730.

[82] CHE Q L, ZHANG G, ZHANG L G, et al. Switching brake materials to extremely wear-resistant self-lubrication materials via tuning interface nanostructures [J]. ACS Applied Materials & Interfaces, 2018, 10 (22): 19173-19181.

[83] LI J B, ZENG S S, LIU S, et al. Tribological properties of textured stator and PTFE-based material in travelling wave ultrasonic motors [J]. Friction, 2020, 8: 301-310.

[84] ZHAO C S. Ultrasonic Motors: Technologies and Applications [M]. 北京: 科学出版社, 2011.

[85] LI S, ZHANG N, YANG Z H, et al. Tailoring friction interface with surface texture for high-performance ultrasonic motor friction materials [J]. Tribology International, 2019, 136: 412-420.

[86] LIAN Y S, MU C L, WANG L, et al. Numerical simulation and experimental investigation on friction and wear behaviour of micro-textured cemented carbide in dry sliding against TC4 titanium alloy balls [J]. International Journal of Refractory Metals and Hard Materials, 2018, 73: 121-131.

[87] CHEN W X, LI F, HAN G, et al. Tribological behavior of carbon-nanotube-filled PTFE composites [J]. Tribology Letters, 2003, 15 (3): 275-278.

[88] ZHU J H, MU L W, CHEN L, et al. Interface-strengthened polyimide/carbon nanofibers nanocomposites with superior mechanical and tribological properties [J]. Macromolecular Chemistry and Physics, 2014, 215 (14): 1407-1414.

[89] NIE P, MIN C Y, CHEN X H, et al. Effect of MWCNTs-COOH reinforcement on tribological behaviors of PI/MWCNTs-COOH nanocomposites under seawater lubrication [J]. Tribology

Transactions, 2016, 59 (1): 89-98.

[90] NIE P, MIN C Y, SONG H J, et al. Preparation and tribological properties of polyimide/carboxyl-functionalized multi-walled carbon nanotube nanocomposite films under seawater Lubrication [J]. Tribology Letters, 2015, 58 (1): 7.

[91] 雷浩, 赵盖, 尹宇航, 等. 氮化碳增强聚四氟乙烯摩擦学性能的分子动力学模拟 [J]. 摩擦学学报, 2021, 41 (2): 223-229.

[92] YUAN J Y, ZHANG Z Z, YANG M M, et al. Coupling hybrid of BN nanosheets and carbon nanotubes to enhance the mechanical and tribological properties of fabric composites [J]. Composites Part A: Applied Science and Manufacturing, 2019, 123: 132-140.

[93] YANG M M, YUAN J Y, GUO F, et al. A biomimetic approach to improving tribological properties of hybrid PTFE/Nomex fabric/phenolic composites [J]. European Polymer Journal, 2016, 78: 163-172.

第 3 章
热固性聚酰亚胺的摩擦磨损性能

3.1 不同分子结构热固性聚酰亚胺的制备及其摩擦磨损性能

3.1.1 引言

早在 20 世纪 70 年代，Fusaro 就报道了聚合物材料的摩擦系数随着分子链的取向及延展性的增大而降低，而抗磨性能升高，并将其归因于分子链段的取向和良好的延展性使分子链段更容易转移，从而表现出较低的摩擦系数。Chitsazzadeh 制备了图 3-1 所示的不同分子结构的聚酰亚胺薄膜，发现拉伸强度较低的薄膜表现出较低的磨损率，后者与弹性模量之间存在指数关系。Jone 的研究表明，具有较高极性官能团密度的聚酰亚胺薄膜具有较高的摩擦系数，而弹性模量越低的材料其磨损率越小。苏丽敏等通过调整含氟二酐的比例制备了一系列含氟聚酰亚胺薄膜并对其摩擦学性能进行了研究，结果表明，随着含氟单体含量的增加，薄膜的玻璃化转变温度逐渐降低，摩擦系数和磨损率逐渐增大。而李同生等人的研究则表明，随着聚酰亚胺分子链中含氟二酐含量的增加，薄膜的

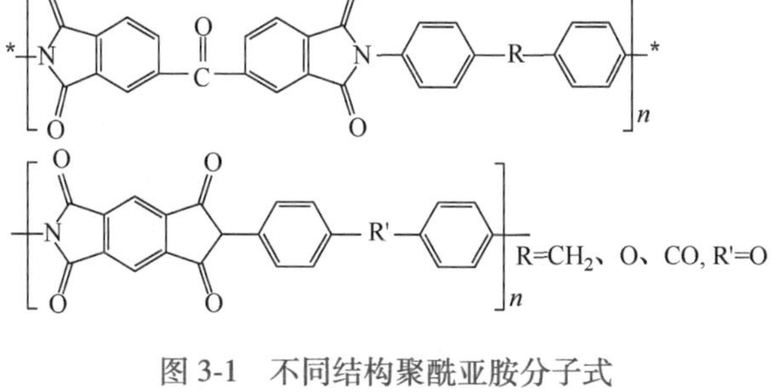

图 3-1 不同结构聚酰亚胺分子式

拉伸强度增加，摩擦系数和磨损率降低。可见，聚酰亚胺材料的分子结构对其摩擦磨损性能具有非常重要的影响。

需要特别指出的是，热固性聚合物和热塑性聚合物的分子链在摩擦接触界面的运动方式不同，前者的分子链在摩擦界面首先发生键的断裂，而后者在摩擦过程中首先发生链的解缠绕，从而表现出不同的摩擦学行为。聚合物材料分子链结构对其摩擦学性能的影响与聚合物分子链间不同的相互作用及其在接触界面与对偶材料的不同作用有关。本节通过两步合成法制备了相同相对分子质量、不同单体比例的热固性聚酰亚胺，并考察了分子构型对其机械、热学及摩擦学性能的影响。

3.1.2 不同结构热固性聚酰亚胺的制备及其物理、机械性能

聚酰亚胺模塑粉的制备采用两步法，不同结构热固性聚酰亚胺的原料单体摩尔比见表 3-1，合成步骤如图 3-2 所示，具体步骤如下：按比例将不同二胺单体缓慢加入带有机械搅拌及气体保护装置的三口瓶中，加入适量的 NMP（NMP 用量按固含量 15% 计算）。待单体溶解后，冰浴下分批加入相应量的 3,3′, 4,4′-联苯四羧酸二酐（BPDA），并继续搅拌。0.5h 后，分批加入相应量的封端剂 4-PEPA，然后机械搅拌 16h 即可得到聚酰胺酸溶液。在原有装置基础上搭建分水装置，并加入适量的甲苯（NMP 体积的 1/10），加热使聚酰胺酸发生热亚胺化关环反应，体系温度在 170~180℃ 之间，并伴有水的生成。热亚胺化 16h 后，将体系冷却后倒入大量的热水中洗涤 2~3 次，然后用工业酒精洗涤 2 次，烘干即可得到聚酰亚胺模塑粉。

表 3-1　不同原料单体的摩尔比

种类	BPDA	3,4′-ODA	4,4′-ODA	4-PEPA
2#（TPI-1）	3	4	0	2
21#	3	2	2	2
22#	3	1	2	2
23#（TPI-2）	3	0.8	3.2	2
24#	3	0.4	3.6	2
25#（TPI-3）	3	0	4	2

为了确定上述聚酰亚胺模塑粉的热压成型温度，对其进行了差示扫描量热法（DSC）分析，如图 3-3 所示。可以看出，三种模塑粉（TPI-1、TPI-2 和 TPI-3）均在 350℃ 左右出现了放热峰，说明封端剂开始发生交联反应，并且随着温度的

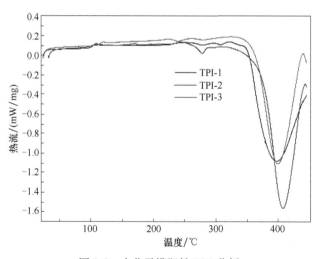

图 3-2 共聚小分子模塑粉的合成

升高，反应速率逐渐增大。考虑到热压成型过程中需要将模塑粉中的气体排出，将三种模塑粉的成型温度确定为 375℃。

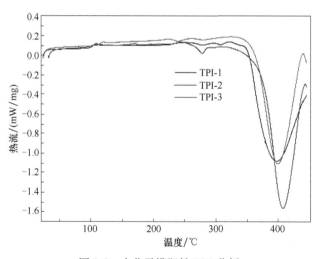

图 3-3 小分子模塑粉 DSC 分析

对 375℃ 热压成型（保温 1.5h，压强为 20MPa）的聚酰亚胺块体材料进行了红外光谱分析，从图 3-4 可以看出，三种热固性聚酰亚胺的红外光谱图在

2213cm⁻¹处没有出现炔键的特征吸收峰，说明块体材料中没有炔键的存在，即模塑粉中的封端剂已经完全交联。

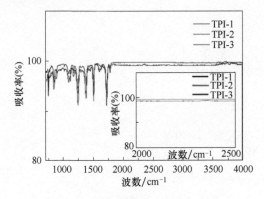

图 3-4　块体材料红外光谱谱图

图 3-5 所示为三种热固性聚酰亚胺在氮气气氛下的热失重行为。结合制备过程中不同单体的构型可知，聚酰亚胺分子结构中刚性单体 4,4′-ODA 的含量越高，其起始分解温度越高，但在 1000℃下的残碳率较低。这是因为随着 4,4′-ODA 含量的增加，3,4′-ODA 含量的降低，分子链中相互缠绕及物理交联概率变小，分子链之间的相互作用变弱，使得聚酰亚胺材料在高温下更容易被炭化。

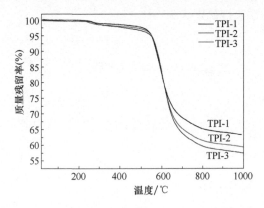

图 3-5　三种热固性聚酰亚胺氮气气氛下的热重曲线

为了进一步探讨不同分子结构对聚酰亚胺材料性能的影响，对其进行了 DMA 分析，如图 3-6 所示。可以看出，4,4′-ODA 含量较高的聚酰亚胺表现出较高的玻璃化转变温度，而其损耗因子（tanδ）则随着 4,4′-ODA 含量的增加而降低，这是因为 4,4′-ODA 含量的增加，使得聚酰亚胺的分子链段排列更紧密，宏观上表现为材料脆而硬。此外，材料的储能模量（E′）随着 4,4′-ODA 含量的增大而升高，在温度达到玻璃化转变温度时，4,4′-ODA 含量较高的聚酰亚胺的损耗模量（E″）曲线中类似山峰形的转变越不明显。引起上述变化的原因是随着 4,4′-ODA（刚性单体）含量的增加，聚酰亚胺分子链之间的物理交联变少，分子链相互排列更加有规律，从而使聚酰亚胺材料黏弹性中弹性部分的作用变强。同理，随着 3,4′-ODA 含量的增加，聚酰亚胺分子链之间的相互缠绕作用变强，当材料发生微小形变时，分子链段不能及时地响应，从而导致了分子链的运动滞后，使得其损耗模量在玻璃化转变温度附近表现出最大值。

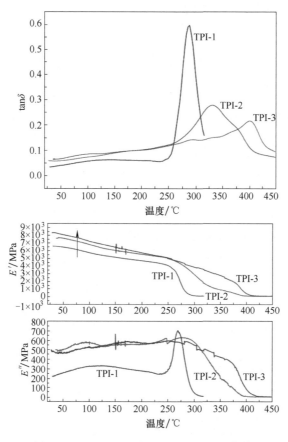

图 3-6　TPI-1、TPI-2 和 TPI-3 的 DMA 曲线

图 3-7 所示为不同结构聚酰亚胺的物理、机械性能测试结果，可以看到，随着 4,4′-ODA 含量的增加，聚酰亚胺材料的弹性模量和硬度均逐渐增大，抗弯强度和弯曲模量也随之升高。4,4′-ODA 含量的增加使得聚酰亚胺分子链间的排列更加紧密、规整性更好，从而使其硬度增大。与此同时，聚酰亚胺分子链有规律的排列也有利于其模量和强度的提高。

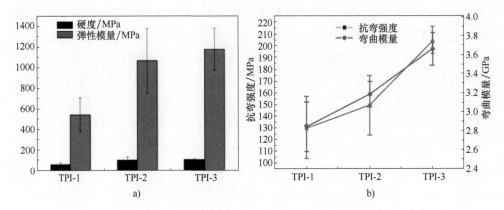

图 3-7　TPI-1、TPI-2 和 TPI-3 的强度、模量及硬度测试

a）硬度和弹性模量　b）抗弯强度和弯曲模量

　　图 3-8 比较了不同分子结构的聚酰亚胺的断面形貌。不含 4,4′-ODA 单体聚酰亚胺的断面明显呈现出河流状的形貌（见图 3-8a），随着主链中 4,4′-ODA 单体的引入，其断面形貌虽然也呈河流状，但断裂边界明显增多，边界之间的距离明显减小（见图 3-8b）。随着 4,4′-ODA 含量进一步增大，上述趋势更加明显（见图 3-8c）。与 TPI-1 相比，22#聚酰亚胺的断面仍能根据河流状的形貌判断出聚合物断裂的方向，但其断面变得更加粗糙。当 4,4′-ODA 的用量增加到 80%（TPI-2）时，河流状的断面被粗糙形貌取代，后者也是 24#聚酰亚胺（TPI-3）的主要断面特征。对比 TPI-1 和 TPI-3 两种聚酰亚胺的断面形貌可以看出，随着 4,4′-ODA 含量的增加，聚酰亚胺断面的河流状形貌逐渐消失，断裂模式逐渐向韧性断裂方式发展，说明随着 4,4′-ODA 含量的增加，聚酰亚胺逐渐由脆性材料

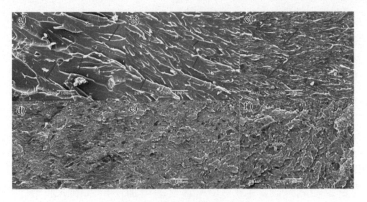

图 3-8　聚酰亚胺断面形貌

a）2#　b）21#　c）22#　d）23#　e）24#　f）25#

向韧性材料转变，即材料的韧性逐渐增强。这是由于聚酰亚胺分子链间的物理交联作用随着 4,4′-ODA 含量的增加而变弱，分子链间相互运动的束缚变弱，宏观上表现为材料断面的形貌向韧性断裂方式转变。

3.1.3　不同结构热固性聚酰亚胺的摩擦磨损性能

三种不同结构的热固性聚酰亚胺的摩擦磨损性能在球-盘接触模式（CSEM，THT07-135 摩擦磨损试验机）下进行测试，图 3-9 所示为不同滑动速度下其摩擦系数随载荷的变化规律。可以看出，随着载荷的增加，三种聚酰亚胺的摩擦系数均呈逐渐降低的趋势。并且，除 1N、0.5m/s 的摩擦工况外，4,4′-ODA 含量的增加也引起聚酰亚胺摩擦系数的降低，这是因为在相同的交联密度下，影响聚合物材料内聚力的主要因素是分子结构的不对称性导致的分子链间的相互缠绕等物理作用。因此，在 4,4′-ODA 含量最多的 TPI-3 分子链中，上述物理作用变弱，使其在大多数情况下表现出较低的摩擦系数。

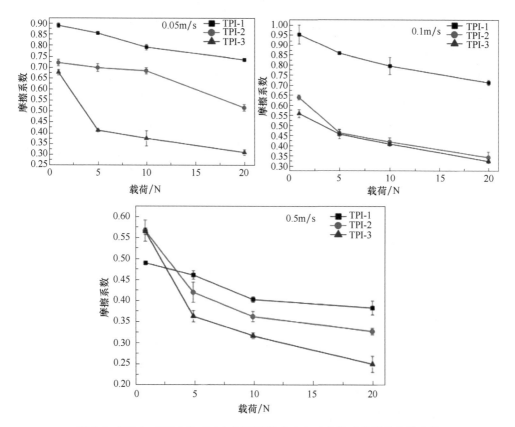

图 3-9　TPI-1、TPI-2 和 TPI-3 在不同滑动速度下摩擦系数随载荷的变化

　　为了进一步探讨不同分子结构的聚酰亚胺的耐磨性，图 3-10 所示为不同滑动速度下，其磨损率对载荷的依赖性。在低速（0.05m/s）下，TPI-1 的磨损率随着载荷的增大先降低后升高，在 5N 和 10N 下表现出最低的磨损率，且低于TPI-2；而 TPI-2 和 TPI-3 的磨损率在载荷从 1N 增大到 5N 时降低，其后磨损率随着载荷增大缓慢降低。当滑动速度增大到 0.1m/s，三种聚酰亚胺的磨损率对载荷的依赖性与 0.05m/s 时类似，但 TPI-2 的耐磨性超过 TPI-1。上述磨损率与载荷之间的关系在速度增大到 0.5m/s 时发生变化，TPI-1 和 TPI-2 的磨损率随着载荷增大到 5N 降至最低，载荷继续增大导致其磨损率显著增大；而 TPI-3 的磨损率则随着载荷的增大逐渐降低，且始终低于 TPI-1 和 TPI-2，显示出其优异的耐磨性。

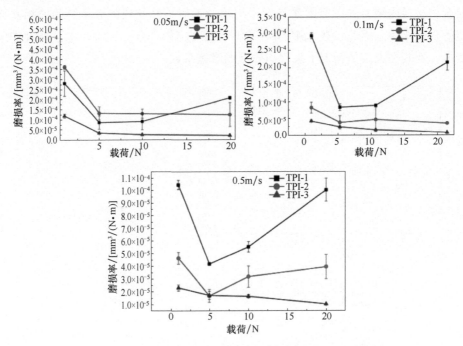

图 3-10　TPI-1、TPI-2 和 TPI-3 的磨损率在不同滑动速度下随载荷的变化

　　以上所述不同分子结构的聚酰亚胺（TPI-1、TPI-2 和 TPI-3）的磨损率随载荷变化表现出不同的变化趋势与其不同的分子链间相互作用有关。由于 3,4′-ODA 的单体结构使 TPI-1 分子链间的相互作用较强，在摩擦界面剪切力的反复作用下其表面容易形成裂纹，表现出脆性材料的特征，生成的大量磨屑在滑动过程中被剪切挤压，并黏附到对偶滑动接触界面的前端形成较厚的第三体，而实际接触面积内没有明显的转移膜形成（见图 3-11a、d）。随着 4,4′-ODA 含量的增加，

聚酰亚胺分子链相互缠绕及物理交联的概率变小，分子链之间的相互作用变弱，材料的韧性增大，在摩擦过程中抵抗界面剪切的能力增强，此外，聚酰亚胺硬度和模量的增大使得相同摩擦条件下的接触面积降低，接触应力增大，增强了材料转移到对偶表面形成转移膜的能力（见图 3-11b、e）。尤其是对于 TPI-3，由于其分子链间的排列更加紧密、规整性更好，在对偶表面形成的转移膜更加完整，在摩擦过程中起到减摩抗磨作用，是其摩擦磨损性能优异的重要原因。

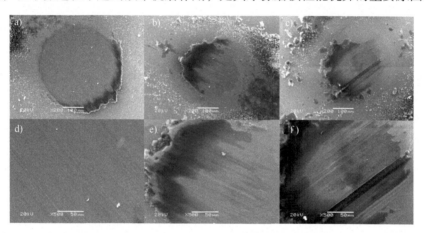

图 3-11　聚合物在 1N、0.1m/s 条件下对偶上的转移膜形貌
a）、d）TPI-1　b）、e）TPI-2　c）、f）TPI-3

图 3-12 所示为三种不同结构聚酰亚胺的摩擦系数在不同载荷下随滑动速度的变化。除 1N、0.5m/s 的摩擦条件外，聚酰亚胺的摩擦系数随着分子结构中 4,4′-ODA 含量的增加而降低。此外，三种聚酰亚胺的摩擦系数与滑动速度之间的关系受载荷的影响。在 1N 载荷下，TPI-1 的摩擦系数随着滑动速度的增大呈先升高后降低的趋势，而 TPI-2 和 TPI-3 的摩擦系数则随着滑动速度的增大逐渐降低。当载荷升至 5N、10N、20N 时，三种聚酰亚胺的摩擦系数随滑动速度的变化趋势保持各自的趋势，即 TPI-1 的摩擦系数在 0.05～0.1m/s 范围内变化很小，速度继续增大，摩擦系数明显降低；TPI-2 的摩擦系数在速度从 0.05m/s 增大到 0.1m/s 时明显降低，速度继续增大引起的摩擦系数降低趋势减缓；速度从 0.05m/s 增大到 0.1m/s 时，TPI-3 的摩擦系数增大，但进一步的速度升高使得聚酰亚胺的摩擦系数明显降低。

图 3-13 所示为三种不同结构的聚酰亚胺的磨损率在不同载荷下随滑动速度的变化。可以看出，在不同载荷下，三种聚酰亚胺的磨损率均随着滑动速度的增加而降低，且高速（0.5m/s）下三者磨损率的差异较低速（0.05m/s）下明

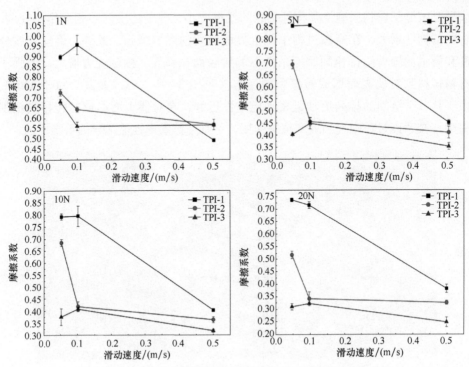

图 3-12　三种聚合物摩擦系数在不同载荷下随滑动速度的变化

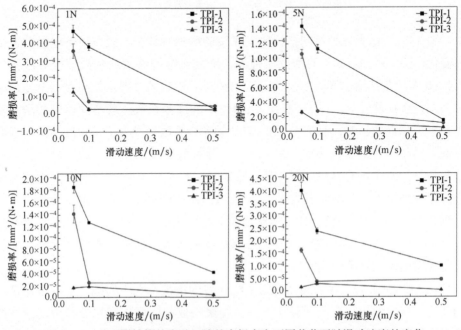

图 3-13　三种不同结构的聚酰亚胺的磨损率在不同载荷下随滑动速度的变化

显缩小，说明在本研究的速度范围内高速有利于提高三种聚酰亚胺的耐磨性。上述滑动速度对聚酰亚胺磨损率的影响与摩擦热引起的界面温度升高有关，速度的提高导致摩擦热的累积加剧，后者使得接触界面上的聚酰亚胺发生软化，促进了其向对偶表面的转移，减少了对偶钢球与聚酰亚胺表面的直接接触，从而降低了其磨损率。作为示例性结果，图 3-14 所示为滑动速度对三种聚酰亚胺在对偶钢球表面形成的转移膜形貌的影响，随着滑动速度从 0.05m/s 增大到 0.5m/s，与 TPI-1 对摩的钢球表面出现了较厚的转移膜，并有片状磨屑黏附在表面上。相比之下，TPI-2 和 TPI-3 形成的转移膜变得更加完整，基本能够覆盖整个接触区域，有利于聚酰亚胺耐磨性的提高。

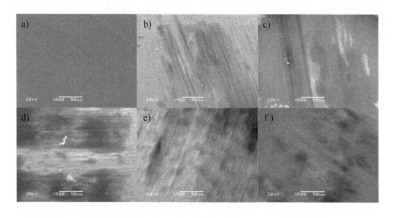

图 3-14　TPI-1、TPI-2 和 TPI-3 在 10N、0.05m/s 及 10N、0.5m/s 下的转移膜
a) TPI-1、10N、0.05m/s　b) TPI-2、10N、0.05m/s　c) TPI-3、10N、0.5m/s
d) TPI-1、10N、0.5m/s　e) TPI-2、10N、0.5m/s　f) TPI-3、10N、0.5m/s

　　为了进一步探究不同分子结构聚酰亚胺的磨损机理，对其磨损表面形貌进行了分析。图 3-15 所示为不同摩擦条件下 TPI-1 的磨损表面形貌，在固定载荷（1N、5N、10N 和 20N）下，随着滑动速度从 0.05m/s 增大到 0.5m/s，TPI-1 磨损表面上的划痕越来越明显。而在固定的速度（0.05m/s、0.1m/s 和 0.5m/s）下，当载荷从 1N 逐渐增大到 20N 时，TPI-1 和 TPI-2 的磨损表面上被碾压黏附的磨屑变少，裂纹增多，表明其磨损机理从低载下的黏着磨损转变为高载下的疲劳磨损。与上述两者显著不同，TPI-3 的磨损表面以划痕为主，但高载荷下的划痕受界面摩擦热的影响较大。4,4′-ODA 含量的增加显著改变了聚酰亚胺的磨损表面形貌，在图 3-16 所示的 TPI-2 的磨损表面形貌中已看不到明显的疲劳裂纹的出现，取而代之的是低速（0.05m/s）下被碾压的磨屑形成塑性变形层黏附在磨损表面

图 3-15　TPI-1 在不同条件下的磨损表面形貌

a) 1N、0.05m/s　b) 5N、0.05m/s　c) 10N、0.05m/s　d) 20N、0.05m/s

e) 1N、0.1m/s　f) 5N、0.1m/s　g) 10N、0.1m/s　h) 20N、0.1m/s

i) 1N、0.5m/s　j) 5N、0.5m/s　k) 10N、0.5m/s　l) 20N、0.5m/s

图 3-16　TPI-2 在不同条件下的磨损表面形貌

a) 1N、0.05m/s　b) 5N、0.05m/s　c) 10N、0.05m/s　d) 20N、0.05m/s

e) 1N、0.1m/s　f) 5N、0.1m/s　g) 10N、0.1m/s　h) 20N、0.1m/s

i) 1N、0.5m/s　j) 5N、0.5m/s　k) 10N、0.5m/s　l) 20N、0.5m/s

上，以及较高速度（0.1m/s 和 0.5m/s）下划痕和塑性变形层布满表面，后者不依赖于滑动速度和载荷成为 TPI-3 磨损表面的典型特征（见图 3-17）。从以上分析可知，聚酰亚胺的分子结构对其磨损机理产生了显著影响，这主要与其分子链间不同的相互作用有关。对 TPI-1 而言，其分子链间的物理交联作用较强，摩擦过程在接触界面上发生分子链的断裂形成裂纹和磨屑，同时由于分子链不易转移而很难在对偶表面形成连续的转移膜，导致其磨损表面出现大量裂纹，后者的形成仅在速度较高（0.5m/s）时得到抑制。随着 4,4′-ODA 含量的增加，聚酰亚胺的韧性提高，材料抵抗界面剪切的能力增强，磨屑在接触界面上被反复碾压形成塑性变形层，表面伴有对偶微凸体留下的划痕迹象。与此同时，由于 TPI-3 分子链中无 3,4′-ODA 单体的存在，使其在摩擦过程中更容易转移（见图 3-18），转移到对偶表面的材料则形成相对完整的转移膜，覆盖接触区的对偶表面，减轻对偶对材料的损伤作用。需要指出的是，TPI-3 的分子结构使其具有更高的耐热性和更好的机械性能，后者使其能够抵抗摩擦热造成的表面软化对其耐磨性的不利影响，从而表现出较低的磨损率。可见，随着聚酰亚胺分子链中 4,4′-ODA 含量的增加，其磨损表面形貌逐渐变得光滑，主要的磨损机理也由疲劳磨损向黏着磨损和塑性变形转变。

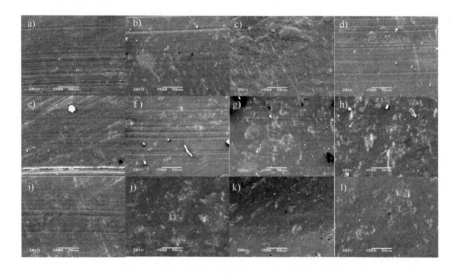

图 3-17　TPI-3 在不同条件下的磨损表面形貌

a) 1N、0.05m/s　b) 5N、0.05m/s　c) 10N、0.05m/s　d) 20N、0.05m/s

e) 1N、0.1m/s　f) 5N、0.1m/s　g) 10N、0.1m/s　h) 20N、0.1m/s

i) 1N、0.5m/s　j) 5N、0.5m/s　k) 10N、0.5m/s　l) 20N、0.5m/s

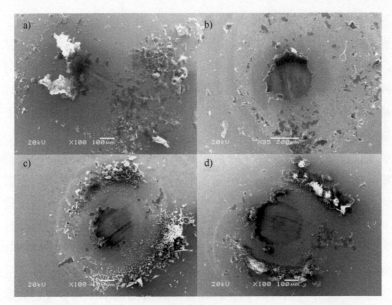

图 3-18　TPI-3 在 1N、5N 及 0.05m/s、0.1m/s 下转移膜的形貌
a）1N、0.05m/s　b）5N、0.05m/s　c）1N、0.1m/s　d）5N、0.1m/s

3.1.4　小结

1）随着分子结构中 4,4′-ODA 含量的升高，聚酰亚胺的玻璃化转变温度和热分解温度均升高，硬度和模量也增大。

2）聚酰亚胺分子链间的物理交联作用随着 4,4′-ODA 含量的增加而变弱，分子链间相互运动的束缚变弱，材料逐渐由脆性向韧性转变。

3）聚酰亚胺的分子链结构对其摩擦磨损性能具有显著的影响，4,4′-ODA 含量较高的聚酰亚胺表现出较低的摩擦系数和较好的耐磨性，这除了与其较好的机械性能和耐热性有关外，易于转移到对偶表面形成转移膜也有利于其减摩抗磨特性。

3.2　含苯并咪唑结构热固性聚酰亚胺的制备及其摩擦磨损性能

3.2.1　引言

通过改变分子结构来提高材料的本征性能是聚酰亚胺改性的有效方法。其中，引入刚性芳香杂环和氢键是提高其耐热性和尺寸稳定性的有效手段。苯并咪唑具有刚性、芳香杂环结构，有利于形成链间电荷转移络合物（CTC），从而有效提高聚合物的耐热性，而苯并咪唑独特的可形成分子间氢键的特性有利于增加聚合物分子链之间的相互作用力。此外，苯并咪唑环自身的刚性和线性有助于聚合物分子链的面内排列，有利于提高其尺寸稳定性。

本节制备了含有苯并咪唑结构的热固性聚酰亚胺及其复合材料，考察了纤维长度、取向及纳米颗粒对其在不同 PV 值下摩擦学性能的影响，以期为高性能聚酰亚胺复合材料的设计制备提供理论指导。

3.2.2　含苯并咪唑结构热固性聚酰亚胺的制备及其物理、机械性能

按照图 3-19 所示的合成路线制备聚酰亚胺模塑粉（PBI），二酐、二胺及封端剂的投料摩尔比为 5∶6∶2，得到的模塑粉的理论摩尔质量为 3176g/mol。通过 DSC 分析及模压压强和时间的探索，所合成的聚酰亚胺的模压工艺确定为：330℃，15MPa 保压 30min，本节所研究的聚酰亚胺复合材料的组成见表 3-2。

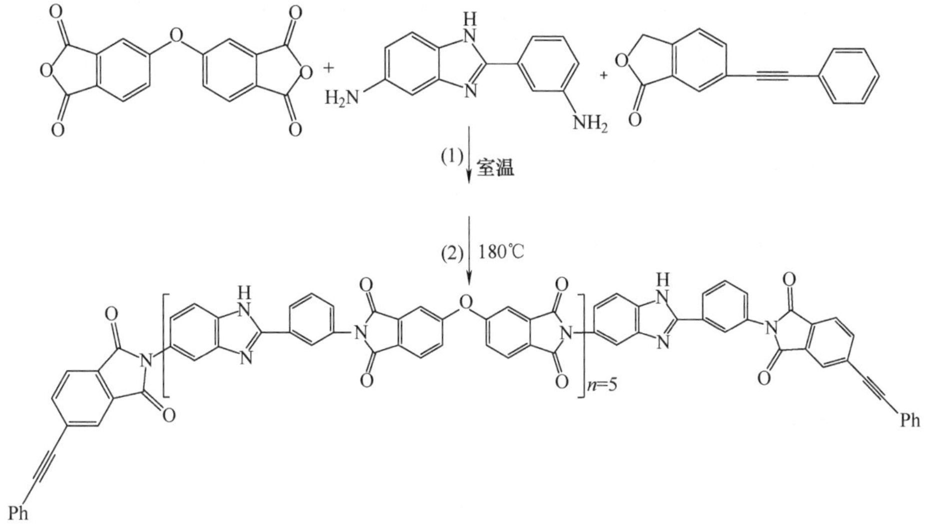

图 3-19　含苯并咪唑结构聚酰亚胺的合成路线

表 3-2　聚酰亚胺复合材料的组成

名称	组分含量（体积分数）				
	树脂	纤维	石墨	氮化硼	纳米 SiO$_2$
PC	83%	10%（粉末）	4%	3%	0
P3C	83%	10%（短切）	4%	3%	0
P3S	80%	10%（粉末）	4%	3%	3%

　　从图 3-20 所示的聚酰亚胺模塑粉及模压成型的块体材料的 DSC 分析曲线可以看出，模塑粉在 300℃开始出现放热峰，并且随着温度的升高放热速率增大，说明材料中发生了自由基交联反应。而模压成型后的材料在 300℃以上并没有明显的放热峰出现，表明聚酰亚胺分子链中具有反应活性的炔基在热压过程中完全交联，形成交联网络结构。后者可以从聚酰亚胺模塑粉和模压成型块体材料的 FTIR 化学结构分析得到进一步证实，如图 3-21 所示，模压后封端剂中的炔键在 2213cm^{-1} 处的红外特征吸收峰消失。以上分析也说明上述模压工艺能够成功地将所制备的热固性聚酰亚胺模塑粉压制成型，并使交联剂完全交联。

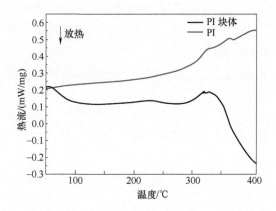

图 3-20　聚酰亚胺模塑粉及模压成型的块体材料的 DSC 分析曲线

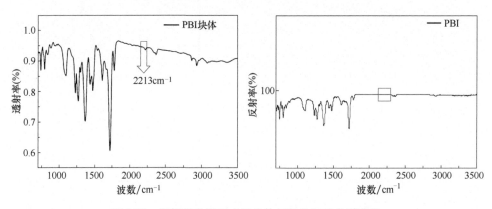

图 3-21　模塑粉及模压成型块体材料的红外光谱曲线

　　图 3-22 比较了本节所制备的含苯并咪唑结构的热固性聚酰亚胺与 PI-3000 聚酰亚胺的热重行为。很明显，含苯并咪唑结构的热固性聚酰亚胺表现出更

好的耐热性能，其在氮气中的热分解温度 T_d 可达 555℃，5% 分解温度 T_{d5} 可达 566℃，10% 分解温度 T_{d10} 可达 582℃，800℃ 时的质量残留率 R_w 为 65.5%，远高于 PI-3000 的各项指标（T_d：551℃，T_{d5}：554℃，T_{d10}：569℃，R_w：60.9%）。

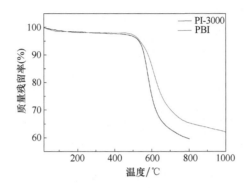

图 3-22　PBI 及 PI-3000 的热重曲线

耐热性能较好的苯并咪唑结构也赋予了聚酰亚胺更高的玻璃化转变温度，从图 3-23 可以看出，该热固性聚酰亚胺的玻璃化转变温度大约为 360℃，远高于 PI-3000 的 317℃。与此同时，含苯并咪唑结构的单体也使得聚酰亚胺在室温下具有较高的储能模量（8.3GPa），而 PI-3000 为 7.7GPa。

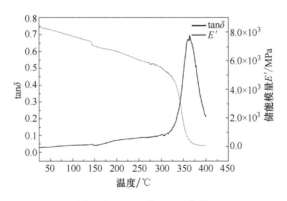

图 3-23　PBI 的 DMA 曲线

图 3-24 所示为碳纤维和纳米颗粒的添加对热固性聚酰亚胺硬度的影响。可以看出，复合材料的硬度均高于聚酰亚胺基体树脂，并且随着碳纤维长度的增加及纳米颗粒的添加，复合材料的硬度进一步升高，说明随着碳纤维长度的增加及纳米颗粒的加入，聚酰亚胺材料的承载能力得到了有效提高。

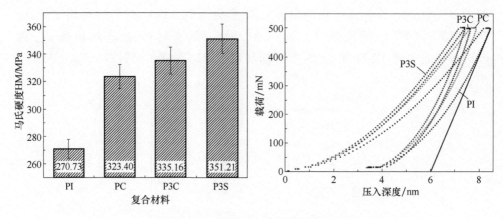

图 3-24　树脂及复合材料的硬度

3.2.3　含苯并咪唑结构热固性聚酰亚胺的摩擦磨损性能

采用 WAZAU 销-盘接触模式摩擦磨损试验机考察了热固性聚酰亚胺及其复合材料与 100Cr6 钢对摩时的摩擦磨损性能。从图 3-25 可以看出，聚酰亚胺基体材料的摩擦系数较高，并随着载荷的增加逐渐降低。但是，当载荷升至 4MPa 时，由于摩擦热的累积导致对偶温度急剧上升，材料因机械性能下降而开始发生变形，出现明显的噪声。与基体材料不同，聚酰亚胺复合材料在整个摩擦过程中均表现出较低的摩擦系数，且随着载荷的增加摩擦系数呈降低的趋势。需要指出的是，当载荷低于 4MPa 时，碳纤维长度的增加增大了复合材料的摩擦系数，而纳米 SiO_2 填充的复合材料在所研究的摩擦条件下均表现出较低的摩擦系数。

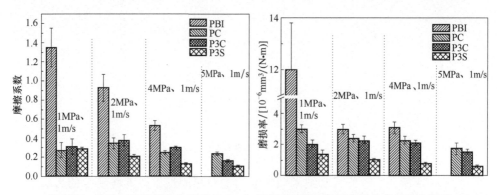

图 3-25　聚酰亚胺及其复合材料在 1m/s 时摩擦系数及磨损率随载荷的变化情况

就耐磨性而言，聚酰亚胺基体树脂在相同的摩擦条件下均表现出高于复合材料的磨损率，并且随着载荷的增加而逐渐降低。短切碳纤维增强的复合材料

P3C 与碳纤维粉末填充的复合材料 PC 相比具有更好的抗磨性能，这与短切碳纤维更好的承载性能有关。而纳米 SiO₂ 的添加进一步提高了复合材料的抗磨性能，使其在 5MPa 下的磨损率降低为 1MPa 时的 1/6 左右，说明纳米颗粒填充的聚酰亚胺复合材料 P3S 更适合于高载荷下的抗磨应用。

图 3-26 所示为高速（3m/s）下热固性聚酰亚胺复合材料的摩擦磨损性能随载荷的变化趋势。从图 3-26 可以看出，复合材料的摩擦系数均随着载荷的增加呈单调降低的趋势，并且高速下短切碳纤维及纳米粒子的添加均能更好地降低复合材料的摩擦系数。当载荷由 4MPa 增大至 5MPa 时，复合材料 PC 的摩擦系数略有增加，而短切碳纤维增强的复合材料 P3C 及纳米颗粒填充的 P3S 的摩擦系数则呈降低的趋势。由于复合材料 PC 相较于 P3S 的组分缺少纳米 SiO₂，纳米颗粒提高复合材料减摩性能的作用从摩擦系数的对比中显而易见。以 5MPa 下的摩擦系数为例，纳米 SiO₂ 的添加使 P3S 的摩擦系数降为 PC 摩擦系数的 20% 左右。

除减摩性能外，短切碳纤维和纳米颗粒的填充提高了热塑性聚酰亚胺复合材料的耐磨性，如图 3-26 所示。不同条件下 P3C 的磨损率均低于 PC，体现了短切碳纤维在高速滑动下的抗磨性能。纳米 SiO₂ 填充的 P3S 复合材料的耐磨性始终优于 PC 复合材料则充分说明了纳米颗粒在提高复合材料耐磨性方面的优势，其在 5MPa×3m/s 的高 *PV* 条件下的磨损率低至 $7×10^{-7}$ mm³/（N·m）。结合前人的研究成果，纳米 SiO₂ 的减摩抗磨作用与其促进对偶表面均匀、连续转移膜的形成有关。

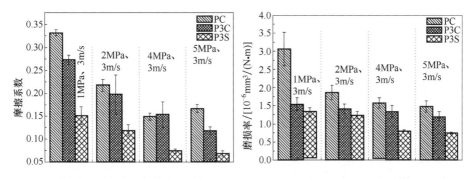

图 3-26 复合材料的摩擦系数及磨损率在 3m/s 时随载荷的变化规律

3.2.4 小结

1）分子结构中引入苯并咪唑结构使得热固性聚酰亚胺表现出优异的热性

能，其玻璃化转变温度约为 360℃，在氮气中的热分解温度可达 555℃。

2）在高耐热性的基础上，添加碳纤维和纳米颗粒使含苯并咪唑结构的热固性聚酰亚胺复合材料的减摩抗磨性能显著提高，在 15MPa·m/s 的高 PV 条件下其磨损率低至 $7×10^{-7}mm^3/(N·m)$，为苛刻工况下减摩抗磨聚酰亚胺复合材料的设计制备提供了理论和技术基础。

3.3 PEPA 封端热固性聚酰亚胺的分子结构设计及高温摩擦磨损性能

3.3.1 引言

热固性聚酰亚胺的合成过程一般分为两步，首先是合成具有一定交联剂封端的低聚物或者寡聚物，然后加热交联成型为热固性聚酰亚胺材料。研究发现，低聚物的相对分子质量越小，热固性聚酰亚胺的耐温性能越高；主链的刚性越强，其耐温等级越高。需要指出的是，刚性较强的聚酰亚胺低聚物分子链结构，对成型温度要求很高，甚至导致难以成型。虽然主链中引入柔性结构单元有利于改善热固性聚酰亚胺的成型工艺，但会引起材料的耐温等级降低。

为了使热固性聚酰亚胺的成型工艺和耐温等级匹配兼容，本节提出以非线性单体代替部分线性单体合成不同分子链构型的热固性聚酰亚胺的设计思路，成功调节了其成型工艺，利用热压成型技术制备了热固性聚酰亚胺，并考察了其分子结构与摩擦学性能之间的科学联系。

3.3.2 PEPA 封端热固性聚酰亚胺的设计制备及其热性能

热固性聚酰亚胺低聚物的合成步骤如图 3-27 所示，具体步骤如下：将一定量的 4,4′-ODA、3,4′-ODA 加入带有机械搅拌及氮气保护装置的三口圆底烧瓶中，加入适量 NMP 使其全部溶解。在冰水浴条件下缓慢加入对应量的 s-BPDA，并在此条件下搅拌 12h。然后缓慢加入封端剂 4-PEPA，继续搅拌 12h，便可得到封端的聚酰胺酸。按体积比（NMP：甲苯 = 10：1）加入甲苯，加热使体系在 170~180℃下回流 16h，回流过程中模塑粉（PI）逐渐析出。反应结束后，将体系冷却至室温。经过洗涤、抽滤、干燥后得到淡黄色粉末，用粉碎机粉碎待用。最后，采用热压成型工艺制备得到热固性聚酰亚胺材料（TPI）。

为了确定聚酰亚胺低聚物（PI）是否完全热亚胺化和封端，利用 FTIR 的全

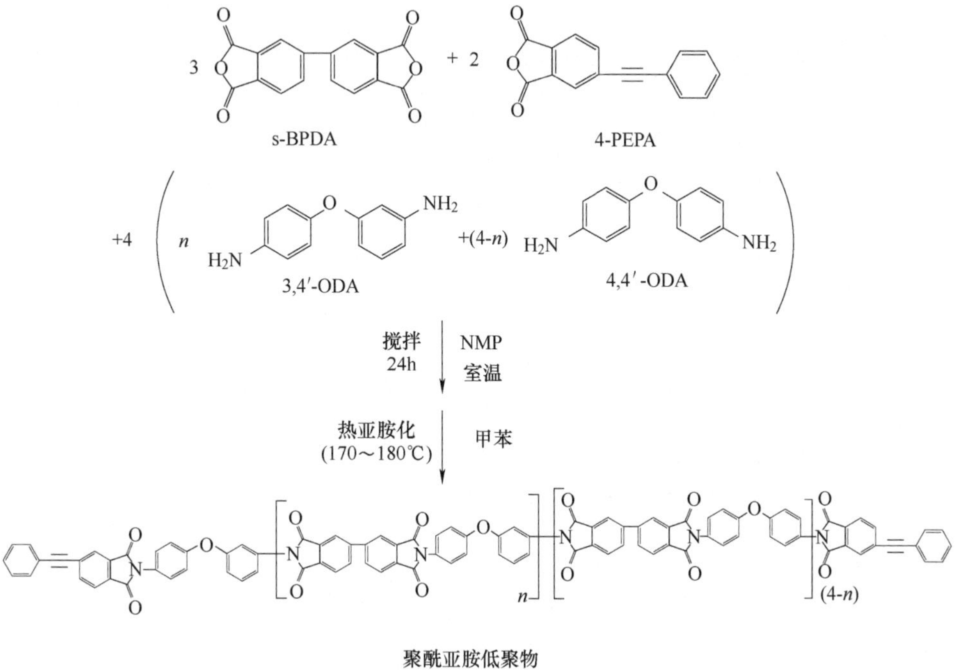

图 3-27 热固性聚酰亚胺低聚物的合成步骤

反射和透射模式对其进行了表征，结果如图 3-28 所示。聚酰亚胺模塑粉的衰减全反射红外吸收曲线位于 1721cm^{-1}和 1782cm^{-1}处明显的亚胺特征吸收峰的出现，表明热亚胺化反应已经发生（见图 3-28a）。但 2213cm^{-1}处的三键伸缩振动吸收峰不明显，不能确定聚酰亚胺是否被封端。进一步的透射模式 FTIR 分析发现，在 2213cm^{-1}处有明显的三键伸缩振动吸收峰，证明封端剂已经反应到了聚酰亚胺分子链的末端（见图 3-28b），该吸收峰在模压成型的 TPI 的 FTIR 谱图中消失，说明在模压过程中端炔基发生了自由基反应，聚酰亚胺的分子链间形成了交联网络结构。

利用流变仪对制备的聚酰亚胺的熔融黏度进行了表征，如图 3-28c 所示，随着温度的升高其熔融黏度先降低后升高，在 360℃左右达到最低值 1.77×10^{4}Pa·s，这是由于起初的温度升高使得聚酰亚胺低聚物的分子链部分熔融，降低了其黏度。当温度升高到 360℃时，以苯乙炔基封端的低聚物开始发生自由基反应，形成交联网络结构，增大了聚酰亚胺的熔融黏度。基于以上分析，热固性聚酰亚胺的成型工艺确定为：阶梯式升温至 375℃，控制压力为 18MPa；保温保压结束后，自然冷却至室温，详细成型工艺如图 3-29 所示。

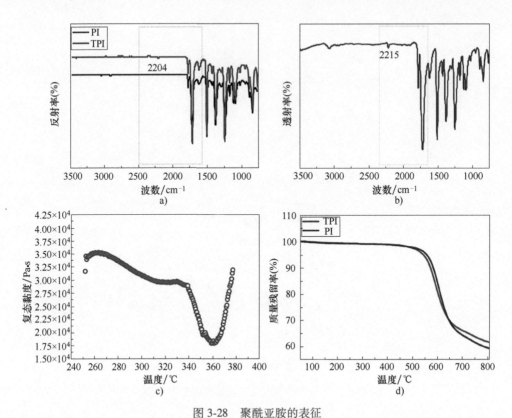

图 3-28　聚酰亚胺的表征

a）全反射模式　b）透射模式　c）熔融黏度随温度的变化曲线　d）热重分析曲线

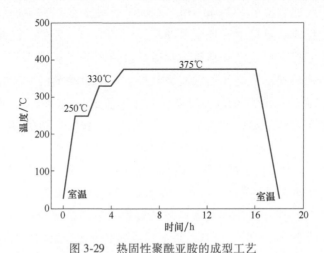

图 3-29　热固性聚酰亚胺的成型工艺

　　图 3-28d 所示为聚酰亚胺低聚物和热压成型的热固性聚酰亚胺的热稳定性分析结果，虽然成型后的 TPI 的起始分解温度（T_d）略低于交联前，但最终的残

碳率高于未交联的聚酰亚胺，详细数据见表 3-3。以上现象可以归因于封端剂的交联反应形成了键能较低的小分子，后者降低了聚酰亚胺的初始分解温度。但由于分子链间强的相互作用，热固性聚酰亚胺表现出较好的耐高温性能，从而在 800℃下具有较高的残碳率和较低的质量变化。

表 3-3　PEPA 封端后的聚酰亚胺热稳定性分析结果

聚合物	T_g/℃	T_d/℃	T_{d5}/℃	T_{d10}/℃	残碳率（%）	质量变化（%）
PI	—	559.0	559.4	582.4	60.3	−40.0
TPI	395（DSC）	543.3	539.8	568.7	61.8	−37.2

3.3.3　PEPA 封端热固性聚酰亚胺在不同温度下的摩擦磨损性能

采用球-盘接触模式（CSEM，THT07-135 摩擦磨损试验机）系统研究了热固性聚酰亚胺在不同温度下的摩擦磨损性能，如图 3-30 所示。可以看出，随着温度的升高，聚酰亚胺的摩擦系数呈现下降的趋势。其中，当温度从 100℃升高到 200℃时，摩擦系数的下降幅度最大，从 0.37 下降到 0.15，在此温度前后摩擦系数随温度下降的幅度较小。与摩擦系数的变化趋势不同，聚酰亚胺的磨损率随着温度升高先升高后降低，最后又升高。比较发现，在 25~350℃的温度范围内，聚酰亚胺在 200℃表现出最低的磨损率，在室温和 200℃下的磨损率相当，而其余温度下的耐磨性明显低于室温下的。结合温度对聚酰亚胺摩擦系数的影响规律，可

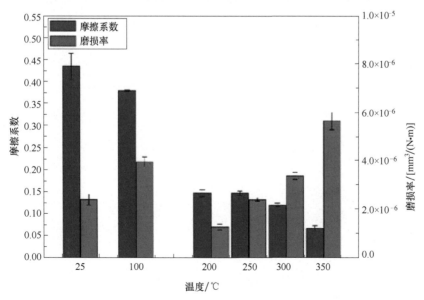

图 3-30　PEPA 封端的热固性聚酰亚胺在不同温度下的摩擦系数和磨损率

以推断温度升高引起的聚酰亚胺材料的软化是影响其不同温度下摩擦磨损行为的关键因素。由于稳定摩擦阶段材料的摩擦系数主要由其界面剪切强度决定，随着温度的升高，聚酰亚胺与对偶钢球对摩时的界面剪切强度逐渐降低，这是其摩擦系数呈现下降趋势的重要原因。然而，界面剪切强度的降低在很大程度上源于温度升高导致的聚酰亚胺机械性能的下降，后者导致其抵抗对偶表面剪切的能力下降，使得聚酰亚胺的耐磨性下降。尽管如此，一定程度的温度升高能够促进聚酰亚胺向对偶表面的转移，并形成均匀、连续，且与对偶表面结合良好的转移膜，此种情况下，聚酰亚胺表现出较好的减摩抗磨性能。因此，温度对聚酰亚胺摩擦磨损性能的影响与其界面剪切以及向对偶转移行为的综合作用密切相关。

为了进一步探究 PEPA 封端热固性聚酰亚胺的摩擦磨损机理，对其在不同温度下的磨损表面及与其对摩的对偶表面形貌进行了表征，如图 3-31 和图 3-32 所示。可以看出，在 25℃ 条件下的磨损表面上存在犁沟和少许的磨屑，并且磨痕内能观察到麻点或凹坑，表现出疲劳磨损和磨粒磨损的特征，与其对摩的钢球表面积聚了大量的磨屑，形成了一层不均匀的转移膜。当温度升高到 100℃ 时，聚酰亚胺的磨损表面变得比较光滑，磨粒磨损迹象受到抑制，更多地表现为疲劳磨损。随着环境温度进一步升高到 200℃ 和 250℃，磨损表面变得更加光滑，对偶表面形成一层均匀的转移膜，从而降低了磨粒磨损。当环境温度升高到 300℃ 及以上时，明显降低的机械性能使得聚酰亚胺在对偶表面的剪切作用下被刮擦，并大量转移到对偶表面形成较厚的转移膜，后者在摩擦过程中易于脱离界面，进一步增大了聚酰亚胺的磨损率，该种情况下温度升高导致材料的耐磨性降低。

图 3-31　不同温度下的磨损表面形貌
a) 25℃　b) 100℃　c) 200℃　d) 250℃　e) 300℃　f) 350℃

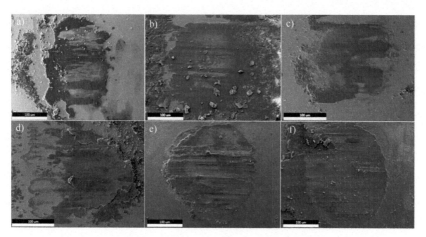

图 3-32　不同温度下的钢球对偶表面形貌

a）25℃　b）100℃　c）200℃　d）250℃　e）300℃　f）350℃

3.3.4　小结

1）以具有一定刚性的 3,3,4′,4′-联苯四甲酸二酐（s-BPDA）为二酐，4,4′-二氨基二苯醚（4,4′-ODA）为主要二胺，将适量的柔性 3,4′-二氨基二苯醚（3,4′-ODA）单体引入聚酰亚胺的主链结构，改善了其成型工艺，并采用 4-苯乙炔苯酐（4-PEPA）作为封端剂，提高了聚酰亚胺的耐温等级。

2）温度升高引起的聚酰亚胺材料的软化是影响其不同温度下摩擦磨损行为的关键因素，一定程度的温度升高能够促进聚酰亚胺向对偶表面的转移，有利于提高聚酰亚胺的摩擦磨损性能，但过高的温度会加快对偶对材料表面的破坏，使其耐磨性降低。本节制备的热固性聚酰亚胺在 350℃下表现出优异的减摩性能，摩擦系数可低至 0.06。

3.4　类石墨相氮化碳（g-C_3N_4）改性聚酰亚胺复合材料的摩擦磨损性能

3.4.1　引言

类石墨相氮化碳（g-C_3N_4）与石墨具有相似的晶型结构，同为六方晶体，具有二维的层状结构，且层与层之间具有较强的氢键作用，有望用作集润滑与耐磨于一体的高温固体润滑剂。本节以三聚氰胺为前驱体，采用热烧结的方法制备了二维层状 g-C_3N_4，后者被率先用于热固性聚酰亚胺的摩擦学改性，并探讨了 g-C$_3$N$_4$ 在摩擦接触界面的化学、物理作用。本节在以上研究的基础上，考察了 g-C$_3$N$_4$ 与不同增强纤维（碳纤维、玻璃纤维和芳纶纤维等）和石墨复合改性热固性聚酰亚胺复合材料的摩擦磨损机理。本部分研究成果对于 g-C$_3$N$_4$ 改性聚酰亚胺复合材料的研制具有重要的指导意义。

3.4.2 类石墨相氮化碳（g-C$_3$N$_4$）填充聚酰亚胺复合材料的摩擦磨损性能

1. 类石墨相氮化碳（g-C$_3$N$_4$）的合成及其改性聚酰亚胺复合材料的物理、机械性能

将 15g 三聚氰胺加入陶瓷研钵中，持续充分研磨，过 800 目筛后放入坩埚；所制备的固体粉末均匀铺在坩埚中，置于管式炉中，在空气气氛中以 5℃/min 的速率升温至 550℃，保温 4h 后随炉降温至室温，取出淡黄色固体球磨 8~24h，洗涤干燥得到 7.5g 的 g-C$_3$N$_4$，上述过程中可能发生的反应如图 3-33 所示。PEPA 封端的热固性聚酰亚胺的合成步骤同 3.3.2 节。

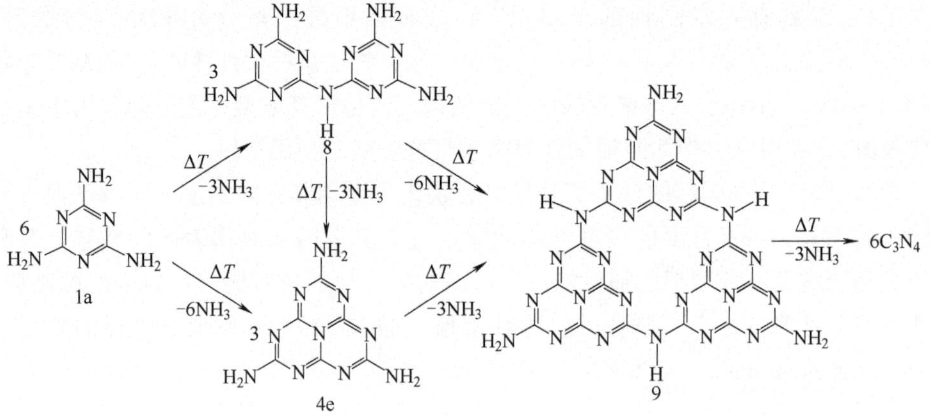

图 3-33　三聚氰胺热烧结过程中可能的化学反应

将上述 g-C$_3$N$_4$ 与热固性聚酰亚胺低聚物分散于无水乙醇中机械搅拌，然后于 200℃烘箱中干燥 24h 后备用。最后，将上述混合物置于模具中热压成型（热压工艺同 3.3.2），得到 g-C$_3$N$_4$ 填充的热固性聚酰亚胺复合材料。

图 3-34a 所示为 g-C$_3$N$_4$ 的透射电子显微镜（TEM）图像及其相应的选区电子衍射（SAED）图像，可以看出，制备的 g-C$_3$N$_4$ 表现出类石墨的片状结构，SAED 图像中出现的（002）与（100）衍射晶面进一步证实制备的 g-C$_3$N$_4$ 为类石墨结构。通过激光散射分析仪对其粒径进行分析，结果表明制备的 g-C$_3$N$_4$ 粒径主要分布在 0.3~100μm 之间的狭长区间。

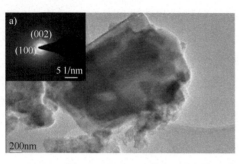
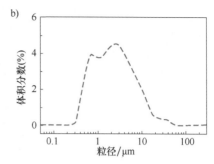

图 3-34　g-C$_3$N$_4$ 的 TEM 图像及其相应的 SAED 图像和粒径分布

a）g-C$_3$N$_4$ 的 TEM 图像及其相应的 SAED 图像　b）粒径分布

图 3-35a 所示为 g-C$_3$N$_4$ 的 XRD 谱图，最强峰出现在 27.2°，对应的晶面间距为 $d = 0.322$nm，为石墨结构的（002）晶面，可以归因于共轭芳香杂环的堆叠。而出现在 12.2°（$d = 0.71$nm）的小峰对应于石墨的（100）晶面，与g-C$_3$N$_4$ 的层间结构填充有关。相比于文献报道，制备得到的 g-C$_3$N$_4$ 晶面间距略小于晶体 g-C$_3$N$_4$ 的理论晶面间距（计算值约为 0.34nm），这一现象归因于单层g-C$_3$N$_4$ 的潜在波动以及强的氢键相互作用导致更密集的填充。此外，夹层的距离（0.71nm）小于三嗪单元的尺寸（计算值约为 0.73nm），可能是 g-C$_3$N$_4$ 结构中存在较小的倾斜角度造成的。从化学结构来讲，g-C$_3$N$_4$ 的 FTIR 谱图中位于1200～1700cm^{-1} 的几个典型特征吸收峰归属于 g-C$_3$N$_4$ 芳香杂环单元的伸缩振动，而在 807cm^{-1} 可见三聚氰胺结构中的嗪环的特征峰，在 3000～3700cm^{-1} 之间的宽带吸收来源于 N—H 伸缩振动。以上结果表明，在 g-C$_3$N$_4$ 中仍存在少量的胺基官能团，这进一步解释了前述 XRD 表征中晶面间距与理论计算值的差异。

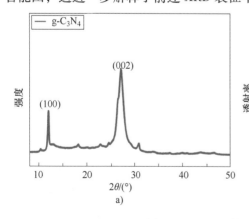
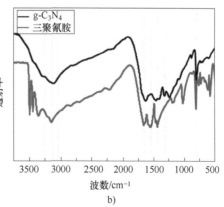

图 3-35　g-C$_3$N$_4$ 的 XRD 和 FTIR 谱图

a）XRD 谱图　b）FTIR 谱图

为了揭示 g-C_3N_4 对热固性聚酰亚胺复合材料耐热性的影响，对其热失重行为进行了考察，如图 3-36 所示。从图 3-36a 可以看出，在 164~292℃（阴影区域 A 和 B）的温度范围内，三聚氰胺的质量迅速下降，主要是由于发生了三聚氰胺的升华和热缩合反应。对比 g-C_3N_4 的热分解曲线，三聚氰胺在 660℃（阴影区域 C）的分解温度为产物 g-C_3N_4 的起始分解温度。g-C_3N_4 经过高温分解后，产物分别为氮气和氰基碎片，直至 800℃时完全分解。通过上述分析可知，在热固性聚酰亚胺复合材料的热压成型过程中 g-C_3N_4 不会分解。此外，通过对比填充 g-C_3N_4 前后热固性聚酰亚胺材料的热失重曲线可以发现，g-C_3N_4 的添加在一定程度上降低了 TPI 的热稳定性（具体数据详见表 3-4），这可以归因于热固性聚酰亚胺低聚物在热模压过程中产生的小分子与未反应完全的 g-C_3N_4 末端氨基基团发生了化学反应，生成不稳定的产物，从而降低了其热稳定性能。

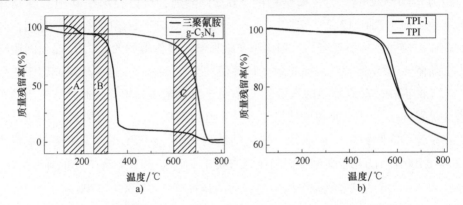

图 3-36　三聚氰胺、g-C_3N_4 以及复合材料 TPI-1 与 TPI 的热重分析曲线

a）三聚氰胺和 g-C_3N_4　b）TPI-1 和 TPI

表 3-4　g-C_3N_4 改性的 TPI 与纯 TPI 热学性能的对比

材料	参数					
	T_g/℃	T_d/℃	T_{d5}/℃	T_{d10}/℃	残碳率（%）	耐热性/℃
三聚氰胺	—	164.9	191.4	292.1	0	—
g-C_3N_4	—	660.0	111.7	505.4	0	—
TPI	320.1	543.3	539.8	568.7	61.8	295.9
TPI-1	320.9	524.7	529.9	556.2	65.7	302.9

表 3-5 列出了填充 g-C_3N_4 前后热固性聚酰亚胺材料的机械性能，对比发现，与热固性聚酰亚胺基体树脂相比，g-C_3N_4 填充复合材料的拉伸强度、弹性模量

和断裂伸长率均略有降低，而抗弯强度明显降低，材料变得较脆，这主要是由于 g-C$_3$N$_4$ 的引入破坏了 TPI 基体中封端剂的交联作用。为验证上述结论，对 TPI 和 TPI-1 断裂样品表面进行了 SEM 表面形貌及断面 EDS 元素分析。从图 3-37 可以看出，与 TPI 表面的大范围的鳞片外观相比，TPI-1 的表面出现了较多的小鳞片形貌，这与其脆性断裂行为十分吻合，也解释了 g-C$_3$N$_4$ 引入热固性聚酰亚胺基体中导致其机械性能有所降低的现象。此外，由于 g-C$_3$N$_4$ 与 TPI 的元素具有相似性，我们利用 TPI 材料中特有的 O 元素的分布来反衬 g-C$_3$N$_4$ 的分散性。从图 3-37 中的 EDS 元素面分布可以看出，添加 g-C$_3$N$_4$ 前后聚酰亚胺材料表面氧元素分布几乎不受影响，间接证明了 g-C$_3$N$_4$ 均匀地分散在 TPI 基体中，从以上分析可见，尽管二维层状结构的 g-C$_3$N$_4$ 在热固性聚酰亚胺基体中均匀分散，但其添加导致热压成型过程中一定程度的副反应，后者对其热学和力学性能产生了一定影响。

表 3-5　g-C$_3$N$_4$ 改性的 TPI 与纯 TPI 机械性能的对比

力学性能	单位	材料	
		TPI	TPI-1
弹性模量	GPa	1.7±0.02	1.67±0.04
抗拉强度	MPa	79.1±3.9	71.2±12.5
拉伸应变（%）	—	3.1±1.1	2.8±0.17
抗弯强度	MPa	120.8±19.8	91.3±12.4
弯曲模量	GPa	3.42±0.3	3.14±0.03

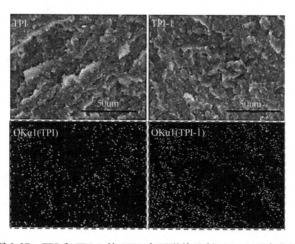

图 3-37　TPI 和 TPI-1 的 SEM 表面形貌及断面 EDS 元素分析

2. 类石墨相氮化碳（g-C₃N₄）填充热固性聚酰亚胺复合材料的摩擦磨损性能

以热固性聚酰亚胺基体材料 TPI 为参照，图 3-38 所示为不同温度下 $g\text{-}C_3N_4$ 填充热固性聚酰亚胺复合材料（TPI-1）的摩擦磨损性能测试结果。如图 3-38a 所示，在室温条件下 TPI 的摩擦系数高于 TPI-1，表明 $g\text{-}C_3N_4$ 提高了热固性聚酰亚胺复合材料在室温下的减摩性能。而随着温度的升高，TPI-1 的摩擦系数逐渐高于 TPI，特别是在 200℃ 条件下，摩擦系数增大了将近一倍之多。这与普遍报道的层状石墨降低聚合物复合材料摩擦系数的结论不一致，其原因在于类石墨结构的 $g\text{-}C_3N_4$ 的层间 H 键作用明显强于石墨层之间的范德华力，导致复合材料表面抵抗剪切的能力明显提高。因此，$g\text{-}C_3N_4$ 改性热塑性聚酰亚胺复合材料的摩擦系数高于聚酰亚胺基体 TPI。尽管如此，在温度高于 100℃ 时，TPI-1 的摩擦系数随着温度的升高逐渐降低。就耐磨性而言，除了 200℃ 外，复合材料 TPI-1 的磨损率明显低于基体 TPI（见图 3-38b）。并且，随着温度的升高，TPI-1 的磨损率逐渐降低，最终在 350℃ 时达到最低值 $[7.29\times10^{-7}\ mm^3/(N\cdot m)]$。综合以上分析，$g\text{-}C_3N_4$ 的填充明显改变了热固性聚酰亚胺在不同温度下的摩擦磨损性能。尽管除了室温条件外，$g\text{-}C_3N_4$ 在一定程度上增大了热固性聚酰亚胺的摩擦系数，但其添加显著提高了树脂基体的耐磨性，尤其是在高温区间（250~350℃），显示出 $g\text{-}C_3N_4$ 在高温条件下作为抗磨添加剂的潜力。

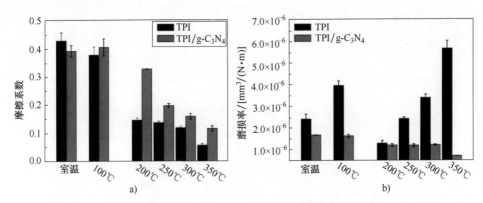

图 3-38　不同温度下 TPI 以及 $g\text{-}C_3N_4$ 改性 TPI 的摩擦系数及磨损率对比

a）摩擦系数　b）磨损率

为了更好地理解 TPI 复合材料在不同温度下的磨损机理，利用 SEM 对其磨损表面形貌进行了分析，如图 3-39 所示。室温条件下的磨损表面除了微凹坑外，还出现了浅的沟槽（见图 3-39a 和图 3-39d），表明主要发生了磨粒磨损。当环境温度升高至 100℃ 时，复合材料的磨损表面变得光滑，但仍可见少量的划痕

（见图 3-39b 和图 3-39e）。与 200℃时的高摩擦相对应，磨屑在高的界面剪切力作用下被碾压形成塑性变形层，并伴有少量微裂纹的产生（见图 3-39c 和图 3-39f）。随着温度继续升高至 250℃及以上，复合材料的磨损表面变得十分光滑，除少量微凹坑外，几乎看不到微裂纹（见图 3-39g、h 和 i），表明在复合材料的摩擦过程中疲劳磨损占主导地位。

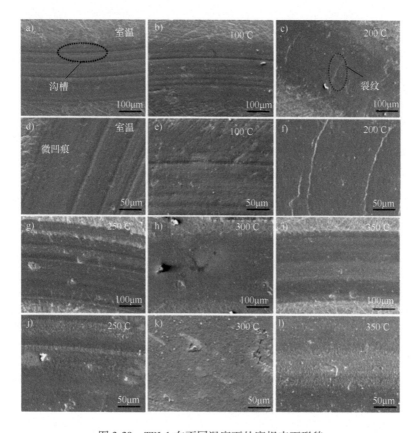

图 3-39　TPI-1 在不同温度下的磨损表面形貌

a）高分辨、室温　b）高分辨、100℃　c）高分辨、200℃　d）低分辨、室温
e）低分辨、100℃　f）低分辨、200℃　g）高分辨、250℃　h）高分辨、300℃
i）高分辨、350℃　j）低分辨、250℃　k）低分辨、300℃　l）低分辨、350℃

进一步对 g-C$_3$N$_4$ 填充热固性聚酰亚胺复合材料的磨损表面进行了 Raman 光谱分析，如图 3-40 所示，在 1602cm^{-1}处的特征吸收峰为苯环的 C＝C 伸缩振动峰，1344cm^{-1}处的特征吸收峰为酰亚胺的 C—N 伸缩振动峰，而在 1757cm^{-1}处的特征吸收峰对应于酰亚胺环中的 C＝O 伸缩振动峰。值得注意的是，在不同的

温度变化范围内，1344cm^{-1}和1602cm^{-1}处的吸收峰强度表现出不同的变化趋势。因此，我们推测 TPI 以及 TPI-1 的摩擦系数变化与其分子链中苯环以及酰亚胺中 C—N—C 化学键的取向变化有关。在较高的温度下，聚酰亚胺大分子链中的苯环以及酰亚胺 C—N—C 等化学键被活化，并沿着滑动方向重新取向排列。温度越接近 TPI 的玻璃化转变温度（T_g），其取向越明显，越有利于摩擦系数的降低。

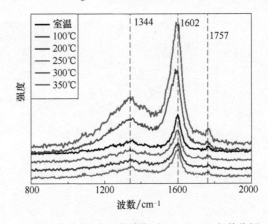

图 3-40　不同温度下的磨损表面 Raman 光谱分析

　　图 3-41 所示为不同温度条件下摩擦后的钢球表面形貌，图中箭头指示的方向为滑动方向。如图 3-41a 和图 3-41b 所示，在室温和 100℃条件下与复合材料对摩的钢球表面形成的转移膜比较薄，对偶表面微凸体及磨屑的往复运动在复合材料磨痕内造成划痕，大量磨屑被堆积在磨痕两端。在温度为 200℃时，钢球表面覆盖了一层厚度不均的转移膜，转移膜表面非常粗糙，其上有明显的凸起状材料堆积，后者在摩擦过程中沿往复滑动方向反复变形，是造成摩擦系数明显增大的重要原因（见图 3-41c）。当温度超过 200℃时，由于复合材料表面的软化，对偶钢球表面形成的转移膜较厚，复合材料磨损表面上被碾压变形且黏附的微小片状材料起到微凸体的作用，在软化的转移膜上留下沟壑，致使钢球表面部分暴露出来（见图 3-41d、e 和 f）。尽管如此，在往复的线性滑动模式下，对偶钢球暴露的部分与复合材料表面黏附的微小片状材料对摩，而转移膜覆盖的部分与塑性变形的复合材料表面对摩，使得聚酰亚胺复合材料表现出优异的耐磨性。可见，转移膜的特性变化与复合材料摩擦磨损性能的变化密切相关。此外，在高温条件下，高弹性模量和硬度的 g-C$_3$N$_4$ 赋予了对偶表面转移膜足够的刚性，共同承担了部分法向载荷，并抑制了复合材料表面与对偶之间的直接接触，从而有利于提高复合材料的耐磨性。

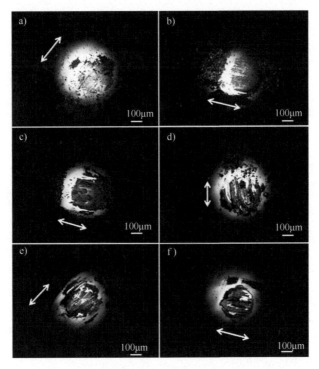

图 3-41　不同温度条件下摩擦后的钢球表面形貌

a）室温　b）100℃　c）200℃　d）250℃　e）300℃　f）350℃

　　为了研究 g-C₃N₄ 在改变热固性聚酰亚胺摩擦磨损性能中的作用机理，对不同温度条件下钢球表面形成的复合材料转移膜进行了 XPS 分析，其全谱及 C 和 N 元素的精细谱如图 3-42 所示。从不同温度下形成的转移膜的全谱可以看出，对偶表面均存在 C、N、O 和 Fe 元素，说明摩擦过程中 TPI 及 g-C₃N₄ 同时转移到了对偶表面。C1s 的精细谱可以拟合为位于 284.9eV、285.5eV、286.2eV 和 288.4eV 的 4 个峰，分别对应于 TPI 分子中的 C—C、C—N、C—O 和 C═O，证明了转移膜中 TPI 的存在。而 N1s 的精细谱可以拟合为三个峰，其结合能为 398.7eV、400.0eV 和 401.3eV，分别归属于 g-C₃N₄ 的 C—N═C、N—（C）₃ 和 C—N—H 基团，进一步证实了 g-C₃N₄ 在钢球表面的转移。此外，从转移膜中 C、N 和 Fe 元素的相对原子浓度可以看出，聚酰亚胺复合材料在室温下形成的转移膜中 N 元素含量非常低，而转移膜中 C 和 N 元素的含量均随着温度的升高而明显增大，Fe 元素含量则降低（见表 3-6）。可见，环境温度升高促进了填料 g-C₃N₄ 向对偶表面的转移，后者有利于聚酰亚胺复合材料耐磨性的提高。

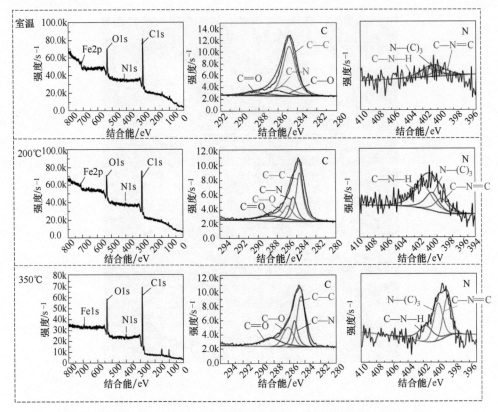

图 3-42　不同温度条件下钢球表面形成的复合材料转移膜 XPS 分析

表 3-6　不同温度条件下的转移膜表面 XPS 分析相对原子含量

元素	含量（%）		
	室温	200℃	350℃
C	75.28	77.76	78.83
N	0.14	2.54	2.57
Fe	3.23	1.51	0.43

3.4.3　纤维增强、类石墨相氮化碳（g-C$_3$N$_4$）填充聚酰亚胺自润滑复合材料的设计及其摩擦磨损性能

本节在前述 g-C$_3$N$_4$ 填充热固性聚酰亚胺摩擦磨损性能研究的基础上，设计了表 3-7 所列的复合材料配方，除了本节所制备的 g-C$_3$N$_4$ 填料外，复合材料中引入了三种不同的纤维（碳纤维、芳纶纤维和玻璃纤维）以及石墨固体润滑剂。

以热固性聚酰亚胺基体材料为参照，表 3-7 也列出了三种复合材料的部分物理、化学及机械性能参数，可以看到，三种纤维增强的聚酰亚胺复合材料均表现出优异的热稳定性能，这对于保证高温环境下复合材料的耐磨性具有重要意义。

表 3-7　不同纤维增强的聚酰亚胺复合材料的物理、化学及机械性能参数

材料	石墨 （质量分数,%）	纤维 （质量分数,%）	g-C$_3$N$_4$ （质量分数,%）	HV/MPa	T_d/℃	T_{d10}/℃	ρ/（g/cm^3）
TPI	0	0	0	20.3±0.6	543.3	568.7	1.24
CF-TPI	10	15	5	26.0±1.4	553.3	595.2	1.32
AP-TPI	10	15	5	27.2±1.0	548.8	557.2	1.28
GF-TPI	10	15	5	35.5±3.6	544.4	584.5	1.37

　　除耐热性外，纤维增强聚合物复合材料中纤维与基体的界面特性是影响其机械性能和摩擦磨损性能的重要因素，图 3-43 所示为本节所设计的不同纤维增强的热固性聚酰亚胺复合材料的断面 SEM 形貌。在 CF-TPI 复合材料中，明显可见碳纤维与树脂基体之间的界面以及脱落的碳纤维留下的孔洞，表明二者之间的界面结合较差（见图 3-43a）。在 GF-TPI 复合材料中，玻璃纤维与聚酰亚胺基体的界面结合十分紧密，即使在液氮中脆断后仍有许多 TPI 碎片黏附在玻璃纤维表面（见图 3-43b）。与上述界面不同，在芳纶纤维与聚酰亚胺基体之间几乎看不到交替界面（见图 3-43c），说明芳纶纤维与聚酰亚胺基体结合良好，这主要归因于芳纶纤维中的酰胺基团的氢原子以氢键形式与聚酰亚胺基体相互作用，大幅度提高了其界面性能。

　　图 3-44 所示为不同纤维增强、g-C$_3$N$_4$ 和石墨填充的热固性聚酰亚胺复合材料在不同温度下的摩擦磨损性能。从图 3-44a 和图 3-44b 可以看出，在所研究的 FV（载荷×滑动速度）条件下，三种纤维增强的聚酰亚胺复合材料的摩擦系数随着环境温度升高表现出类似的"凹"字形变化趋势，即先减小后增大。但不同于 CF-TPI 复合材料，在"凹"字形的左端（室温~50℃），AP-TPI 和 GF-TPI 复合材料的摩擦系数随着温度升高有所增大，反映出纤维类型对复合材料摩擦行为的不同影响。尽管如此，三种纤维增强的聚酰亚胺复合材料的摩擦系数在 200℃时降到最低值，这可以归因于复合材料表面抵抗剪切的能力降低与纤维承载作用的耦合使得摩擦系统只需较小的切向力便可连续滑动。此后，随着温度继续升高，复合材料表面的机械性能进一步降低，使得纤维无法有效发挥其承载能力，反而因断裂和破碎起到磨粒作用，导致摩擦系数增大。需要指出的是，当温度升高到 200℃以上时，相较于 GF 和 CF 增强的 TPI 复合材料，AP 因自身

图 3-43　不同纤维增强热固性聚酰亚胺复合材料的断面 SEM 形貌
a）CF-TPI　b）GF-TPI　c）AP-TPI

的性能受到温度的影响，其断裂引起的摩擦系数增大幅度明显低于前两者。

如前所述，纤维的种类对其增强的聚酰亚胺复合材料在不同温度下的摩擦行为产生明显的影响。磨损行为研究发现，纤维种类对聚酰亚胺复合材料耐磨性的影响更加复杂，如图 3-44c 和图 3-44d 所示。就耐磨性而言，CF-TPI 在相同温度下的耐磨性最差，AP-TPI 耐磨性最好，GF-TPI 居中。除了 $FV = 0.5\mathrm{N} \cdot \mathrm{m/s}$ 条件下 CF-TPI 的磨损率外，随着温度的升高，AP-TPI 的磨损率逐渐增大，而 CF-TPI 和 GF-TPI 的磨损率在 50~350℃ 范围内随着温度升高先减小后增大，在 200~250℃ 最低。根据前述复合材料中纤维与基体界面的研究，AP-TPI 在不同温度下表现出的较好的耐磨性与其优异的界面结合有关，这使得芳纶纤维在摩擦过程中不易因拔出而断裂，进而影响复合材料的耐磨性。而对于 CF-TPI 和 GF-TPI，界面剪切是引起纤维从树脂基体脱落的重要原因，而后者受到温度的强烈影响。当温度为 200~250℃ 时，复合材料表面的抗剪切能力出现一定程度的降低，有利于对偶表面转移膜的形成，同时纤维的承载能力仍然能够有效发挥。以上因素共同作用，使得复合材料表现出最低的磨损率。

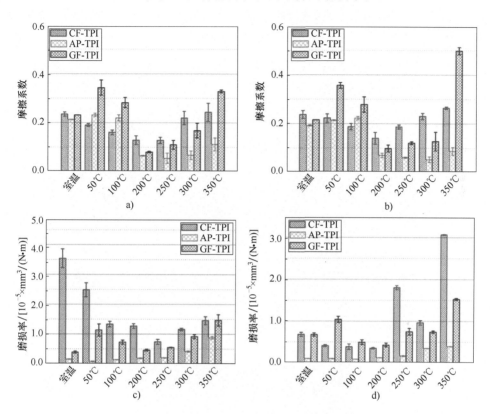

图 3-44　不同纤维增强、g-C₃N₄ 和石墨填充的热固性聚酰亚胺复合材料
在不同温度下的摩擦系数及磨损率变化

a)　*FV* = 0. 9N · m/s 条件下的摩擦系数　b)　*FV* = 0. 5N · m/s 条件下的摩擦系数
c)　*FV* = 0. 9N · m/s 条件下的磨损率　d)　*FV* = 0. 5N · m/s 条件下的磨损率

　　为了揭示纤维在热固性聚酰亚胺复合材料摩擦磨损过程中的作用机理，对不同纤维增强的聚酰亚胺复合材料的磨损表面形貌和元素分布进行了分析。图 3-45 所示为 AP-TPI 复合材料在室温、200℃ 及 350℃ 条件下的磨损表面形貌。如图 3-45a 和图 3-45d 所示，复合材料在室温下的磨损表面形貌以塑性变形为主，磨损表面上黏附有细小的颗粒状磨屑。当环境温度升高到 200℃ 时，磨损表面变得非常光滑，除少量微裂纹外，磨损表面被塑性变形层覆盖（见图 3-45b 和图 3-45e）。然而，350℃ 的高温显著改变了复合材料的磨损表面形貌，磨损表面上出现明显的犁沟痕迹，并黏附有大量磨屑（见图 3-45c 和图 3-45f）。EDS 元素面分布分析表明，上述磨屑区域包含了 C、N、O 以及少量的 Fe、Si 元素（见图 3-45g ~ k）。

其中，C、N、O元素来自芳纶纤维以及g-C$_3$N$_4$，而少量的Fe、Si来自对偶材料。因此，350℃的高温下芳纶纤维从聚酰亚胺基体中存在一定的脱落，后者与对偶表面的微凸体共同作用，导致复合材料表面形成犁沟。

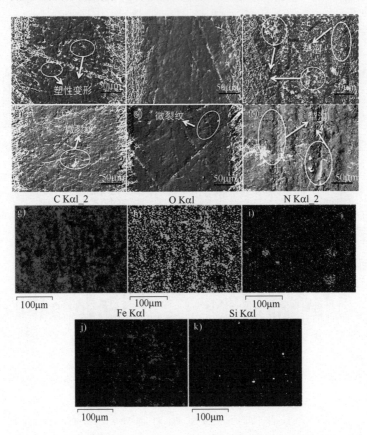

图3-45　不同温度条件下AP-TPI的磨损表面SEM形貌及350℃、
$FV=0.9$N·m/s条件下的EDS元素面分布分析
a)、d) 室温　b)、e) 200℃　c)、f) 350℃　g) C　h) O　i) N　j) Fe　k) Si

由于纤维与热固性聚酰亚胺基体的结合特性不同，碳纤维增强TPI复合材料在室温条件下的摩擦过程中出现了一定程度的纤维脱落（见图3-46a），并且表面发生塑性变形（见图3-46d）。随着温度的升高，脱落的纤维能够被聚酰亚胺基体填埋、包覆（见图3-46b、e），阻止其进一步脱落，有利于改善其耐磨性，磨损机理以黏着磨损为主。在高温条件下，突出的高强度碳纤维与对偶的刮擦使磨损表面上出现了高亮区域，对应于对偶Fe元素的反向转移（见图3-46c），复合材料表面的犁沟效应变得明显（见图3-46f）。

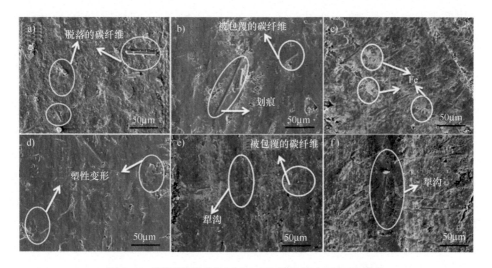

图 3-46　不同温度条件下 CF-TPI 的磨损表面 SEM 形貌

a) 室温、$FV=0.9\mathrm{N\cdot m/s}$　b) 200℃、$FV=0.9\mathrm{N\cdot m/s}$　c) 350℃、$FV=0.9\mathrm{N\cdot m/s}$

d) 室温、$FV=0.5\mathrm{N\cdot m/s}$　e) 200℃、$FV=0.5\mathrm{N\cdot m/s}$　f) 350℃、$FV=0.5\mathrm{N\cdot m/s}$

　　尽管玻璃纤维与聚酰亚胺基体良好的界面结合特性使得 GF-TPI 复合材料的磨损表面上不存在玻璃纤维脱落的迹象（见图 3-47），但其磨损表面形貌受环境温度的影响明显。在室温条件下，复合材料磨损表面出现明显的塑性变形（见图 3-47a、d），此时的磨损机理以黏着磨损为主。随着环境温度升高到 200℃，磨损表面的塑性变形层变得更加连续，在与钢球对摩过程中部分 Fe 元素转移到其表面上（见图 3-47b、e）。然而，当温度升高到 350℃时，磨损表面的塑性变

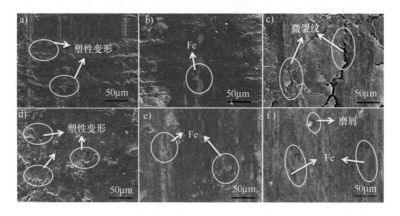

图 3-47　不同温度条件下 GF-TPI 的磨损表面 SEM 形貌

a) 室温、$FV=0.9\mathrm{N\cdot m/s}$　b) 200℃、$FV=0.9\mathrm{N\cdot m/s}$　c) 350℃、$FV=0.9\mathrm{N\cdot m/s}$

d) 室温、$FV=0.5\mathrm{N\cdot m/s}$　e) 200℃、$FV=0.5\mathrm{N\cdot m/s}$　f) 350℃、$FV=0.5\mathrm{N\cdot m/s}$

形层产生大量的微裂纹（见图3-47c），在$FV=0.5N \cdot m/s$时也发生了Fe元素的反向转移（见图3-47f）。

图3-48所示为AP-TPI在不同条件下形成的转移膜的SEM形貌及其EDS元素面分布图。相比于室温下形成的较薄的转移膜形貌（见图3-48a和图3-48d），环境温度升高导致AP-TPI磨屑向对偶表面的转移并在界面剪切作用下发生塑性变形，最终形成片块状的转移膜（见图3-48b和图3-48e），后者主要由C、Si、O、N以及Fe元素构成。当环境温度升高到350℃时，片块状的转移膜变得更加连续，并且平行于滑动方向存在类似划痕的形貌（见图3-48c和图3-48f），与复合材料磨损表面的犁沟形貌相对应。与有机芳纶纤维增强的聚酰亚胺复合材料不同，碳纤维和玻璃纤维改性的TPI复合材料的转移膜形貌受环境温度的影响较大。与室温下形成的转移膜相比（见图3-49a和图3-49d），CF-TPI在200℃下形成的转移膜变得厚而均匀（见图3-49b和图3-49e），后者在350℃下的摩擦过程中发生片状剥落（见图3-49c和图3-49f），这是造成复合材料耐磨性降低的重要原因。对GF-TPI复合材料而言，玻璃纤维的磨粒作用使其转移膜表面存在平

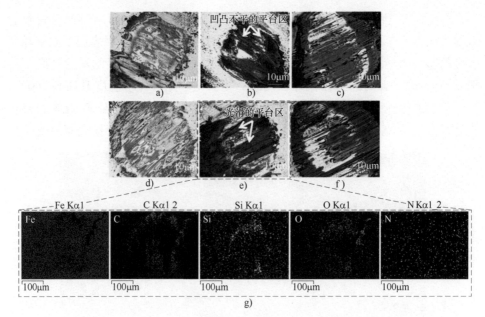

图3-48 不同条件下AP-TPI的钢球表面转移膜SEM形貌及其EDS元素面分布图

a) 室温、$FV=0.9N \cdot m/s$　b) 200℃、$FV=0.9N \cdot m/s$　c) 350℃、$FV=0.9N \cdot m/s$

d) 室温、$FV=0.5N \cdot m/s$　e) 200℃、$FV=0.5N \cdot m/s$

f) 350℃、$FV=0.5N \cdot m/s$　g) EDS元素面分布图

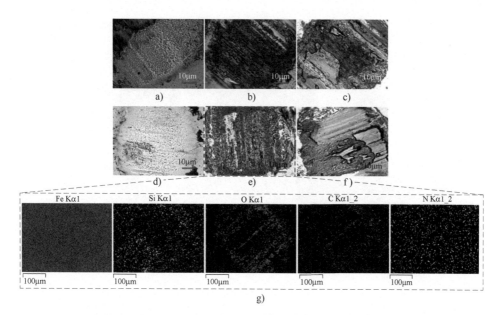

图 3-49　不同条件下 CF-TPI 的钢球表面转移膜 SEM 形貌及其 EDS 元素面分布图

a）室温、$FV=0.9N \cdot m/s$　b）200℃、$FV=0.9N \cdot m/s$　c）350℃、$FV=0.9N \cdot m/s$

d）室温、$FV=0.5N \cdot m/s$　e）200℃、$FV=0.5N \cdot m/s$　f）350℃、$FV=0.5N \cdot m/s$　g）EDS 元素面分布图

行于滑动方向的划痕状条带结构（见图 3-50），而玻璃纤维与聚酰亚胺基体之间较好的界面结合，抑制了复合材料向对偶表面的大量转移，这也是高温下对偶表面转移膜较薄的原因。

　　为了阐明 $g-C_3N_4$ 与纤维的耦合作用在热固性聚酰亚胺复合材料转移膜形成中的作用机制，对 200℃、$FV=0.5N \cdot m/s$ 条件下的 AP-TPI 转移膜的纳米结构进行了表征，如图 3-51 所示。从转移膜的 TEM 照片可以看出，金属对偶表面被一层连续的转移膜覆盖，厚度为 100~400nm，转移膜紧密黏结在金属表面上，能够有效地避免复合材料表面与对偶的直接接触（见图 3-51a）。进一步的高分辨率透射电子显微镜（HR-TEM）分析表明，在靠近金属基底的区域转移膜呈现连续的层状结构，厚度约为 5nm（见图 3-51b、c），其中 Fe 和 O 含量最高。结合文献报道，可以推断主要是氧化铁类化合物 Fe_2O_3，说明在转移膜形成之前，金属表面发生了轻微的氧化。氧化层上方的转移膜具有复杂的结构，元素面分布结果显示含有 Fe、O、C、N、Si 等元素（见图 3-51d）。HR-TEM 显示其中存在大量部分短程有序的晶体结构，晶格间距为 0.345nm，是典型的 $g-C_3N_4$（002）晶面，表明复合材料的转移膜中包覆了一定量的高模量、高硬度的类石墨 $g-C_3N_4$。此外，在上层转移膜中还出现了晶格间距为 0.335nm 左右的短程有序

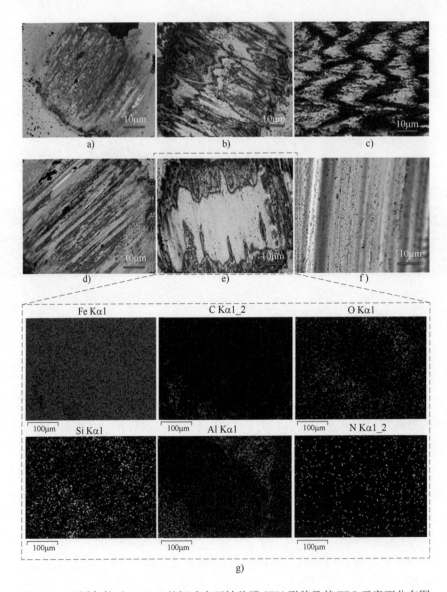

图 3-50　不同条件下 GF-TPI 的钢球表面转移膜 SEM 形貌及其 EDS 元素面分布图

a）室温、$FV=0.9\mathrm{N\cdot m/s}$　b）200℃、$FV=0.9\mathrm{N\cdot m/s}$　c）350℃、$FV=0.9\mathrm{N\cdot m/s}$

d）室温、$FV=0.5\mathrm{N\cdot m/s}$　e）200℃、$FV=0.5\mathrm{N\cdot m/s}$　f）350℃、$FV=0.9\mathrm{N\cdot m/s}$　g）EDS 元素面分布图

晶体结构，大于 $g\text{-}C_3N_4$ 的晶面间距，可能为石墨的（002）晶面，说明固体润滑剂石墨也嵌入转移膜的纳米结构。从以上分析可以看出，聚酰亚胺复合材料转移膜主要由 TPI、石墨、$g\text{-}C_3N_4$ 纳米颗粒以及相关的摩擦化学反应产物组成，反映出 $g\text{-}C_3N_4$ 在热固性聚酰亚胺复合材料的摩擦磨损过程中发挥了重要作用。

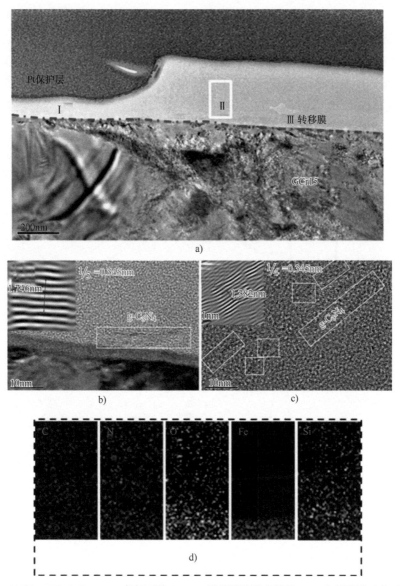

图 3-51　200℃、$FV=0.5$N·m/s 条件下的 AP-TPI 转移膜的纳米结构 TEM 分析以及元素面分布图

a) 连续转移膜　b)、c) 连续的层状结构　d) 元素面分布图

图 3-52 所示为 AP-TPI 在 200℃条件下形成的转移膜表面的 XPS 谱图。位于 723.0eV 的 Fe2p 峰归属于 Fe_2O_3，证实了前述 HR-TEM 的分析结果。C1s 的谱图可以拟合为位于 284.9eV、285.5eV、286.2eV 和 288.4eV 的 4 个峰，分别归属于 TPI 以及固体润滑剂中的 C—C、C—N、C—O 和 C ═O178。而 N1s 的拟合峰分别位于 398.7eV、400.0eV 和 401.3eV，对应于 g-C_3N_4 的 C—N ═C、N—（C）$_3$

以及C—N—H。此外，Si2p 谱图中位于 101.7eV 的峰证实转移膜中单原子硅的存在，而在 103.0eV 和 102.5eV 的峰分别对应于 Si—O 和 Si—N179。以上结果表明，在摩擦过程中除了有氧化物形成外，还伴随其他的摩擦化学反应发生。聚酰亚胺分子链中的活泼官能团与钢表面发生了摩擦化学反应，形成的摩擦反应膜能够保护摩擦副表面，这是添加石墨和 g-C$_3$N$_4$ 的 AP-TPI 复合材料具有更好的摩擦磨损性能的重要原因。

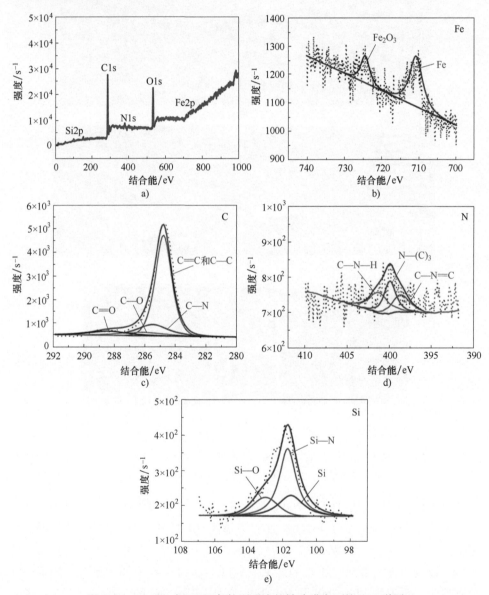

图 3-52　AP-TPI 在 200℃条件下形成的转移膜表面的 XPS 谱图

3.4.4　小结

1）类石墨相氮化碳（g-C_3N_4）的添加在一定程度上增大了热固性聚酰亚胺的摩擦系数，但其在高温区间（250~350℃）的耐磨性显著提高。添加 5%（质量分数）的 g-C_3N_4 的聚酰亚胺复合材料在 350℃时的磨损率低至 $7.29×10^{-7}mm^3/(N·m)$，显示出 g-C_3N_4 在高温条件下作为抗磨添加剂的潜力。

2）纤维增强及 g-C_3N_4 和石墨填充为设计高性能的热固性聚酰亚胺复合材料提供了新思路，其中纤维与树脂基体的界面结合、g-C_3N_4 的转移以及摩擦化学反应的发生是决定复合材料摩擦磨损性能的关键因素。

3）相较于碳纤维和玻璃纤维，芳纶纤维增强、g-C_3N_4 和石墨填充的热固性聚酰亚胺复合材料在室温到 350℃的范围内表现出较好的耐磨性，这与金属对偶表面形成的结合紧密的转移膜有关。环境温度对聚酰亚胺复合材料摩擦磨损的影响与复合材料表面抵抗剪切的能力下降和纤维的承载能力共同作用有关。

3.5　纳米 SiO_2 与类石墨相氮化碳（g-C_3N_4）对聚酰亚胺自润滑复合材料摩擦磨损性能的影响

3.5.1　引言

芳纶浆粕是通过对芳纶纤维进行表面原纤化处理得到的，其表面毛羽丰富、比表面积大，有利于在复合材料基体中的分散。此外，芳纶浆粕保留了芳纶的高强度、高模量、耐高温等优异特性，是一种优良的增强剂，非常适合作为增强纤维用于摩擦及密封产品中。本节以热固性聚酰亚胺为基体树脂，制备了芳纶浆粕增强、类石墨相氮化碳（g-C_3N_4，CN）填充的复合材料（见表 3-8），对比研究了石墨（Gr）和纳米 SiO_2 颗粒（SiO_2）在复合材料高温摩擦磨损过程中的作用机理，及其与芳纶浆粕和 g-C_3N_4 的耦合作用。研究成果对于深化纳米颗粒在高温摩擦接触界面的物理、化学作用具有重要意义。

表 3-8　不同聚酰亚胺复合材料的物理、化学及机械性能参数

材料	参数					
	AP（质量分数,%）	g-C_3N_4（质量分数,%）	SiO_2（质量分数,%）	GT（质量分数,%）	ρ/(g/cm^3)	HV/MPa
TPI	0	0	0	0	1.24	20.3±0.6
TPI/GT/AP/CN	15	5	0	10	1.28	27.2±1.0
TPI/SiO_2/AP/CN	15	5	1	0	1.35	32.4±1.2

3.5.2 芳纶浆粕增强、类石墨相氮化碳（g-C₃N₄）填充聚酰亚胺复合材料的摩擦磨损性能

以热固性聚酰亚胺基体树脂为参照，图 3-53 所示为不同温度下 TPI/SiO₂/AP/CN 以及 TPI/GT/AP/CN 的摩擦系数和磨损率。在室温到 350℃ 的温度范围内，TPI/GT/AP/CN 的摩擦系数较聚酰亚胺基体 TPI 有明显下降（350℃ 条件下除外），而 TPI/SiO₂/AP/CN 的摩擦系数仅在室温下略低于 TPI。就两种复合材料而言，相同条件下前者的摩擦系数始终低于后者，说明石墨赋予 TPI 复合材料更好的减摩性能。与此同时，石墨填充的 TPI 复合材料的磨损率在室温到 350℃ 的温度范围内均低于 TPI 基体，而纳米 SiO₂ 填充的 TPI 复合材料的磨损率仅在 350℃ 时略低于 TPI 基体，且始终高于石墨填充的 TPI 复合材料。尤其值得指出的是，石墨填充 TPI 复合材料的磨损率在室温到 250℃ 的温度范围内受温度影响很小，而纳米 SiO₂ 填充的 TPI 复合材料在室温到 100℃ 的范围内磨损率显著高于 TPI 基体和 TPI/GT/AP/CN。只有当环境温度达到 300℃ 及以上时，TPI/SiO₂/AP/CN 表现出与 TPI/GT/AP/CN 相当的耐磨性，但与 TPI 基体相比并没有明显的优势。可见，石墨填充的 TPI 复合材料在室温到 350℃ 的宽温域范围内表现出较好的摩擦磨损性能。

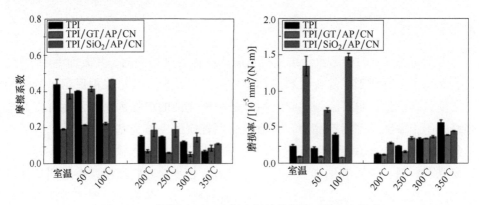

图 3-53　不同温度下 TPI 复合材料的摩擦系数与磨损率

图 3-54 所示为 TPI/SiO₂/AP/CN 在不同温度条件下的磨损表面形貌。在低于 100℃ 的环境温度下，TPI/SiO₂/AP/CN 的磨损表面存在划擦的痕迹，并有少量磨屑黏附在表面上（见图 3-54a～c），表明摩擦过程中主要发生了磨粒磨损，此时产生的磨屑易于脱离摩擦界面，导致复合材料的磨损率较高。当环境温度升高到 200℃ 时，复合材料表面在界面剪切力的反复作用下发生塑性变形，并诱

发微裂纹（见图 3-54d），此时疲劳磨损机理主导了其摩擦过程。随着环境温度继续升高，复合材料的磨损表面除了发生塑性变形、产生微裂纹外，还出现了微区熔融的迹象（见图 3-54e~g），后者在降低复合材料摩擦系数的同时，降低了其耐磨性。

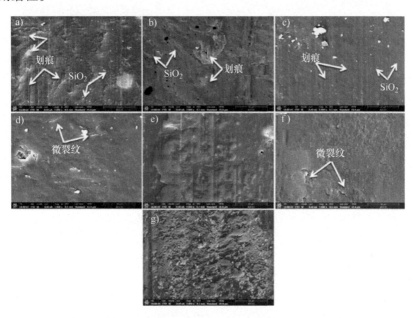

图 3-54　不同温度下的 $TPI/SiO_2/AP/CN$ 磨损样品的表面形貌

a) 室温　b) 50℃　c) 100℃　d) 200℃　e) 250℃　f) 300℃　g) 350℃

与 $TPI/SiO_2/AP/CN$ 的磨损表面形貌不同，在整个测试的温度范围内 $TPI/GT/AP/CN$ 的磨损表面上几乎看不到磨屑（见图 3-55）。在室温到 250℃ 的温度范围内，复合材料的磨损表面以塑性变形为主，并伴有微裂纹（见图 3-55a~e），表明主要发生了黏着磨损和疲劳磨损。随着环境温度继续升高，$TPI/GT/AP/CN$ 复合材料的磨损表面开始出现明显的划痕，这与其机械性能下降导致的抗剪切能力降低有关，在此情况下对偶表面微凸体的犁沟作用造成材料表面的损伤（见图 3-55f、g）。以上磨损表面形貌随温度的变化与其磨损率的变化趋势是一致的。

为了揭示纳米 SiO_2 和石墨对芳纶浆粕增强、$g\text{-}C_3N_4$ 填充聚酰亚胺复合材料转移行为的影响，对 $TPI/SiO_2/AP/CN$ 和 $TPI/GT/AP/CN$ 两种复合材料在对偶钢球表面形成的转移膜形貌进行了分析，如图 3-56 和图 3-57 所示。当温度不超过 100℃ 时，纳米 SiO_2 填充复合材料与钢球的接触面近似为椭圆形，形成的转

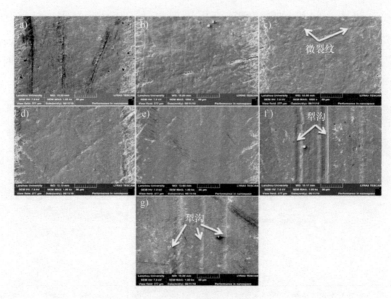

图 3-55 不同温度下的 TPI/GT/AP/CN 磨损样品的表面形貌

a）室温 b）50℃ c）100℃ d）200℃ e）250℃ f）300℃ g）350℃

移膜随着温度的升高逐渐变得不明显（见图 3-56a～c），由此造成复合材料的摩擦系数略有增大。在温度为 200℃时，复合材料与钢球表面的接触面形状变为近似的圆形，其内形成了均匀、连续的转移膜（见图 3-56d），此时复合材料的摩擦系数和磨损率显著降低。在温度达到和超过 250℃时，接触面的形状始终为近似的圆形，面内形成的转移膜在钢球顶部较薄，而滑动方向的前后端较厚（见图 3-56e～g），这是高温使得复合材料表面发生不同程度的软化，转移到钢球表面的材料被挤压所致。

对比图 3-56 和图 3-57 可以发现，TPI/GT/AP/CN 复合材料与钢球对摩时的接触面在室温到 250℃的宽温域范围内基本呈近似的圆形，并且接触面内均形成了明显的转移膜（见图 3-57a～e），这与其摩擦系数始终低于 TPI/SiO$_2$/AP/CN 复合材料是一致的。当温度达到 300℃和 350℃时，近似圆形的接触面变形为椭圆状，面内的转移膜在局部区域发生脱落，使得钢球表面暴露出来（见图 3-57f、g）。高温导致的复合材料表面抵抗剪切的能力下降及转移膜的大块脱落综合作用引起复合材料磨损率的增大。

如前所述，TPI/SiO$_2$/AP/CN 和 TPI/GT/AP/CN 复合材料的摩擦磨损性能在 200℃时发生转变，图 3-58 对该条件下的复合材料转移膜形貌及元素组成进行了进一步分析。TPI/SiO$_2$/AP/CN 形成的转移膜厚度不均，较厚的部分由塑性变形

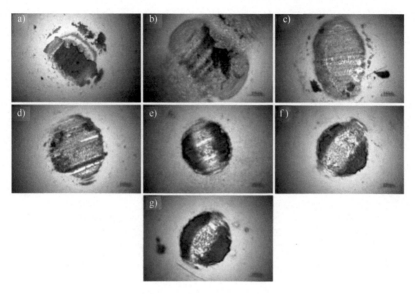

图 3-56　不同温度下的 TPI/SiO$_2$/AP/CN 钢球表面转移膜形貌

a) 室温　b) 50℃　c) 100℃　d) 200℃　e) 250℃　f) 300℃　g) 350℃

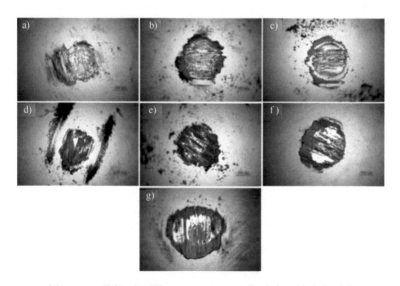

图 3-57　不同温度下的 TPI/GT/AP/CN 钢球表面转移膜形貌

a) 室温　b) 50℃　c) 100℃　d) 200℃　e) 250℃　f) 300℃　g) 350℃

的复合材料组成表面光滑的条带状，而大量被剪切碾压的碎片黏结在一起组成了相对较薄的部分（见图 3-58a）。与 SiO$_2$ 填充复合材料不同，石墨填充的 TPI 复合材料在对偶表面形成了整体上均匀、连续的转移膜（见图 3-58b），转移膜覆盖了钢球表面，在摩擦过程中能够有效抑制对偶对复合材料表面的损伤作用，也是复合材料摩擦系数显著降低的重要原因。EDS 元素分析表明，纳米 SiO_2 和石墨均参与了复合材料的转移过程，接下来利用离子束聚焦透射电子显微镜（FIB-TEM）对其纳米结构进行表征，并探讨其作用机制。

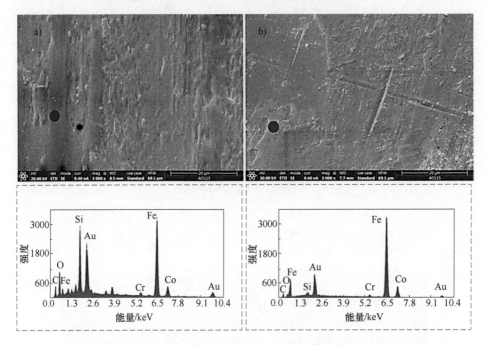

图 3-58　200℃下钢球表面样品 TPI/SiO_2/AP/CN 转移膜形貌以及转移膜形貌对应的 EDS 元素分析

a）转移膜形貌　b）转移膜形貌对应的 EDS 元素分析

　　图 3-59 所示为 TPI/SiO_2/AP/CN 和 TPI/GT/AP/CN 复合材料在 200℃的摩擦条件下形成的转移膜的纳米结构分析结果。TPI/SiO_2/AP/CN 摩擦过程中在对偶表面形成一层 100nm 厚的转移膜，该膜将对偶表面的沟壑填充，并与其紧密结合（见图 3-59a）。进一步的 HR-TEM 结构分析表明，上述转移膜中包含无定形二氧化硅（见图 3-59b 中白色圆圈标记），EDS 元素分析也揭示出转移膜中含有丰富的 Fe、Si、O 和 N 元素（见图 3-59c），说明复合材料中的部分 SiO_2 在摩擦过程中嵌入转移膜，后者赋予转移膜良好的承载能力。此外，转移膜中还存在大量的 C、N 和少量的 Fe 元素，说明 TPI/SiO_2/AP/CN 与金属基底发生了一定程度的摩擦化学反应。

　　在相同的温度和摩擦条件下，TPI/GT/AP/CN 复合材料在对偶钢球表面形成了厚度约为 50nm 的转移膜（见图 3-59e），其中与钢球表面的界面处存在厚度约为 2~3nm 的氧化层（见图 3-59f），根据前一部分试验证明其主要组成为氧化铁。此外，TPI/GT/AP/CN 的转移膜上存在少量晶面间距 d 约为 0.33nm 的短程有序结构（见图 3-59g），极有可能为石墨结构。由以上结果可知，在芳纶浆粕增强、g-C$_3$N$_4$ 填充的聚酰亚胺复合材料中引入的纳米 SiO$_2$ 在摩擦过程中嵌入转移膜，并赋予其良好的承载能力，从而有利于提高 TPI/SiO$_2$/AP/CN 复合材料的耐磨性；而在 TPI/GT/AP/CN 复合材料与对偶钢球的摩擦过程中，对偶表面的氧化、石墨的转移以及摩擦化学反应的发生共同作用，使得 TPI/GT/AP/CN 表现出良好的摩擦磨损性能。

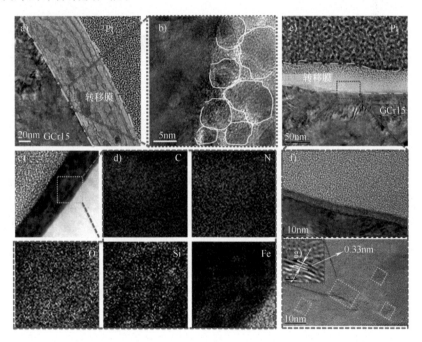

图 3-59　200℃下 TPI/SiO$_2$/AP/CN 复合材料形成的转移膜纳米结构以及 TPI/GT/AP/CN
复合材料形成的转移膜纳米结构以及相应的 EDS 元素分析
a)~c) TPI/SiO$_2$/AP/CN 形成的转移膜纳米结构　d) EDS 元素分析
e)~g) TPI/GT/AP/CN 形成的转移膜纳米结构

3.5.3　小结

1）相较于纳米 SiO$_2$，石墨在改善芳纶浆粕增强、类石墨相氮化碳（g-C$_3$N$_4$）填充聚酰亚胺复合材料的摩擦磨损性能方面更具优势。石墨和纳米 SiO$_2$ 填充的上述复合材料的摩擦系数在环境温度为 200℃时发生明显降低，而磨损率的变化趋势与石墨和纳米 SiO_2 的作用机制有关。

2）环境温度升高引起的芳纶浆粕增强、类石墨相氮化碳（$g\text{-}C_3N_4$）填充聚酰亚胺复合材料机械性能的降低改变了其与钢球对摩时的接触面形状及相应转移膜的特性，从而对其摩擦磨损性能产生影响。

3）纳米 SiO_2 填充的复合材料在摩擦过程中形成了富含 SiO_2 的转移膜，后者因其良好的承载能力有利于提高复合材料在较高温度下的耐磨性，而对偶表面的氧化和石墨的转移等物理、化学作用使得石墨相填充的复合材料表现出良好的摩擦磨损性能。

3.6 软金属 Ag-Mo 杂化改性聚酰亚胺自润滑复合材料的摩擦磨损行为及机理

3.6.1 引言

软金属 Ag 因其易流动性和良好的延展性，常被用作固体润滑剂用于宽温域自润滑涂层的设计。并且，Ag 可以与金属 Mo 发生高温氧化反应生成一系列银钼双元氧化物，有望成为新的高温润滑相。本节在前述热固性聚酰亚胺复合材料高温摩擦学性能研究的基础上，以碳纤维和芳纶纤维作为增强相，以 Ag-Mo 混合填料为润滑相，制备了热固性聚酰亚胺复合材料 TPI-1（见表 3-9）。为了实现摩擦过程中 Ag 和 Mo 之间的充分反应，在复合材料成型前，将 Ag 和 Mo 原料粉末在乙醇中高速搅拌，充分混合成 Ag-Mo 杂化填料。在摩擦磨损性能研究方面，重点考察了环境温度对聚酰亚胺杂化复合材料摩擦磨损性能的影响规律，探讨了 Ag-Mo 杂化填料在影响不同温度下复合材料摩擦磨损性能中的作用，以期为高温服役环境下聚酰亚胺基减摩抗磨复合材料的研制提供理论依据。

表 3-9 TPI 复合材料的不同组成及物理、机械性能

材料	组成及物理、机械性能					
	Ag（质量分数,%）	Mo（质量分数,%）	碳纤维（质量分数,%）	芳纶纤维（质量分数,%）	HV/MPa	$\rho/(g/cm^3)$
TPI	0	0	0	0	20.3±0.6	1.24
TPI-1	10	5	5	10	30.1±2.3	1.43

3.6.2　软金属 Ag-Mo 杂化改性聚酰亚胺复合材料的摩擦磨损性能

在研究碳纤维和芳纶纤维复合增强、Ag-Mo 杂化改性聚酰亚胺复合材料的摩擦磨损性能之前，对 Ag-Mo 杂化填料在复合材料中的分布进行了分析。图 3-60 所示为 TPI-1 断面的 SEM 形貌及相应的 EDS 元素面分布图，可以看出，来自复合材料中聚酰亚胺基体和 Ag-Mo 杂化填料的 C、N、O、Ag 和 Mo 等元素均匀地分布在复合材料的断面上，说明 Ag 和 Mo 在 TPI 基体中得到了充分的分散。

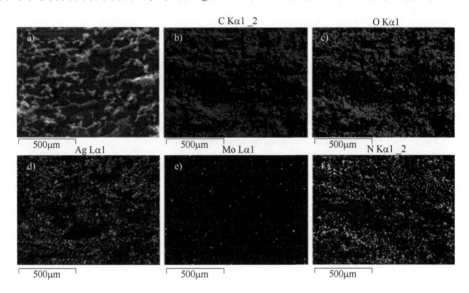

图 3-60　TPI-1 的断面的 SEM 形貌以及不同元素的 EDS 面分布
a）TPI-1 的断面形貌　b）~ f）C、O、Ag、Mo、N 元素的 EDS 面分布

图 3-61 所示为 Ag-Mo 杂化改性的聚酰亚胺复合材料的摩擦磨损性能测试结果。从图 3-61a 所示的聚酰亚胺复合材料的摩擦系数随着滑动距离的变化关系可以看出，在室温到 100℃ 的温度范围内，复合材料的摩擦系数从跑合阶段到稳定阶段的波动都很小，温度的继续升高（200 ~ 350℃）引起复合材料的摩擦系数出现明显的波动。通过对比复合材料在不同温度下的平均摩擦系数（见图 3-61b）可以发现，从室温到 100℃ 的温升对其摩擦系数几乎没有影响，这与碳纤维和芳纶纤维复合增强使其具有高的机械性能和耐温性有关。然而，在温度继续升高到 250℃ 的过程中，复合材料的摩擦系数经历显著增大又降低的变化（从 0.37 增大到 0.56，之后又降低到 0.24），这种显著变化反映了在温度影响下复合材料剪切强度降低和接触面积增大的共同作用。此后，温度继续升高导致复合材料的摩擦系数逐渐增大。值得注意的是，Ag-Mo 杂化改性的聚酰亚胺复合材料

的磨损率随着温度的变化趋势与摩擦系数的变化基本一致（见图 3-61b）。复合材料在不高于 100℃ 时的磨损率约为 $6×10^{-6}mm^3/(N·m)$，温度上升至 200℃ 导致其磨损率急剧增加一个数量级 ［约为 $2.47×10^{-5}mm^3/(N·m)$］。而在本研究的温度范围内，最大的磨损率出现在 350℃，其值约为 $9×10^{-5}mm^3/(N·m)$。因此，Ag-Mo 杂化改性的聚酰亚胺复合材料在不高于 100℃ 时表现出较高的耐磨性。

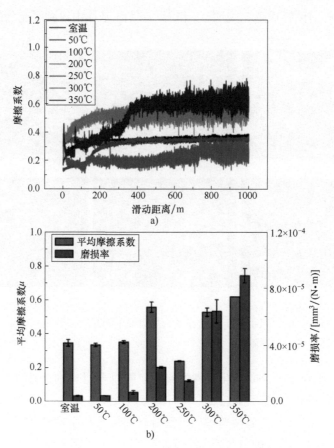

图 3-61　不同温度下 TPI-1 的摩擦系数曲线和平均摩擦系数及磨损率

a）不同温度下 TPI-1 的摩擦系数曲线　b）平均摩擦系数及磨损率

为了研究 Ag-Mo 杂化填料在聚酰亚胺复合材料中的作用机理，对不同温度下复合材料的磨损表面进行了 SEM 形貌及 EDS 元素分析。研究发现，复合材料在室温下的磨损表面上有磨屑黏附，并存在划痕（见图 3-62a）。随着环境温度升高到 50℃ 和 100℃，复合材料表面以及产生的磨屑被反复碾压形成大量塑性变形层（见图 3-62b、c）。当温度升高到 200℃ 时，磨损表面除了发生塑性变形外，还出现犁沟痕迹（见图 3-62d）。对该条件下磨损表面上磨屑的 EDS 元素分析表明其含有高硬度的 Mo 或其氧化物（见图 3-62g），后者导致复合材料磨损表面被划擦。在环境温度升高到 300℃时，磨损表面出现许多微裂纹（见图 3-62e），后者在 350℃时更加明显，并伴随着纤维与基体的界面失效（见图 3-62f），表明疲劳磨损在 300℃及更高温度下复合材料的摩擦过程中发挥了主要作用。EDS 元素分析除了发现 Ag-Mo 杂化填料与树脂基体的主要元素（C、O、Ag 和 Mo 等）外，部分来自对偶的 Fe 元素反向转移到复合材料磨损表面（见图 3-62h），后者可以归因于磨损表面上纤维与对偶的直接接触。

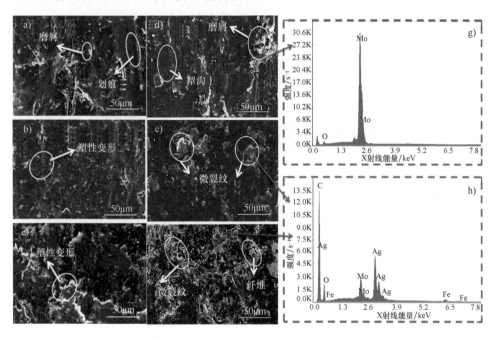

图 3-62　不同温度下 Ag-Mo 杂化改性聚酰亚胺复合材料的
磨损表面分析及相关区域的 EDS 元素分析

a）室温　b）50℃　c）100℃　d）200℃　e）300℃　f）350℃

g）磨屑的 EDS 元素分析　h）磨损表面的 EDS 元素分析

图 3-63 所示为不同温度下与复合材料对摩的钢球表面的转移膜 SEM 形貌及 EDS 元素面分布图。当摩擦试验发生在室温下时，钢球表面形成了十分光滑且连续的转移膜，在接触区外附着有少量的磨屑（见图 3-63a）。随着温度升高至 200℃，钢球表面的转移膜变得不连续，且表面上镶嵌有许多磨屑（见图 3-63b），这是该温度下复合材料的摩擦磨损性能发生转变的重要原因。EDS 元素面分布显示，上述转移膜中含有大量的 C、O、N 元素和一定量的 Ag、Mo 等元素

（见图 3-63d~i），说明 Ag-Mo 杂化填料与树脂基体一起转移到了对偶表面。当环境温度升高至 350℃ 时，对偶表面的转移膜相对粗糙，但没有明显的磨屑附着（见图 3-63c），这与复合材料表面发生明显的软化有关，也对应着较高的磨损率。

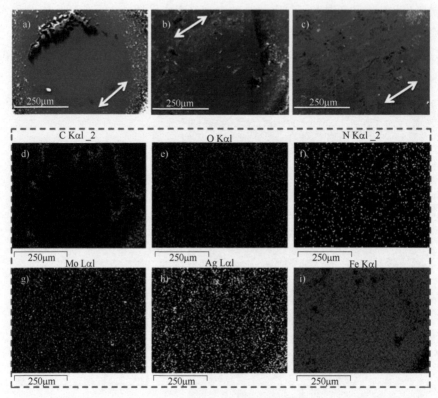

图 3-63　不同温度条件下的转移膜 SEM 形貌及 200℃ 磨损表面 EDS 元素面分布
a) 室温　b) 200℃　c) 350℃　d) C　e) O　f) N　g) Mo　h) Ag　i) Fe

　　如前所述，利用 Ag 和 Mo 发生化学反应形成银钼双元氧化物起到高温润滑的作用是本研究在复合材料组分设计方面的初衷，为了探讨两者在摩擦过程中是否发生了上述摩擦化学反应，采用拉曼光谱对不同温度下钢球表面形成的转移膜进行了分析，如图 3-64 所示。分析结果显示，在室温条件下摩擦形成的转移膜的拉曼光谱中位于 $895cm^{-1}$ 的指纹区出现 Ag_2MoO_4 的特征峰，说明 Ag-Mo 在摩擦过程中发生了摩擦氧化反应，而该特征峰在高温条件下的拉曼光谱中逐渐消失，这种变化与磨损表面 Ag 和 Mo 的扩散系数和迁移率密切相关。此外，高温条件下形成的转移膜的拉曼光谱中明显可见碳材料的 D 峰（$1365cm^{-1}$）和 G 峰（$1593cm^{-1}$），表明碳纤维在界面剪切作用下与摩擦烧结的 TPI 基体一起转移到对偶表面。需要指出的是，不同温度下形成的转移膜中碳材料的 D 峰与 G 峰的强度比（I_D/I_G）不同，室温、200℃ 和 350℃ 下，该比值分别为 0.795、0.96 和 0.89。由于 I_D/I_G 反映了碳材料的缺陷程度，上述比值的差异反映出不同温度条件下形成的转移膜的结构有所不同。与室温下的转移膜相比，高温条件下形成的转移膜表现出更多的无序和缺陷，这也是复合材料的摩擦磨损性能随着温度发生变化的原因，而位于 2800~2900 cm^{-1} 处的 D+G 特征峰的区别也反映了这一事实。图 3-64b 所示为 Ag-Mo 杂化改性热固性聚酰亚胺复合材料磨损表面的 XRD 图谱，其中位于 20° 左右的宽衍射峰归属于亚胺骨架中芳香杂环的强 π-π 堆积。除此之外，经过与 JCPDS No. 65-8428 和 JCPDS No. 42-1120 的卡片信息对比，检测到的高度有序结构为 Ag 和 Mo 的单相衍射峰，并没有新相出现，说明复合材料的磨损表面上不存在或无法检测到银钼氧化物，造成这一现象的原因可能是氧化产物随机散布在复合材料表面上的纤维之间。

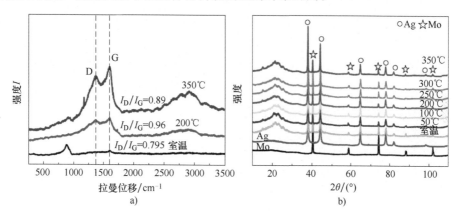

图 3-64　不同温度条件下的转移膜拉曼分析及磨损表面 XRD 分析

a）拉曼分析　b）XRD 分析

为了揭示转移膜的纳米结构，对 200℃ 条件下形成的转移膜进行了 TEM 分析，如图 3-65 所示。从图 3-65a 可以看出，钢球表面形成了均匀的转移膜，其厚度约为 500~1000nm。进一步对图 3-65a 中的区域 b 和 c 的 HR-TEM 分析表明，钢球表面在摩擦过程中被氧化生成 Fe 的氧化物（见图 3-65b 和图 3-65c），EDS 元素线扫描证明形成了连续的氧化铁层（见图 3-65e）。此外，在摩擦氧化层上方观察到了大量由转移的聚酰亚胺组成的非晶相（见图 3-65b 和图 3-65c 中的灰色相）和部分短程有序相（见图 3-65b 和图 3-65c 中的黑色相）。快速傅里叶变换分析方法证实后者对应于晶面间距为 0.235nm 的 Ag$_2$MoO$_4$（JCPDS 编号 08-0473，见图 3-65c 插图），图 3-65d 所示的电子衍射分析也证实转移膜中出现

Ag_2MoO_4 的清晰衍射点，分别对应于晶面（$3\bar{1}\bar{1}$）和（400）（JCPDS 编号 08-0473）。尽管转移膜中 Ag_2MoO_4 的存在可使复合材料具有更好的摩擦学性能，热固性聚酰亚胺基体与 Ag-Mo 之间较差的黏合力限制了其对聚酰亚胺复合材料摩擦学性能的改善。

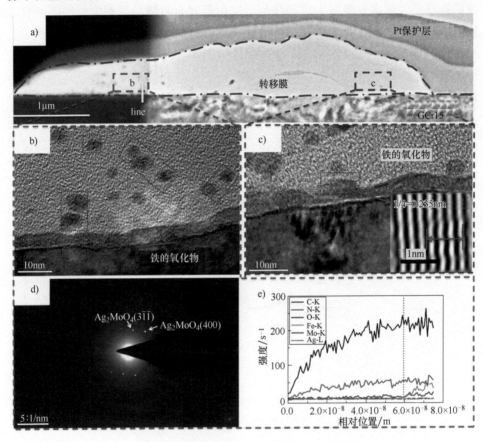

图 3-65　200℃ 条件下的转移膜 TEM 分析

a）转移膜 TEM 图像　b）b 区域的高倍 TEM 图像　c）c 区域的高倍 TEM 图像

d）b 区域的 SAED 图像　e）a）图中用竖线表示区域的 EDXS 线扫描

　　基于上述分析结果，我们提出了热固性聚酰亚胺复合材料形成转移膜的机理，如图 3-66 所示。在摩擦过程中，对偶钢球表面发生氧化生成一层 Fe 的氧化物，继而热固性聚酰亚胺基体中的 Ag 和 Mo 在垂直或水平于磨损表面的方向上扩散，并在往复应力和热驱动下转移到对偶表面，并被氧化为 Ag_2MoO_4。与此同时，聚酰亚胺基体在高温及摩擦热的作用下被摩擦烧结形成富含碳的物质，后者与 Ag_2MoO_4 在反复的剪切力作用下混合在一起，并黏附在钢球表面。结合转移膜的形貌和化学组成分析，在室温摩擦过程中，转移膜中被摩擦烧结的聚酰亚胺基体较少，形成的转移膜较薄，其中掺杂的 Ag_2MoO_4 能够更好地发挥其减摩抗磨特性，使得复合材料表现出较好的摩擦磨损性能。相比之下，聚酰亚胺基体在高温摩擦条件下更大程度地被摩擦烧结，而 Ag_2MoO_4 在靠近对偶表面的区域优先生成，靠近接触界面的表面部分的组成以转移的碳纤维和被烧结的聚酰亚胺基体为主，抑制了 Ag_2MoO_4 减摩抗磨作用的发挥。同时，高温导致复合材料表面机械性能下降，复合材料的磨损率明显增大。

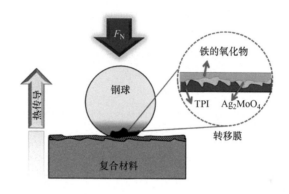

图 3-66　不同温度条件下的转移膜结构推断

3.6.3　小结

1）Ag-Mo 杂化填料在不高于 100℃的环境温度下有助于提高热固性聚酰亚胺复合材料的摩擦磨损性能，温度继续升高不仅使得复合材料摩擦过程中的摩擦系数波动加剧，而且导致其耐磨性降低。

2）摩擦过程中 Ag-Mo 杂化填料被氧化成 Ag_2MoO_4，后者减摩抗磨性能的发挥与转移膜的结构密切相关。其在室温条件下形成的较薄的转移膜中能够更有效地发挥作用，而高温条件下靠近接触界面的转移膜区域以转移的碳纤维和被烧结的聚酰亚胺基体为主，不利于 Ag_2MoO_4 减摩抗磨作用的发挥。

参 考 文 献

［1］ FUSARO R L. Molecular relaxations，molecular orientation and the friction characteristics of polyimide films ［J］. A S L E Transactions，1977，20（1）：1-14.

［2］ FUSARO R L. Tribological properties and thermal stability of various types of polyimide films ［J］. A S L E Transactions，1982，25（4）：465-477.

［3］ CHITSAZ-ZADEH M R，EISS N S. Friction and wear of polyimide thin films ［J］. Wear，

1986, 110 (3-4): 359-368.

[4] JONES J W, EISS N S. Effect of chemical structure on the friction and wear of polyimide thin films [J]. ACS Symposium Series, 1985, 287: 135-148.

[5] SU L M, TAD L M, WANG T M, et al. Tribological behavior of fluorinated and nonfluorinated polyimide films [J]. Journal of Macromolecular Science, Part B, 2012, 51 (11): 2222-2231.

[6] TIAN J S, WANG H Y, HUANG Z Y, et al. Investigation on tribological properties of fluorinated polyimide [J]. Journal of Macromolecular Science, Part B, 2010, 49 (4): 791-801.

[7] MAEDA N, CHEN N, TIRRELL M, et al. Adhesion and friction mechanisms of polymer-on-polymer surfaces [J]. Science, 2002, 297 (5580): 379-382.

[8] WANG Y M, WANG T M, WANG Q H. Effect of molecular weight on tribological properties of thermosetting polyimide under high temperature [J]. Tribology International, 2014, 78: 47-59.

[9] 管月. 主链含吡啶杂环结构聚酰亚胺的合成及性能研究 [D]. 长春: 吉林大学, 2015.

[10] CHANG K C, LU H I, PENG C W, et al. Nanocasting technique to prepare lotus-leaf-like superhydrophobic electroactive polyimide as advanced anticorrosive coatings [J]. ACS Applied Materials & Interfaces, 2013, 5 (4): 1460-1467.

[11] ZHANG C H, SU G D, CHEN H, et al. Synthesis of polyimides with low viscosity and good thermal properties via copolymerization [J]. Journal of Applied Polymer Science, 2015, 132 (3).

[12] CHEN J S, JIA J H, ZHOU H D, et al. Tribological behavior of short-fiber-reinforced polyimide composites under dry-sliding and water-lubricated conditions [J]. Journal of Applied Polymer Science, 2010, 107 (2): 788-796.

[13] PAPADIMITRIOU K D, PALOUKIS F, NEOPHYTIDES S G, et al. Cross-linking of side chain unsaturated aromatic polyethers for high temperature polymer electrolyte membrane fuel cell applications [J]. Macromolecules, 2011, 44 (12): 4942-4951.

[14] HERGENROTHER P M, CONNELL J W, SMITH J G. Phenylethynyl containing imide oligomers [J]. Polymer, 2000, 41 (13): 5073-5081.

[15] LI T S, TIAN J S, HUANG T, et al. Tribological behaviors of fluorinated polyimides at different temperatures [J]. Journal of Macromolecular Science, Part B, 2011, 50 (5): 860-870.

[16] YANG J, ZHANG H T, CHEN B B, et al. Fabrication of the g-C_3N_4/Cu nanocomposite and its potential for lubrication applications [J]. RSC Advances, 2015, 5 (79): 64254-64260.

[17] ZHU L, WANG Y, HU F, et al. Structural and friction characteristics of g-C_3N_4/PVDF composites [J]. Applied Surface Science, 2015, 345: 349-354.

[18] ZHANG L G, QI H M, LI G T, et al. Significantly enhanced wear resistance of PEEK by sim-

ply filling with modified graphitic carbon nitride [J]. Materials & Design, 2017, 129: 192-200.

[19] ZHU L, YOU L J, SHI Z X, et al. An investigation on the graphitic carbon nitride reinforced polyimide composite and evaluation of its tribological properties [J]. Journal of Applied Polymer Science, 2017, 134 (41): 45403.

[20] BOJDYS M J, MÜLLER J O, ANTONIETTI M, et al. Ionothermal synthesis of crystalline, condensed, graphitic carbon nitride [J]. Chemistry A European Journal, 2008, 14 (27): 8177-8182.

[21] YAN S C, LI Z S, ZOU Z G. Photodegradation performance of g-C_3N_4 fabricated by directly heating melamine [J]. Langmuir, 2009, 25 (17): 10397-10401.

[22] LOTSCH B V, DÖBLINGER M, SEHNERT J, et al. Unmasking melon by a complementary approach employing electron diffraction, solid-state NMR spectroscopy, and theoretical calculations—structural characterization of a carbon nitride polymer [J]. Chemistry A European Journal, 2007, 17 (13): 4969-4980.

[23] SAMYN P, BAETS P D, VANCRAENENBROECK J, et al. Postmortem raman spectroscopy explaining friction and wear behavior of sintered polyimide at high temperature [J]. Journal of Materials Engineering and Performance, 2006, 15 (6): 750-757.

[24] BOITTIAUX V, BOUCETTA F, COMBELLAS C, et al. Surface modification of halogenated polymers: 3. Influence of additives such as alkali cations or nucleophiles on the magnesium reductive treatment of polytetrafluoroethylene [J]. Polymer, 1999, 40 (8): 2011-2026.

[25] KHEDKAR J, NEGULESCU I, MELETIS E I. Sliding wear behavior of PTFE composites [J]. Wear, 2002, 252 (5-6): 361-369.

[26] ZHOU F, WANG X L, ADACHI K, et al. Influence of normal load and sliding speed on the tribological property of amorphous carbon nitride coatings sliding against Si_3N_4 balls in water [J]. Surface and Coatings Technology, 2008, 202 (15): 3519-3528.

[27] GRILL A. Tribology of diamondlike carbon and related materials: an updated review [J]. Surface and Coatings Technology, 1997, 94-95: 507-513.

[28] ZHANG L G, QI H M, LI G T, et al. Significantly enhanced wear resistance of PEEK by simply filling with modified graphitic carbon nitride [J]. Materials & Design, 2017, 129: 192-200.

[29] GUO L H, LI G T, GUO Y X, et al. Extraordinarily low friction and wear of epoxy-metal sliding pairs lubricated with ultra-low sulfur diesel [J]. ACS Sustainable Chemistry & Engineering, 2018, 6 (11): 15781-15790.

[30] CHE Q L, ZHANG G, ZHANG L G, et al. Switching brake materials to extremely wear-resistant self- lubrication materials via tuning interface nanostructures [J]. ACS Applied Materials & Interfaces, 2018, 10 (22): 19173-19181.

[31] CHEN J, AN Y L, YANG J, et al. Tribological properties of adaptive NiCrAlY-Ag-Mo coatings prepared by atmospheric plasma spraying [J]. Surface and Coatings Technology, 2013, 235 (25): 521-528.

[32] MURATORE C, VOEVODIN A A, HU J J, et al. Multilayered YSZ-Ag-Mo/TiN adaptive tribological nanocomposite coatings [J]. Tribology Letters, 2006, 24 (3): 201-206.

[33] ALLAM I M. Solid lubricants for applications at elevated temperatures [J]. Journal of Materials Science, 1991, 26 (15): 3977-3984.

[34] GULBI ŃSKI W, SUSZKO T. Thin films of MoO_3-Ag_2O binary oxides—the high temperature lubricants [J]. Wear, 2006, 261 (7-8): 867-873.

[35] ZHU J J, XU M, YANG W L, et al. Friction and wear behavior of an Ag-Mo Co-implanted GH4169 alloy via ion-beam-assisted bombardment [J]. Coatings, 2017, 7 (11): 191.

[36] GAO L F, WEN T, XU J Y, et al. Iron-doped carbon nitride-type polymers as homogeneous organocatalysts for visible light-driven hydrogen evolution [J]. ACS Applied Materials & Interfaces, 2016, 8 (1): 617-624.

[37] LIU Y, ERDEMIR A, MELETIS E I. A study of the wear mechanism of diamond-like carbon films [J]. Surface and Coatings Technology, 1996, 82 (1-2): 48-56.

[38] CHEN J, ZHAO X Q, ZHOU H D, et al. HVOF-sprayed adaptive low friction NiMoAl-Ag coating for tribological application from 20 to 800℃ [J]. Tribology Letters, 2014, 56: 55-66.

第 **4** 章

极端条件下聚酰亚胺的摩擦磨损性能

4.1 热塑性聚酰亚胺合金的制备及其低温摩擦磨损性能

4.1.1 引言

一般将温度在 120K 以下的环境称为低温环境，温度低于 0.3K 的称为超低温环境。目前低温固体润滑技术主要集中在空间以及超导领域，如超导装置、空间红外探测器以及液体火箭发动机燃料泵中的流量阀、各种端面密封、径向密封及滑动和滚动轴承等。由于受温度限制，在低温或者超低温环境下服役的运动部件无法采用油脂润滑而只能采用固体润滑。在低温环境下应用较多的固体润滑剂主要有石墨、MoS_2、PTFE 及软金属 Ag 等，而聚酰亚胺因其优异的耐高低温性能是可以用于低温环境的聚合物的代表，通过低温固体润滑剂改善摩擦磨损性能为服役于低温环境的聚合物润滑材料的设计提供了思路。

在热塑性聚酰亚胺中，PMDA 型聚酰亚胺表现出优异的耐温性能，但较差的韧性和加工性限制了它的开发和应用。与之不同的是，单醚酐型聚酰亚胺（YS-20）分子链中独特的芳香亚胺和苯环使其具有高刚性、高强度和高耐热性，而醚键部分则赋予聚酰亚胺链段足够的柔性，使其熔融流动性好、易加工成型。本节利用优势互补的思路，首先制备了热塑性聚酰亚胺合金，研究了其在低温条件下的摩擦磨损性能，并在此基础上考察了芳纶纤维增强、石墨和 PTFE 填充对聚酰亚胺合金摩擦磨损的影响，研究结果对于低温环境下服役的聚酰亚胺基运动部件的研发具有指导意义。

4.1.2 热塑性聚酰亚胺合金及其复合材料的制备和物理、机械性能

首先利用两步法制备了均苯型聚酰亚胺（PPI）模塑粉，其合成步骤如

图 4-1a 所示，具体过程如下：将均苯四甲酸二酐（PMDA）与 4，4′-二氨基二苯醚（4，4′-ODA）溶解于 NMP 中，反应得到聚酰胺酸（PAA）溶液；随后加入甲苯（溶剂与甲苯的体积比为 10∶1），利用甲苯与水的共沸作用，降低水的沸点从而除去亚胺化产生的水，析出沉淀；最后抽滤、洗涤、干燥得到橙红色聚酰亚胺模塑粉（见图 4-1b）。

为了制备热塑性聚酰亚胺合金，将不同比例的 YS-20 和 PPI 粉末（见表 4-1）球磨混合 24h，并且每间隔 30min 调整一次旋转方向，以达到分子链间的共混。研究发现，当 YS-20 的含量少于 50%（质量分数）时，共混物很难热压成型，并且共混物中 PPI 模塑粉的含量越少，越容易模压成型。可见，YS-20 和 PPI 模塑粉共混最适宜的质量比例为 70%∶30%~80%∶20% 之间，本研究选择共混比例为 75%∶25% 的共混物为研究对象。在 PPI 和 YS-20 共混复合材料（命名为 PPI&YS-20）中，芳纶纤维的含量固定为 15%（质量分数），分别添加 10%（质量分数）PTFE 和石墨的复合材料分别命名为 P-PPI&YS-20 和 G-PPI&YS-20。

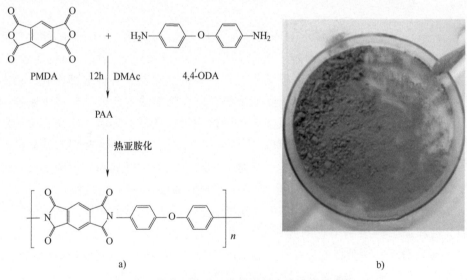

图 4-1　均苯型聚酰亚胺模塑粉合成步骤及实物

a）合成步骤示意图　b）均苯型聚酰亚胺模塑粉实物

表 4-1　不同 YS-20 和 PPI 共混型聚酰亚胺模塑粉的组成比例

共混型聚酰亚胺	PI-1	PI-2	PI-3	PI-4	PI-5
YS-20（质量分数,%）	100	75	50	25	0
PPI（质量分数,%）	0	25	50	75	100
热模压成型	√	√	×	×	×

以 YS-20 的机械性能为参照，表 4-2 列出了 PPI&YS-20 合金的部分机械性能，可以看出 PPI&YS-20 合金的拉伸强度和抗弯强度略低于 YS-20，但是复合材料的韧性明显提高。此外，PPI&YS-20 合金的玻璃化转变温度（T_g）明显高于 YS-20，说明 PPI 和 YS-20 合金化发挥了 PPI 耐高温的优势，符合优势互补的设计原则。

表 4-2　PPI&YS-20 聚酰亚胺合金的机械性能

项目	T_g/℃	拉伸强度/MPa	弹性模量/GPa	断裂伸长率（%）	抗弯强度/MPa	弯曲模量/GPa
PPI&YS-20	301	117.5±0.84	1.65±0.06	7.68±0.14	123.7±24.3	1.58±0.32
YS-20	260	130	—	7.0	131	3.35

图 4-2 所示为 PPI&YS-20 聚酰亚胺合金的损耗因子和储能模量随温度的变化情况。从图 4-2 可以看出，PPI&YS-20 合金在 301℃、101℃和−94.9℃存在三个转变温度。其中，301℃对应于聚酰亚胺的玻璃化转变（α 转变），而 101℃和−94.9℃分别归属于聚酰亚胺的 β 和 γ 松弛。前者为聚酰亚胺链段开始运动的温度，后两者分别为组成聚酰亚胺的二胺及二酐部分的运动和苯基的振动。从模量随温度的变化来看，聚酰亚胺合金在低温时的储能模量很高，即刚性很强。在 β 松弛温度，其储能模量大幅度下降为原来的 1/2 左右。温度继续升高至玻璃化转变温度以上时，PPI&YS-20 合金完全丧失其机械强度。基于以上分析，本研究选定的真空低温摩擦测试温度分别为 123K（−150℃）、173K（−100℃）、210K（−65℃）、220K（−55℃）、230K（−45℃）和 298K（室温）。

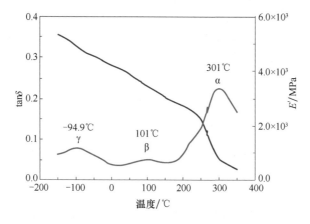

图 4-2　PPI&YS-20 聚酰亚胺合金的损耗因子（tanδ）和储能模量（E'）随温度的变化情况

表 4-3 列出了芳纶纤维增强、PTFE 和石墨填充的 PPI&YS-20 复合材料的机械性能。填充芳纶纤维和固体润滑剂之前，PPI&YS-20 合金材料的机械强度较高，断裂伸长率较大，而模量较低。纤维和固体润滑剂的添加明显增大了其模量，但使得复合材料的强度和断裂伸长率降低。相较于添加 PTFE 的复合材料（P-PPI&YS-20），芳纶纤维增强、石墨填充的复合材料（G-PPI&YS-20）的拉伸和弯曲性能（强度和模量）均较高，这与固体润滑剂和增强纤维与树脂基体的界面结合有关。

表 4-3　不同组成的 PPI&YS-20 复合材料机械性能对比

项目	拉伸强度/MPa	弹性模量/GPa	断裂伸长率（%）	抗弯强度/MPa	弯曲模量/GPa
PPI&YS-20	117.5±0.84	1.65±0.06	7.68±0.14	123.7+24.3	1.58±0.32
P-PPI&YS-20	27.1±3.0	2.41±0.57	1.01±0.16	51.5±0.89	2.09±0.76
G-PPI&YS-20	29.8±2.9	2.45±0.27	0.92±0.18	65.2±7.7	3.15±0.47

4.1.3　热塑性聚酰亚胺合金在低温下的摩擦磨损性能

低温摩擦学性能测试在中国科学院兰州化学物理研究所的超低温摩擦磨损试验机（见图 4-3）上进行，接触构型为球-盘模式，测试过程中真空度保持在 $1×10^{-6}$ Pa。

图 4-3　球-盘接触模式超低温摩擦磨损试验机结构示意图

图 4-4 所示的低温对 PPI&YS-20 合金的摩擦系数和磨损率的影响，可以看出，合金材料在 123K 时的摩擦系数为 0.135，而随着温度升高到 173K，摩擦系数骤降到 0.015。此后，摩擦系数稳定在该水平，直到温度升高到 230K。当温度升高到 298K 时，摩擦系数增大到 0.025。与摩擦系数随温度的变化趋势有所不同，PPI&YS-20 合金在 123K 和 173K 下的磨损率基本相同，约为 $2.18×10^{-5}$ mm^3/(N·m)。当温度继续升高至 210K 及以上时，合金材料的磨损率显著降低，直到 298K 的

范围内，磨损率均低于 $1.0\times10^{-5}\,\mathrm{mm^3/(N\cdot m)}$。可见，低温环境对 PPI&YS-20 合金的摩擦系数和磨损率的影响规律有所不同，反映出聚酰亚胺合金材料在低温下的摩擦行为和磨损行为不是一一对应的。

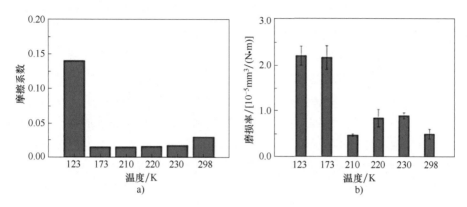

图 4-4　不同低温条件下的摩擦系数和磨损率

a）摩擦系数　b）磨损体积

为了探究 PPI&YS-20 合金在不同低温条件下的摩擦磨损机理，对合金材料的磨损表面进行了分析，其 SEM 形貌如图 4-5 所示。可以看出，123K 条件下的磨损表面存在少量的刮擦痕迹，并伴有部分塑性变形，表明磨粒磨损在合金材料的摩擦过程中发挥了重要作用。随着环境温度升高至 173K，合金材料的磨损表面被明显的塑性变形层覆盖，磨损过程以黏着磨损为主。在 210~230K 之间，合金材料的磨损表面上出现大量片状的塑性变形层，后者由磨屑在摩擦界面被反复剪切、碾压所致，在上述过程中界面黏着和剪切主导了合金材料的摩擦过

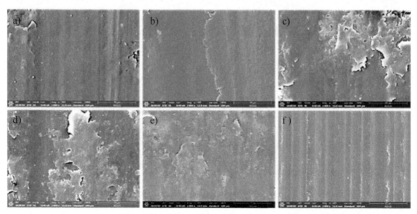

图 4-5　不同低温条件下的磨损表面 SEM 形貌

a）123K　b）173K　c）210K　d）220K　e）230K　f）298K

程。然而，当环境温度升高至室温（298K），合金材料的磨损表面形貌发生了显著改变，其上出现了大量的犁沟，与此同时合金材料表面发生了塑性变形，此种情况下伴随塑性变形的磨粒磨损为主要的磨损机理。

图 4-6 所示为与不同低温条件下与 PPI&YS-20 合金对摩的钢球的表面形貌，很明显，在所研究的温度范围内钢球表面均形成了转移膜，且转移膜内可见平行于滑动方向的沟壑状结构。值得注意的是，尽管 123K 和 173K 下合金材料的磨损率基本相同，摩擦过程中合金材料与对偶表面的接触区形状明显不同（见图 4-6a 和图 4-6b），这种转变与 173K 下合金材料发生 γ 松弛有关。结合图 4-5a 和图 4-5b 所示的磨损表面形貌，在该温度范围内，合金材料生成的磨屑在摩擦过程中易于脱离接触界面，从而造成较高的磨损率。其后，随着温度升高，合金材料与对偶的接触面形状基本保持不变，磨屑在界面上被反复碾压、剪切，最终在合金材料表面形成塑性变形层，相应地，在对偶表面形成较薄的转移膜（见图 4-6c~e）。当温度升高到室温时，尽管对偶表面形成了一层薄的转移膜（见图 4-6f），此时界面摩擦热的作用变得更加明显，导致其抵抗对偶擦伤的能力下降，磨损表面出现犁沟。

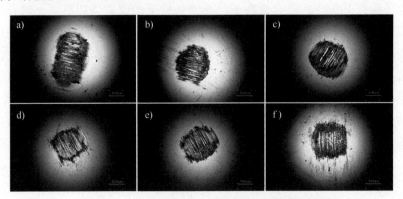

图 4-6　不同低温条件下的钢球表面转移膜形貌
a)　123K　b)　173K　c)　210K　d)　220K　e)　230K　f)　298K

4.1.4　石墨与 PTFE 对热塑性聚酰亚胺合金低温摩擦磨损性能的改性作用

图 4-7 比较了 G-AF-PPI&YS-20 和 P-AF-PPI&YS-20 复合材料在不同低温条件下与 GCr15 钢球对摩时的摩擦系数和磨损率。从图 4-7a 可以看出，G-AF-PPI&YS-20 复合材料的摩擦系数在 123~298K 的温度范围内均高于 P-AF-PPI&YS-20，说明填充 PTFE 能够更有效地降低芳纶纤维增强 PPI&YS-20 复合材

料在低温条件下的摩擦系数。值得注意的是，G-AF-PPI&YS-20 复合材料的摩擦系数几乎不受低温环境的影响，而 P-AF-PPI&YS-20 除 123K 和 210K 条件外，摩擦系数也基本稳定，且稳定值仅为 G-AF-PPI&YS-20 复合材料的 30%左右。从耐磨性的角度来说，除 210K 条件外，P-AF-PPI&YS-20 复合材料的磨损率均低于 G-AF-PPI&YS-20。尤其值得指出的是，在 220～298K 的范围内，前者的磨损率约为后者的 30%，且在 173～298K 的范围内相对稳定。

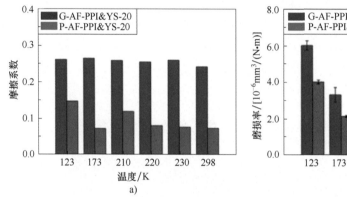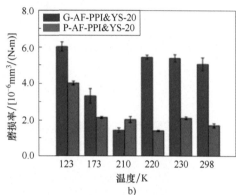

图 4-7　不同低温条件下 G-AF-PPI&YS-20 与 P-AF-PPI&YS-20 的摩擦系数和磨损率

a）摩擦系数　b）磨损率

图 4-8 所示为不同低温条件下 P-AF-PPI&YS-20 与 GCr15 钢球对摩后的磨损表面形貌照片。复合材料在 123K 温度条件下的磨损表面被大片的塑性变形层覆盖，其上黏附有少量小碎片状变形层（见图 4-8a）。相比之下，173～298K 温度条件下形成的磨损表面上存在大量堆叠在一起的小碎片状变形层（见图 4-8b～f）。结合前述摩擦系数和磨损率随低温温度的变化，可以推断 123K 温度条件下相对光滑的磨损表面与小碎片状变形层的脱落有关，后者部分脱离界面，部分转移到对偶表面，形成较厚的转移膜（见图 4-9a），这与该条件下复合材料的磨损率较高是一致的。而小碎片状变形层在磨损表面的堆叠黏附源于磨屑在接触界面被反复剪切和碾压，在此情况下只有少量材料转移到钢球表面，从而导致形成的转移膜很薄（见图 4-9b～f）。尽管如此，上述薄而均匀的转移膜覆盖对偶表面后，对偶对复合材料表面的划擦作用被抑制，使得复合材料表现出较低的摩擦系数和磨损率。

为了比较 PTFE 与石墨填充对芳纶纤维增强的 PPI&YS-20 复合材料摩擦磨损性能的影响机理，接下来对 G-AF-PPI&YS-20 的磨损表面及对偶钢球表面进行形貌分析，分别如图 4-10 和图 4-11 所示。与 P-AF-PPI&YS-20 的磨损表面形貌明

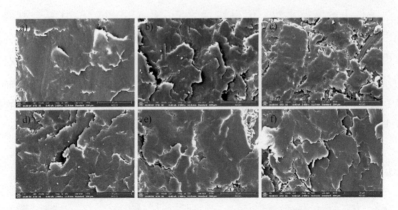

图 4-8　不同低温条件下 P-AF-PPI&YS-20 的磨损表面形貌

a) 123K　b) 173K　c) 210K　d) 220K　e) 230K　f) 298K

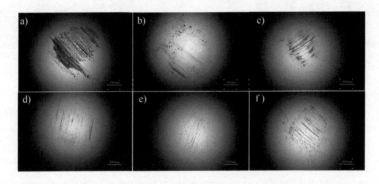

图 4-9　不同低温条件下的钢球表面转移膜形貌

a) 123K　b) 173K　c) 210K　d) 220K　e) 230K　f) 298K

显不同，G-AF-PPI&YS-20 在不同低温条件下的磨损表面十分光滑，整个接触面被连续的塑性变形层覆盖，仅在某些区域出现微裂纹（见图 4-10a~f），说明塑性变形和疲劳磨损主导了复合材料的摩擦过程。尽管低温条件对 G-AF-PPI&YS-20 复合材料的磨损表面形貌没有产生显著的影响，与其对摩的钢球表面形貌存在明显的差异（见图 4-11）。如图 4-11a 和图 4-11b 所示，在 123K 和 173K 温度条件下，复合材料与钢球对摩时的近似椭圆形接触面的长半轴与短半轴之比较小，接触区内转移膜较厚，且有磨屑堆积。当温度升高至 210K 时，椭圆形接触面的长半轴与短半轴之比增大，接触区域内的转移膜变得均匀、连续（见图 4-11c），使得复合材料表现出最低的磨损率。随着温度继续升高至 220K 及以上，椭圆形接触面变扁，转移膜上出现平行于滑动方向的沟壑结构，对复合材料表面的损伤作用增大，致使其磨损率升高（见图 4-11d~f）。

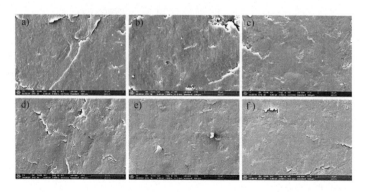

图 4-10　不同低温条件下 G-AF-PPI&YS-20 的磨损表面形貌

a）123K　b）173K　c）210K　d）220K　e）230K　f）298K

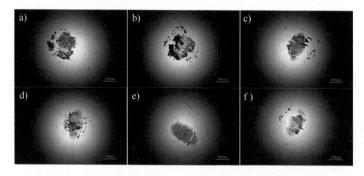

图 4-11　不同低温条件下 G-AF-PPI&YS-20 的钢球表面转移膜形貌

a）123K　b）173K　c）210K　d）220K　e）230K　f）298K

如上所述，尽管 G-AF-PPI&YS-20 复合材料与钢球对摩时的接触面形状和大小受低温的影响，复合材料的摩擦系数主要取决于接触面的实际面积和界面剪切强度，后者受对偶表面形成的转移膜的厚度及其对对偶表面覆盖程度的影响。随着温度升高，摩擦热的影响逐渐增大，复合材料接触面的形状和界面剪切强度随之发生变化。以上因素共同作用，使得 G-AF-PPI&YS-20 复合材料在 123~298K 的范围内表现出相近的摩擦系数。

4.1.5　小结

1）均苯型聚酰亚胺（PPI）与单醚酐型聚酰亚胺（YS-20）形成聚合物合金后，材料的韧性和玻璃化转变温度明显提高，实现了优势互补。

2）低温环境下界面摩擦热对聚酰亚胺合金的影响被削弱，温度对聚酰亚胺合金摩擦磨损的影响与接触面内磨屑经受的剪切、碾压作用密切相关。在 123~173K

范围内,磨屑易于脱离摩擦界面,使得复合材料的耐磨性较低。在 210K 到室温之间,磨屑形成塑性变形层黏附在磨损表面上,复合材料的耐磨性较好。

3)相较于石墨固体润滑剂,填充 PTFE 的芳纶纤维增强 PPI&YS-20 复合材料在低温条件下表现出更低的摩擦系数和磨损率,这与复合材料在对偶钢球表面形成薄而均匀的转移膜有关。

4)石墨填充的芳纶纤维增强 PPI&YS-20 复合材料与钢球对摩时的接触面形状和接触区内转移膜的形貌受低温温度的影响明显。随着温度升高,复合材料接触面的形状和界面剪切强度随之发生变化,是决定复合材料在不同低温条件下摩擦系数的重要因素。

4.2 低地球轨道原子氧辐照对类石墨相氮化碳（g-C_3N_4）改性聚酰亚胺复合材料高温摩擦磨损性能的影响

4.2.1 引言

原子氧（Atomic Oxygen）是由波长小于 243nm 的太阳紫外光离解低地球轨道环境中的残余氧分子而形成的。原子氧是低地球轨道最重要、最危险的环境因素,能够对长期运行在低地球轨道环境中的空间站、载人飞船、卫星等空间飞行器的材料造成严重的损伤,影响航天器的可靠运行。研究表明,原子氧辐照造成聚酰亚胺自润滑复合材料中的聚合物基体分子链发生断裂、交联和新化学结构的形成,极大地改变了其表面结构和性能,从而影响复合材料的摩擦磨损性能。此外,原子氧极易造成复合材料中固体润滑剂的氧化,致使其润滑性能下降,甚至失效。因此,研究固体润滑剂在原子氧环境中的失效机理及其对聚合物自润滑复合材料摩擦磨损性能的影响,是设计制备耐原子氧辐照聚合物自润滑复合材料的基础。

本节首先通过喷涂的方法制备了类石墨氮化碳（g-C_3N_4）、氧化石墨烯（GO）、石墨烯（GN）以及纳米二氧化硅（SiO_2）的涂层,考察了原子氧辐照对其结构和组成的影响。在此基础上,深入研究了原子氧辐照 g-C_3N_4 改性聚酰亚胺复合材料的高温摩擦磨损性能,旨在为服役于低地球轨道环境的聚酰亚胺基润滑材料的研制提供理论依据和指导。

4.2.2 原子氧辐照对固体润滑剂的影响及其作用机理

图 4-12 所示为原子氧辐照前后 g-C_3N_4、GO、GN 和纳米 SiO_2 涂层的表面形

貌。辐照前，g-C$_3$N$_4$、GN 和纳米 SiO$_2$ 涂层完全覆盖在金属基体表面，而 GO 涂层在基体表面分布较不均匀。经过 10min 原子氧辐照后，上述涂层的形貌没有发生明显的变化。而 60min 的原子氧辐照导致 GN 和 GO 涂层几乎被完全剥蚀，金属基底完全暴露出来。相比之下，g-C$_3$N$_4$ 和纳米 SiO$_2$ 涂层仍然保持完好，说明两种材料具有优异的耐原子氧辐照性能。

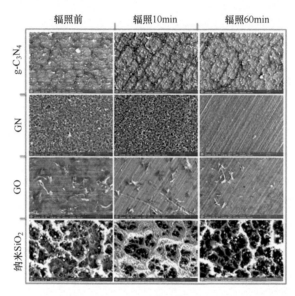

图 4-12　不同固体润滑剂涂层辐照前后的 SEM 形貌分析

[原子氧通量为 $1.3 \times 10^{16}/(\mathrm{cm}^2 \cdot \mathrm{s})$]

　　图 4-13a 所示为原子氧辐照前后 g-C$_3$N$_4$ 的 XRD 谱图，对比分析未发现明显的晶型结构变化。在 27.2° 出现的衍射峰是由于 g-C$_3$N$_4$ 中共轭杂环的堆叠，归属于类石墨结构的（002）晶面，对应的晶面间距为 $d = 0.322\mathrm{nm}$。而位于 12.2°（$d = 0.71\mathrm{nm}$）的小峰对应于石墨的（100）晶面，与 g-C$_3$N$_4$ 层间结构填充有关。可见，原子氧辐照没有破坏 g-C$_3$N$_4$ 的结构和晶型。采用 FTIR 分析对辐照前后 g-C$_3$N$_4$ 的表面官能团进行了进一步表征，如图 4-13b 所示。FTIR 谱图中在 1200~1700cm^{-1} 出现属于 g-C$_3$N$_4$ 芳香杂环单元的几个伸缩振动特征吸收峰，在 810cm^{-1} 出现三聚氰胺结构中嗪环的特征峰。此外，在 3000cm^{-1} 和 3700cm^{-1} 之间的宽吸收峰归属于 N—H 的伸缩振动。以上结果表明，g-C$_3$N$_4$ 表现出优异的耐原子氧辐照性能。

　　为了揭示 g-C$_3$N$_4$ 耐原子氧辐照的机理，通过 Material Studio 软件的 CASTEP 模块，利用密度泛函理论进行了第一性原理的计算。关于交换相关相互作用的

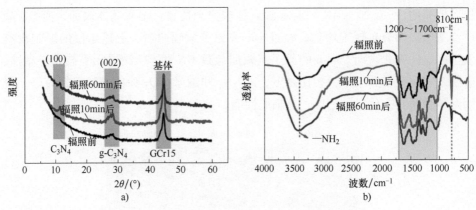

图 4-13　原子氧辐照前后 g-C$_3$N$_4$ 的 XRD 谱图

a）XRD 谱图　b）FTIR 谱图

所有计算均采用 Perdew-Burke-Ernzerhof（PBE）函数形式的广义梯度逼近（GGA），并且在计算过程中将远程范德华相互作用考虑在内。采用 600eV 的能量和 7×7×3 k-网格点进行几何优化。所有优化过程直到作用在相邻原子上的最大引力小于 0.01eV/Å，两原子之间的能量收敛小于 $1×10^{-5}$ eV/原子终止。经过先前的计算优化，发现 g-C$_3$N$_4$ 的空间构象并非平面结构，而是以曲面的波纹状结构存在。如图 4-14 所示，（a1＝a2＝7.98Å）是根据（1×1）晶胞建模的结果，图 4-14a 所示为波纹状 g-C$_3$N$_4$ 空间构型的俯视图。由于 N 原子的电负性明显大于 C 原子，氧原子只能吸附于表面 C 原子的位置。其中，数字 1、2、3 表示氧原子在表面 C 原子的吸附位置。图 4-14b 所示为波纹状 g-C$_3$N$_4$ 空间构型的侧视图。其中，吸附能（E_{ads}）通过公式 $E_{ads}＝（E_{surf+atom}）-E_{surf}-E_{atom}$ 计算，式中，$E_{surf+atom}$、E_{surf} 和 E_{atom} 分别表示 O 原子吸附在表面后的总能量、孤立表面和孤立 O 原子的能量。因此，理论计算结果较大的正值表示 g-C$_3$N$_4$ 与 O 原子之间的吸附作用强，较小的正值则表示吸附作用较弱。

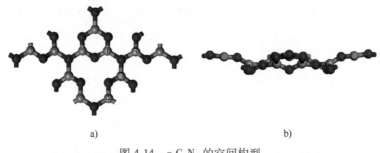

a）　　　　　　　　　　　　　b）

图 4-14　g-C$_3$N$_4$ 的空间构型

a）俯视图　b）侧视图

　　为了更深入地了解 g-C₃N₄ 对原子氧辐照的优异阻隔性能，利用第一性原理计算了 g-C₃N₄ 层上氧原子的吸附能。考虑到 N 原子的电负性大于 C 原子，C 原子更易得到电子，O 原子更倾向于吸附在 C 原子的顶部。图 4-14 中主要将氧原子吸附在不同 C 原子顶部的四个不同位置。当一个 O 原子置于 C 原子的顶部时，结构优化后形成了 C—O 键，如图 4-15a、c、e 和 g 所示，分别代表 1、2、3 和 4 号吸附位。其中，吸附在 1、2 和 3 位的 O 原子的 C—O 键长相似，约为 1.414Å，比 g 的 1.332Å 稍大。而后者的吸附能小于前三种，表明有可能发生了不同的吸附过程。然而，当第二个 O 原子吸附在图 4-15b、d、f、h 的顶部时，惊讶地发现第二个 O 原子与第一个被吸附的 O 原子键合，形成 O—O 键，即 O₂ 分子。除了图 4-15h 之外，图 4-15b、d 和 f 中的 C—O 键长度分别增大到 3.325Å、3.375Å 和 3.467Å，表明 C—O 键趋于断裂。从这个意义上讲，形成的 O₂ 分子与 g-C₃N₄ 的相互作用较弱，并且会从 g-C₃N₄ 表面解离。如果 O 原子吸附在 4 号位上，则 C—O 键的长度会稍长一些，但也处于键的范围内，这意味着 O₂ 分子与 g-C₃N₄ 表面之间会发生强相互作用。总而言之，当一个 O 原子接近 C 原子时，它更倾向于化学吸附在 C 原子的顶部，形成 C—O 键，并且独立于不同 C 原子顶部的吸附位置。当另一种 O 原子吸附在被吸附的 O 原子的顶部时，当 O 原子

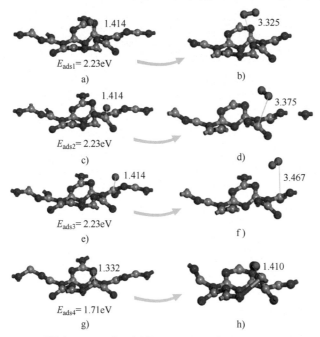

图 4-15　吸附在 g-C₃N₄ 中不同位置 C 原子顶部的 O 原子的优化构型

a)、c)、e)、g) 第一个 O 原子吸附的情况　b)、d)、f)、h) 第二个 O 原子吸附在第一个 O 原子的情况

吸附在 1、2 和 3 号的顶部位置三种情况下，易形成 O_2 分子并物理吸附在g-C_3N_4 表面。因此，吸附在 g-C_3N_4 表面上的 O 原子对其自身的氧化性较弱。以上分析结果间接证明了g-C_3N_4 涂层对原子氧辐照具有良好的阻隔能力。

4.2.3 温度交变环境下原子氧辐照 g-C_3N_4 改性聚酰亚胺复合材料的摩擦磨损性能

为了研究长时间的原子氧辐照对聚酰亚胺复合材料性能的影响，本部分工作将复合材料暴露在原子氧通量为 $1.3 \times 10^{16}/(cm^2 \cdot s)$ 的环境中 14h，相当于在国际空间站 250km 高度轨道上辐照 30 天。图 4-16 所示为原子氧辐照前后聚酰亚胺复合材料的表面形貌，可以看出，原子氧辐照之前复合材料的表面比较光滑，表面上可见样品抛光过程中留下的划擦痕迹（见图 4-16a）。原子氧辐照之后复合材料的表面形貌发生了巨大改变，如图 4-16b 所示，表面变得粗糙，布满"绒毯状"形貌，其中可见一些微孔结构，这与原子氧的"掏蚀"效应有关。对"绒毯状"的表面进行 EDS 元素分析发现，其组成主要包含 C、N 和 O 元素（见图 4-17）。由于填料 g-C_3N_4 的耐原子氧性能高于聚酰亚胺基体，可以推断 C 和 N 主要来自 g-C_3N_4，而 O 主要来源于树脂基体被氧化后的产物。

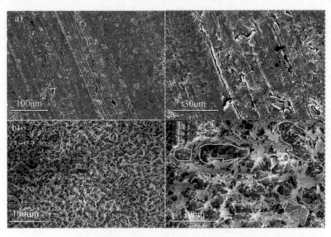

图 4-16 原子氧辐照前后聚酰亚胺复合材料的表面形貌

a）原子氧辐照之前 b）原子氧辐照之后

图 4-18 所示为原子氧辐照前后聚酰亚胺复合材料表面化学结构分析结果对比。从复合材料表面的 FTIR 谱图可以看到，聚酰亚胺分子链的主要特征吸收峰（见图 4-18a），包括位于 1708cm^{-1} 和 1773cm^{-1} 的酰亚胺羰基不对称伸缩振动和对称伸缩振动峰；位于 1066cm^{-1} 和 1226cm^{-1} 的 Ar—C—O 对称和非对称伸缩振动

峰以及位于 1364cm^{-1} 的 C—N—C 伸缩振动峰。需要说明的是，由于 g-C$_3$N$_4$ 的特征吸收峰集中在 1100cm^{-1} 到 1700cm^{-1}，因此很难将 g-C$_3$N$_4$ 与聚酰亚胺区分开。然而，位于 816cm^{-1} 处归属于 g-C$_3$N$_4$ 独特三嗪单元的吸收振动峰的出现表明了复合材料表面上 g-C$_3$N$_4$ 的存在，该峰的峰值在原子氧辐照后明显增强，表明聚酰亚胺基体被侵蚀后 g-C$_3$N$_4$ 暴露在表面上，起到阻止原子氧进一步破坏的作用。

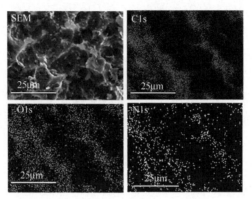

图 4-17　原子氧辐照后的 SEM 表面形貌以及 EDS 表面 C、N 和 O 元素分析

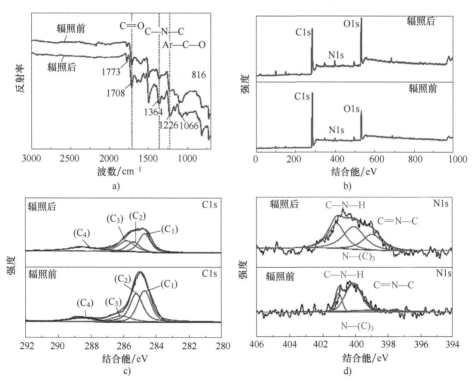

图 4-18　原子氧辐照前后聚酰亚胺复合材料表面化学结构分析结果对比

a）FTIR 谱图　b）~d）XPS 谱图

图 4-18b~d 所示为原子氧辐照前后复合材料表面的 XPS 分析结果。从 XPS 全谱及相应的元素相对原子浓度来看（见图 4-18b 和表 4-4），辐照前后复合材料表面的主要元素均为 C、N 和 O，但原子氧辐照导致表面的 C 元素含量急剧下降，而 N 和 O 元素的含量增加。其中，O 元素含量的增加主要归因于聚酰亚胺分子链被原子氧氧化生成含氧化合物，而 N 元素含量增加与树脂基体被破坏后 $g-C_3N_4$ 填料暴露在表面上有关。图 4-18c 对 C1s 谱进行了解析，其中结合能位于 284.9eV（C1）、285.5eV（C2）、286.2eV（C3）和 288.4eV（C4）的峰分别归属于聚酰亚胺分子链中的 C—C、C—N、C—O 和 C ═O 及部分石墨的 C—C178。对比辐照前后上述峰的面积和峰高可以发现，原子氧辐照导致酰亚胺环中 C—N 化学键含量明显下降，说明辐照导致了聚酰亚胺分子链中 C—N 键的明显破坏。此外，对 N1s 谱（见图 4-18d）的分析发现，辐照后复合材料表面与 $g-C_3N_4$ 相关的 398.8eV（C ═N—C）、400.1eV［N—(C)$_3$］和 401.1eV（C—N—H）处峰的面积和高度均明显增加，进一步证明 $g-C_3N_4$ 具有优异的耐原子氧辐照性能。因此，在原子氧辐照过程中，聚酰亚胺基体被部分破坏后，$g-C_3N_4$ 暴露在表面上作为钝化层对聚酰亚胺基体起到保护作用，这就是 $g-C_3N_4$ 能够提高聚合物复合材料在原子氧环境中稳定性的原因。

表 4-4　原子氧辐照前后表面元素的相对原子浓度

辐照状态	参数				
	表面元素的相对原子浓度（%）			O∶C	N∶C
	C	N	O		
辐照前	91.34	3.95	4.66	0.05∶1	0.04∶1
辐照后	82.89	8.62	8.41	0.10∶1	0.10∶1

服役于低地球轨道环境的聚合物润滑材料不仅受到原子氧辐照的影响，还要经受交变环境温度的考验，本研究将上述辐照和温度条件统筹考虑，在温度循环对聚酰亚胺及其复合材料摩擦磨损影响研究的基础上，考察了原子氧辐照后聚酰亚胺材料在温度交变环境下的摩擦磨损性能，研究结果如图 4-19 所示。

对聚酰亚胺基体来说，其摩擦系数随着滑动距离（温度）呈现出"U"形的变化趋势（见图 4-19a）。在环境温度从室温升高到 200℃ 的过程中，摩擦系数经过短暂的跑合后迅速降低进入稳态，但摩擦系数的波动较大。随着温度从 200℃ 继续升高到 350℃，聚酰亚胺基体的摩擦系数基本维持在之前的稳态水平。在降温阶段，聚酰亚胺摩擦系数的变化趋势与升温阶段相反。随着环境温度从 350℃ 开始降低，摩擦系数逐渐增大，在温度降至 260℃ 附近时达到最高值，其

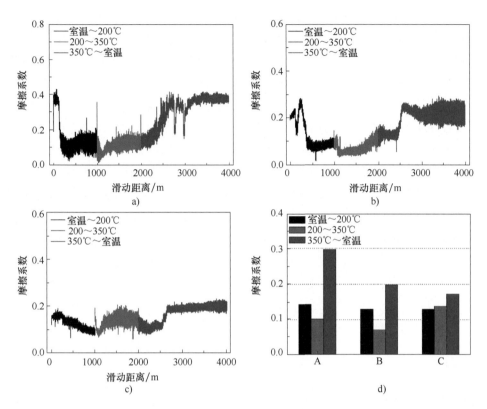

图 4-19　TPI、TPI 复合材料以及原子氧辐照后的高低温循环摩擦
试验和不同温度阶段的平均摩擦系数

a）TPI　b）TPI 复合材料　c）原子氧辐照后的高低温循环摩擦试验
d）不同温度阶段的平均摩擦系数

后摩擦系数趋于稳定，稳定值与室温条件下的摩擦系数相当。经过芳纶纤维、石墨和 g-C$_3$N$_4$ 改性之后，聚酰亚胺材料的摩擦系数在上述温度循环过程中表现出类似的"U"形变化趋势。不同的是，聚酰亚胺复合材料在升温阶段的摩擦系数相较于基体材料波动性较小，虽然在降温阶段摩擦系数相对稳定区间的值减小，但波动明显较大。经过原子氧辐照之后，聚酰亚胺复合材料的摩擦系数随温度循环呈现的"U"形变化趋势演化为"W"形，并且在整个温度循环范围内摩擦系数值的变化较辐照前小（见图 4-19c）。值得注意的是，与原子氧辐照前相比，辐照后的聚酰亚胺复合材料在 200~350℃温度区间内表现出较高的摩擦系数（见图 4-19c）。为方便比较，图 4-19d 所示为聚酰亚胺基体和辐照前后的聚酰亚胺复合材料在不同温度段的平均摩擦系数。可以看出，与基体材料相

比，聚酰亚胺复合材料在整个交变温度范围内表现出较低的摩擦系数，这种优势在环境温度从200℃升高到350℃然后降至室温的过程中更加明显。原子氧辐照对聚酰亚胺复合材料摩擦系数的影响主要表现在200～350℃范围内摩擦系数的增大，但辐照也抑制了复合材料在接下来的降温过程中摩擦系数增大的幅度。

图4-20比较了聚酰亚胺基体和原子氧辐照前后的聚酰亚胺复合材料在经历温度循环摩擦试验后的磨损率及磨痕宽度方向的轮廓曲线。很明显，芳纶纤维、石墨和g-C$_3$N$_4$改性的聚酰亚胺复合材料在温度循环条件下的摩擦过程中表现出较高的耐磨性，其磨损率为2.02×10^{-6} mm^3/（N·m），而聚酰亚胺基体的磨损率为3.35×10^{-6} mm^3/（N·m）。经过原子氧辐照后，复合材料的磨损率上升至4.07×10^{-6} mm^3/（N·m），为辐照前的2倍，说明原子氧辐照导致聚酰亚胺复合材料的耐磨性明显降低。从辐照前后复合材料磨痕宽度方向的轮廓曲线变化可以看出，原子氧辐照后的复合材料的磨痕轮廓上出现很多波峰、波谷，表明摩擦过程中复合材料表面与对偶的接触状态发生了明显改变。

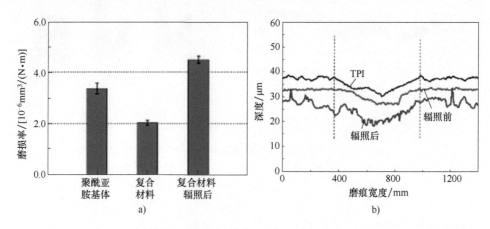

图4-20　磨损率和磨痕宽度方向的轮廓曲线

a）磨损率　b）磨痕宽度方向的轮廓曲线

图4-21对聚酰亚胺基体和原子氧辐照前后聚酰亚胺复合材料的磨损表面形貌进行了分析。经过温度循环的摩擦试验后，在聚酰亚胺基体磨痕两侧聚集了大量磨屑，并有部分磨屑附着在磨损表面上（见图4-21a）。此外，基体材料的磨损表面存在明显的平行于滑动方向的犁沟（见图4-21d的A区域），说明对偶表面微凸体的犁沟效应在摩擦过程中发挥了重要作用。填充芳纶纤维、石墨和g-C$_3$N$_4$后，复合材料的磨损表面上几乎看不到磨屑（见图4-21b），但有部分芳纶纤维暴露出来（见图4-21e的B区域），复合材料表面被大片的塑性变形层覆

盖（见图 4-21e 的 C 区域），此时的主要磨损机理为黏着磨损。原子氧辐照之后，聚酰亚胺复合材料的磨损表面变得更加光滑，辐照导致的"绒毯状"的形貌在接触区域内完全消失（见图 4-21c），表面上出现许多如图 4-21f 中 D 区域所示的微裂纹，后者是复合材料磨痕宽度方向上的轮廓曲线出现波峰、波谷的原因。以上形貌分析说明，原子氧辐照将聚酰亚胺复合材料的主要磨损机理从黏着磨损变为疲劳磨损。但由于原子氧辐照导致复合材料表面树脂基体分子链的破坏和"绒毯状"结构的形成，复合材料表面层的承载能力下降，使得复合材料在摩擦起始阶段的磨损较为严重，最终导致其在整个温度循环中的平均磨损率较高。

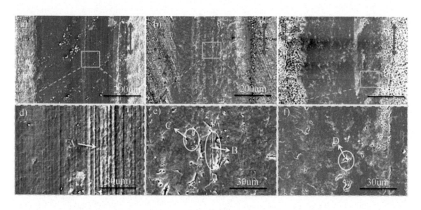

图 4-21　聚酰亚胺基体和原子氧辐照前后聚酰亚胺复合材料的磨损表面形貌
a）、d）聚酰亚胺基体　b）、e）聚酰亚胺复合材料辐照前　c）、f）聚酰亚胺复合材料辐照后

为了进一步探讨原子氧辐照对聚酰亚胺复合材料摩擦磨损性能的影响机理，对与其对摩的 GCr15 钢球表面以及磨屑的形貌进行了表征。与磨损表面形貌相对应，聚酰亚胺基体摩擦过程中形成的部分磨屑附着在钢球表面的接触区外（见图 4-22a），磨屑形状为片状（见图 4-22c），接触区内形成的转移膜很不均匀，仅能覆盖接触区中心部分区域（见图 4-22b），由此裸露的对偶表面微凸体在树脂基体表面造成犁沟损伤。相比之下，与聚酰亚胺复合材料对摩的钢球表面接触区外附着的磨屑明显减少（见图 4-22d），形成的转移膜覆盖了接触区的大部分面积（见图 4-22e），这可以归因于石墨和 $g-C_3N_4$ 的添加促进了转移膜的形成，是聚酰亚胺复合材料耐磨性优于树脂基体的重要原因。尽管原子氧辐照增大了聚酰亚胺复合材料的磨损率，表面形貌分析显示钢球表面也形成了一层均匀、连续的转移膜，且接触区外附着的磨屑较少（见图 4-22g 和图 4-22h）。结合前述原子氧辐照对复合材料表面形貌影响的分析，原子氧辐照导致的复合

材料表面"绒毯状"结构仅存在于表面层，其对摩擦过程的影响主要在摩擦的起始阶段，这也可以从图 4-19c 所示的摩擦系数的变化看出来。同时，由于上述表面层中聚酰亚胺基体分子链的破坏，原子氧辐照使得复合材料棒状磨屑的尺寸在一定程度上减小（见图 4-22f 和图 4-22i 对比），但摩擦的载荷主要是由下层的复合材料承担，因此并没有对复合材料转移膜的形成造成明显的影响。

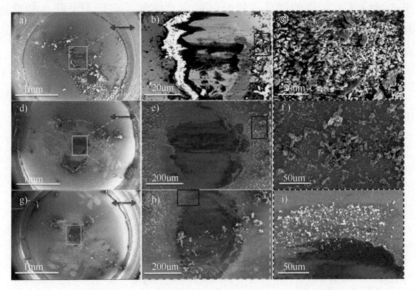

图 4-22　高低温循环之后的转移膜形貌以及磨屑形貌

a)~c）聚酰亚胺基体　d)~f）聚酰亚胺复合材料辐照前　g)~i）聚酰亚胺复合材料辐照后

4.2.4　小结

1）在 g-C_3N_4、GO、GN 和纳米 SiO_2 几种填料中，g-C_3N_4 和纳米 SiO_2 表现出优异的耐原子性能。第一性原理计算发现 g-C_3N_4 能有效地吸附氧原子，并最终以氧气的形式释放，避免自身的氧化分解，有利于提高聚合物复合材料在原子氧环境中的稳定性。

2）相较于聚酰亚胺基体材料，填充芳纶纤维、石墨和 g-C_3N_4 的复合材料在整个交变温度范围内表现出较低的摩擦系数和磨损率，而原子氧辐照损害了其耐磨性，这与树脂基体分子链的破坏和"绒毯状"结构的形成导致复合材料表面层的承载能力下降有关。

3）原子氧辐照将聚酰亚胺复合材料的主要磨损机理从黏着磨损变为疲劳磨

损。原子氧辐照导致的复合材料表面形貌的变化主要对复合材料摩擦的起始阶段产生影响，但摩擦的载荷主要是由下层的复合材料承担，因此并没有对复合材料转移膜的形成造成明显的影响。

4.3　γ射线辐照下聚酰亚胺复合材料的高温摩擦磨损行为

4.3.1　引言

γ射线是空间环境中的辐照之一，也是核电站铀235原子核在裂变过程中释放能量的一种形式。γ射线具有很强的穿透能力，其与物质的相互作用是一次过程，即一次就把全部或部分能量传递给介质中的束缚电子，而入射光子本身消失或被散射。研究表明，γ射线辐照会引起聚合物材料的分子链发生断裂或交联，从而影响其机械、光学、电学和热学等性能。而对于服役于空间环境或核电站相关运动机构的聚合物部件来说，γ射线辐照引起的聚合物材料摩擦磨损性能的变化对其可靠性和使用寿命具有至关重要的影响。

本节基于前述聚酰亚胺自润滑复合材料的设计思路，制备了芳纶纤维增强、g-C_3N_4和石墨填充的热塑性聚酰亚胺复合材料，考察了γ射线辐照对其在不同环境温度下的摩擦磨损性能的影响，以期为γ射线辐照环境中服役的聚酰亚胺基复合材料的设计制备提供理论指导。

4.3.2　γ射线辐照对聚酰亚胺及其复合材料物理、化学性能的影响

以^{60}Co为γ射线源，在50Gy/h的剂量率下将聚酰亚胺基体（YS-20）及其复合材料（Com-YS-20）辐照至剂量达到1500Gy和2200Gy。辐照后，首先对材料表面的化学结构进行了FTIR分析，结果如图4-23所示。对于聚酰亚胺基体及其复合材料而言，γ辐照前后的FTIR谱图上均出现了聚酰亚胺的主要特征峰，主要包括：位于1782cm^{-1}、1708cm^{-1}的羰基对称及非对称振动吸收峰，位于1365cm^{-1}的亚胺基团中C—N的振动吸收峰，以及位于1090cm^{-1}、1115cm^{-1}和1165cm^{-1}归属于（CO）$_2$NC基团的面外变形振动吸收峰。尽管γ辐照后的FTIR谱图中未发现新官能团的出现，辐照后聚酰亚胺基体的上述特征吸收峰的强度明显降低，说明聚酰亚胺的分子链发生了一定程度的断裂。相比之下，聚酰亚胺复合材料表面特征吸收峰的强度没有明显的降低，这可以归因于g-C_3N_4的添加有助于提高聚酰亚胺复合材料在γ辐照环境中的稳定性。

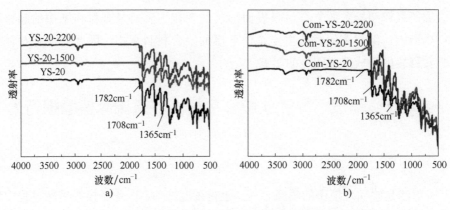

图 4-23　不同剂量条件 γ 辐照后的材料表面结构 FTIR 谱图

a) YS-20　b) Com-YS-20

　　图 4-24 所示为不同剂量 γ 射线辐照前后聚酰亚胺基体表面的 C1s 能谱分析。尽管辐照前后的 C1s 谱图均可以拟合为归属于 C—C、C—N、C—O 和 C ═O 的 4 个峰，辐照导致了其相对含量的变化。其中，C—C 键的含量随着辐照剂量增大先降低而后有所升高，而 C—N 键的含量先增大后显著降低，这种变化与聚酰亚胺分子链在 γ 射线作用下发生断裂有关。图 4-25 对不同剂量 γ 射线辐照的聚酰亚胺表面 N1s 的能谱进行了对比，可以看到，1500Gy 剂量的 γ 射线辐照使得 C—N 键的含量明显上升，而辐照剂量达到 2200Gy 时其含量显著降低。结合上述 C1s 能谱分析结果，可以推断，在 1500Gy 的剂量辐照下，Ar—C ═O 中的 C—C 发生断裂，使得C—C 键的含量降低，而 C—N 键含量相应地升高。当辐照剂量增大到 2200Gy 时，Ar—N 中的 C—N 键断裂加剧，致使其含量显著降低。进一步对聚酰亚胺表面的 O1s 能谱分析结果与以上推断相一致，如图 4-26 所示，1500Gy 剂量的辐照没有对表面含氧官能团的相对含量造成明显的影响，说明分子链中的 Ar—O—Ar 和 C ═O 键没有明显的破坏，而 2200Gy 剂量的辐照导致 Ar—C ═O 和 Ar—O—Ar 的含量均下降，并生成了新的 C—O 键，后者是由于分子链断裂后与空气中的 O 发生了反应。

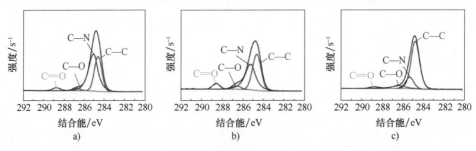

图 4-24　不同剂量 γ 射线辐照前后的纯 YS-20 表面 C1s 能谱分析

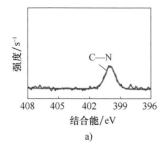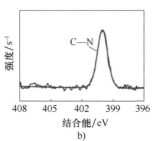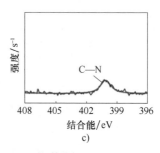

图 4-25　不同剂量 γ 射线辐照前后的纯 YS-20 表面 N1s 能谱分析

a）未辐照　b）1500Gy 剂量辐照　c）2200Gy 剂量辐照

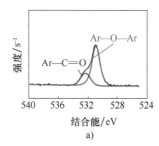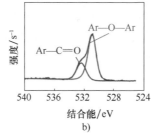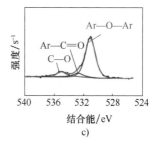

图 4-26　不同剂量 γ 射线辐照前后的纯 YS-20 表面 O1s 能谱分析

a）未辐照　b）1500Gy 剂量辐照　c）2200Gy 剂量辐照

　　从以上化学结构和组成的分析可以看出，在 γ 射线辐照过程中，聚酰亚胺结构中的酰亚胺部分最易遭到破坏。表 4-5 列出了聚酰亚胺基体及其复合材料在不同剂量的 γ 射线辐照前后表面元素相对含量的对比，可以看出，1500Gy 剂量的辐照使得聚酰亚胺基体材料中的 C 元素含量降低，而 N 和 O 元素的含量升高。当辐照剂量达到 2200Gy 时，C、N 元素的含量降低，而 O 元素含量升高。尽管复合材料表面 C、N 和 O 元素的变化规律与树脂基体材料相似，但其变化的幅度较小，说明 g-C$_3$N$_4$ 填充的聚酰亚胺复合材料在 γ 辐照环境中的稳定性高于树脂基体。

表 4-5　不同剂量 γ 射线辐照前后材料表面元素的相对原子浓度

样品名称	相对原子浓度					
	C（%）	N（%）	O（%）	N/C	O/C	N/O
YS-20	85.87	2.21	11.92	0.025	0.138	0.185
YS-20（1500）	79.67	4.31	16.02	0.054	0.201	0.269
YS-20（2200）	82.17	1.75	16.08	0.021	0.196	0.108
Com-YS-20	83.89	4.45	11.66	0.053	0.139	0.382
Com-YS-20（1500）	81.79	4.99	13.23	0.061	0.162	0.377
Com-YS-20（2200）	81.63	4.68	13.69	0.057	0.168	0.342

4.3.3　γ射线辐照对聚酰亚胺及其复合材料在不同温度下摩擦磨损性能的影响

为了模拟γ射线辐照和高温环境耦合对聚酰亚胺材料摩擦磨损性能的影响，采用球-盘接触模式摩擦磨损试验机考察了γ射线辐照后聚酰亚胺及其复合材料在不同温度下的摩擦磨损性能。图 4-27 所示为不同辐照剂量的聚酰亚胺基体在不同温度下的摩擦系数随着滑动距离的变化关系。可以看出，摩擦系数随着滑动距离的变化受辐照剂量和摩擦过程中环境温度的共同影响。在室温条件下摩擦时，1500Gy 剂量的γ射线辐照聚酰亚胺基体的摩擦系数波动很小，而辐照剂量增大到 2200Gy 时摩擦系数波动增大，且其值增大了近 1 倍（见图 4-27a 和图 4-27d）。然而，在 200℃的摩擦条件下，不同剂量辐照的聚酰亚胺基体的摩擦系数均表现出一定的波动性，但摩擦系数值随着辐照剂量增大有所降低（见图 4-27b 和图 4-27e）。当摩擦的环境温度继续升高到 250℃时，1500Gy 剂量的γ

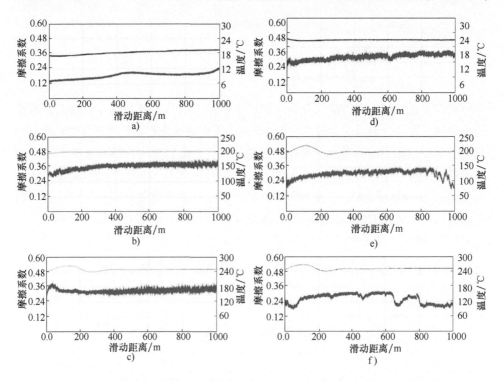

图 4-27　不同辐照剂量的聚酰亚胺基体在不同温度下的摩擦系数随着滑动距离的变化关系

a) 1500Gy、室温　b) 1500Gy、200℃　c) 1500Gy、250℃

d) 2000Gy、室温　e) 2000Gy、200℃　f) 2000Gy、250℃

射线辐照的聚酰亚胺的摩擦系数继续表现出波动，这种波动在 2200Gy 剂量的辐照下逐渐演变成振荡（见图 4-27c 和图 4-27f）。从以上摩擦系数的变化可以看出，γ 射线辐照剂量的增大和摩擦过程中环境温度的升高在影响聚酰亚胺的摩擦行为中存在耦合效应，同时提高辐照剂量和摩擦温度使得聚酰亚胺的摩擦过程变得不稳定，摩擦过程中摩擦系数甚至出现振荡。

图 4-28 所示为芳纶纤维增强、g-C$_3$N$_4$ 和石墨填充的聚酰亚胺复合材料在经历不同剂量的 γ 射线辐照后，摩擦的环境温度对其摩擦行为的影响。与聚酰亚胺基体对辐照剂量和环境温度的响应类似，同时提高上述两者使得复合材料的摩擦系数在滑动过程中出现明显的振荡。不同的是，复合材料摩擦系数的振荡出现在较低的环境温度下（见图 4-28e 和图 4-28f）。值得指出的是，经过1500Gy 剂量的 γ 射线辐照，聚酰亚胺复合材料在 200℃ 和 250℃ 高温下摩擦系数的值与基体材料相当，但波动性明显较小，说明该条件下聚酰亚胺复合材料表现出较好的摩擦行为。

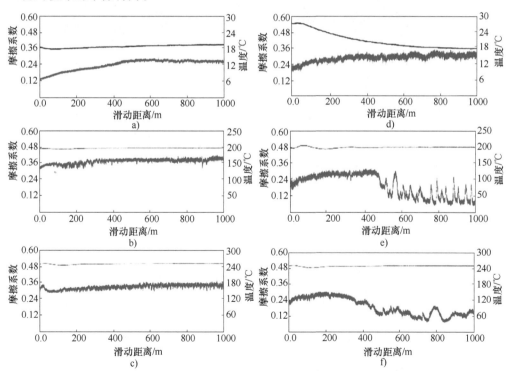

图 4-28　不同辐照剂量的聚酰亚胺复合材料在不同温度下的摩擦
系数随着滑动距离的变化关系
a）1500Gy、室温　b）1500Gy、200℃　c）1500Gy、250℃　d）2000Gy、室温
e）2000Gy、200℃　f）2000Gy、250℃

　　为了更方便地比较 γ 射线辐照对聚酰亚胺及其复合材料摩擦磨损性能的影响，图 4-29 所示为不同辐照剂量下的聚酰亚胺材料的平均摩擦系数和磨损率随着摩擦环境温度的变化。就摩擦系数来说，辐照剂量增大使得聚酰亚胺基体在室温和 200℃ 下的摩擦系数增大，且高温下的摩擦系数明显高于室温下。摩擦环境温度继续升高到 250℃ 引起基体材料摩擦系数一定程度的降低（见图 4-29a）。

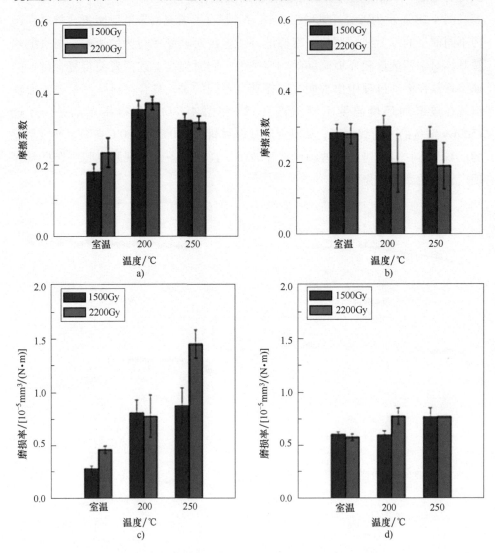

图 4-29　不同温度条件下的 γ 射线辐照后的摩擦系数和磨损率

a）YS-20 不同剂量辐照后的平均摩擦系数　b）YS-20 复合材料不同剂量辐照后的平均摩擦系数

c）YS-20 不同剂量辐照后的磨损率　d）YS-20 复合材料不同剂量辐照后的磨损率

与基体材料不同，聚酰亚胺复合材料经过 1500Gy 剂量的 γ 射线辐照后，其室温和 200℃下的摩擦系数非常相似，进一步的温度升高至 200℃引起摩擦系数的略微下降。此外，辐照剂量对复合材料在室温条件下摩擦系数的影响很小，而在 200℃和 250℃的摩擦温度条件下，高剂量辐照降低了复合材料的摩擦系数（见图 4-29b）。可见，在摩擦温度和辐照剂量的耦合作用下，聚酰亚胺复合材料表现出更好的摩擦行为。如前所述，γ 射线辐照对聚酰亚胺的分子链具有一定的破坏作用，这种作用与摩擦环境温度共同影响了材料的耐磨性。对聚酰亚胺基体材料而言，其磨损率随着辐照剂量和摩擦温度的提高呈增大的趋势（见图 4-29c），然而这种趋势随着树脂基体中芳纶纤维、g-C$_3$N$_4$ 和石墨的添加被明显抑制，磨损率在 $5.5×10^{-6}～7.5×10^{-6}$mm^3/（N·m）之间（见图 4-29d）。因此，综合考虑摩擦系数和磨损率，聚酰亚胺复合材料在高温和 γ 射线辐照的综合环境中相较于基体树脂表现出更好的摩擦磨损性能。

为了分析 γ 射线辐照和高温摩擦环境对聚酰亚胺摩擦磨损机理的影响，对其磨损表面及对摩钢球的表面形貌进行了表征，如图 4-30 所示。1500Gy 剂量的 γ 射线辐照后聚酰亚胺在室温条件下的磨损表面布满层叠的塑性变形层，并伴有磨屑附着（见图 4-30a）。然而，上述结构在 200℃的摩擦条件下完全消失，取而代之的是光滑的磨损表面，后者是在反复的界面剪切下形成的，其上镶嵌有细小的磨屑，说明黏着在摩擦过程中发挥了重要作用（见图 4-30b）。当摩擦的环境温度升高到 250℃时，磨损表面仍然比较光滑，但在某些区域黏附有片状的磨屑聚集层（见图 4-30c），后者来源于暴露的对偶表面微凸体与塑性变形的材料表面相互作用产生的磨屑在界面间聚集。与以上磨损表面形貌的变化相对应，对偶钢球表面形成的转移膜的形貌各不相同。与辐照的聚酰亚胺在室温下对摩时，接触区的形状近似为圆形，并被相对均匀的转移膜覆盖（见图 4-30d），这与其表现出较低的摩擦系数和磨损率是一致的。当摩擦的环境温度升高到 200℃时，摩擦过程中的接触区变为椭圆形，其面积随着温度升高到 250℃而进一步增大（见图 4-30e、f）。尽管椭圆形的接触面内均有转移膜形成，但 250℃下钢球表面的转移膜部分区域发生片状的脱落，使得部分表面微凸体与材料表面发生直接接触，在一定程度上增大了其磨损率。

随着 γ 射线的辐照剂量增大到 2200Gy，聚酰亚胺在不同温度下的磨损表面形貌发生了明显改变（见图 4-31）。即使摩擦发生在室温条件下，聚酰亚胺的磨损表面形貌也比较光滑，仅有少量颗粒状磨屑附着（见图 4-31a）。从相应的对偶表面形貌可以看出，接触区形状趋于椭圆形，大部分区域被转移膜覆盖（见图 4-31d），面积较 1500Gy 剂量辐照时增大，引起其摩擦系数增大。随着温度升高到200℃，磨损表面上出现片状塑性变形层（见图4-31b），后者归因于磨屑在接触界面的反复碾压剪切，最终黏附在磨损表面上，使其磨损率有所降低。此时，对偶表面的椭圆形接触面的面积较室温时明显增大（见图4-31e），是摩擦系数随着温度升高而增大的原因。在高剂量辐照和高温摩擦环境的作用下，250℃的磨损表面上出现微裂纹和磨屑堆积（见图4-31c），对偶钢球表面在椭圆形面积内形成了明显的较厚的转移膜（见图4-31f），后者在摩擦过程中容易脱落，造成其摩擦系数在滑动过程中出现振荡。由于高剂量辐照导致聚酰亚胺分子链的破坏程度增大，在250℃高温下其机械性能降低对摩擦磨损的影响变得非常明显，表面抵抗剪切能力的下降使其摩擦系数降低，但耐磨性也随之降低。

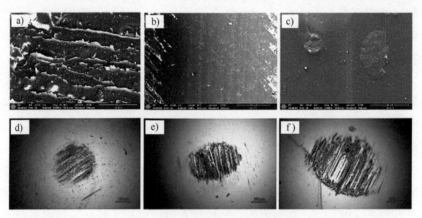

图4-30　1500Gy的γ射线辐照后聚酰亚胺基体材料在不同温度下的磨损表面及对摩钢球的表面形貌

a)、d) 室温　b)、e) 200℃　c)、f) 250℃

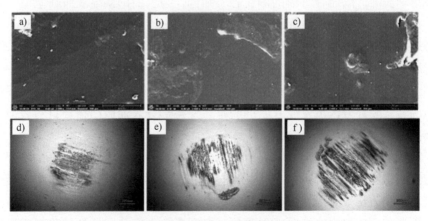

图4-31　2200Gy剂量辐照后聚酰亚胺基体材料在不同温度下的磨损表面及对摩钢球的表面形貌

a)、d) 室温　b)、e) 200℃　c)、f) 250℃

接下来在 γ 射线辐照和高温摩擦环境对聚酰亚胺摩擦磨损机理影响的研究
基础上，讨论芳纶纤维增强、石墨和 g-C$_3$N$_4$ 填充聚酰亚胺复合材料在 γ 射线
辐照和高温环境中的摩擦磨损机理。经过 1500Gy 剂量辐照的复合材料的磨损
表面上可见明显的塑性变形层（见图 4-32a），与其对摩的钢球表面形成的转
移膜较薄（见图 4-32d），摩擦过程中黏着和塑性变形发挥了主要作用。随着
温度升高到 200℃，复合材料磨损表面的塑性变形层变得更加连续，但开始出
现微裂纹（见图 4-32b），对偶钢球表面的转移膜较室温下变得不太均匀（见
图 4-32e），黏着和疲劳磨损机理主导了复合材料的摩擦过程。在 250℃ 的高温
下，复合材料表面的裂纹加剧，塑性变形层表面伴有细微的划痕迹象（见图
4-32c）。由于高温对复合材料表面的软化作用，有较多的材料转移到钢球表面
形成平行于滑动方向的细条带状、不连续的转移膜，后者导致复合材料的磨
损率升高。

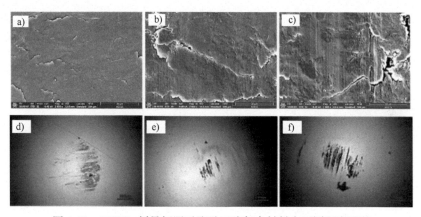

图 4-32　1500Gy 剂量辐照后聚酰亚胺复合材料在不同温度下的
磨损表面及对摩钢球的表面形貌

a）、d）室温　b）、e）200℃　c）、f）250℃

图 4-33 所示为 2200Gy 剂量辐照后聚酰亚胺复合材料在不同温度下的磨损表
面及对摩钢球的表面形貌。复合材料在室温下的磨损表面被相互黏结在一起的
塑性变形层覆盖，同时可见平行于滑动方向的细微划痕（见图 4-33a）。相较于
1500Gy 剂量辐照时，2200Gy 剂量的辐照使得复合材料与钢球对摩过程中的接触
面积降低，这与转移膜主要集中在接触区中心有关（见图 4-33d）。随着温度升
高到 200℃ 和 250℃，复合材料磨损表面的划痕消失，但出现了明显的疲劳裂纹
（见图 4-33b、c），摩擦过程中的接触面积显著增大，接触面内黏附了沿滑动方
向的细条状转移膜（见图 4-33e、f），该种转移膜在摩擦过程中不断形成和脱

落，导致其摩擦系数出现明显的振荡。需要指出的是，在相同的高温摩擦条件下，高剂量辐照的复合材料与对偶的接触面积明显高于低剂量辐照的接触面积（见图 4-32e 和图 4-33e、图 4-32f 和图 4-33f），这与高剂量辐照导致复合材料的承载能力在更大程度上降低有关。

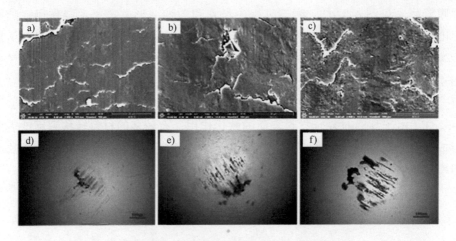

图 4-33　2200Gy 剂量辐照后聚酰亚胺复合材料在不同温度下的磨损表面及对摩钢球的表面形貌

a)、d) 室温　b)、e) 200℃　c)、f) 250℃

4.3.4　小结

1）γ 射线辐照导致聚酰亚胺的分子链在一定程度上发生断裂，化学结构和组成分析表明，在 γ 射线辐照过程中，聚酰亚胺结构中的酰亚胺部分最易遭到破坏，而 g-C_3N_4 的添加有助于提高聚酰亚胺复合材料在 γ 辐照环境中的稳定性。

2）γ 射线的辐照剂量和摩擦过程中的环境温度在影响聚酰亚胺的摩擦行为方面存在耦合效应，同时提高辐照剂量和摩擦温度使得聚酰亚胺的摩擦过程变得不稳定，甚至出现振荡。

3）高剂量辐照导致的聚酰亚胺分子链破坏对其摩擦磨损的影响在 250℃ 高温下表现得更明显，这与材料的机械性能降低对摩擦磨损的影响有关，后者使得材料表面抵抗界面剪切的能力下降，此时对偶表面形成的转移膜易于脱落，造成材料的耐磨性降低。

4）综合考虑摩擦系数和磨损率，聚酰亚胺复合材料在高温和 γ 射线辐照的综合环境中相较于基体树脂表现出更好的摩擦磨损性能。

4.4　聚酰亚胺复合材料在极端苛刻条件下的摩擦与磨损机制

4.4.1　引言

　　近年来，超润滑材料（摩擦系数低于 0.01）的研究得到了人们越来越多的关注。类金刚石薄膜（DLC）、富勒烯二硫化钼（MoS_2）薄膜以及石墨烯等在特定条件下的超低摩擦已被证实。然而，实现聚合物复合材料的超低摩擦磨损仍然是一个挑战。研究表明，在纤维增强聚合物复合材料中进一步添加纳米颗粒，如 SiO_2、Si_3N_4、Al_2O_3 和 CuO 等，能够显著提高复合材料的减摩抗磨性能。其中，以环氧树脂（EP）、聚醚醚酮和聚苯硫醚等为基体的碳纤维增强陶瓷纳米颗粒填充的复合材料均表现出优异的摩擦磨损性能。尤其值得指出的是，在极端 PV 工况下表现出优异减摩性能的复合材料为拓宽苛刻条件下聚合物复合材料的应用具有重要的现实意义。如根据 Österle 等的研究，SiO_2/SCF/EP 纳米复合材料在 24MPa·m/s 的极端 PV 值下摩擦系数可低至 0.06。

　　基于以上背景，本节系统考察了聚酰亚胺常规复合材料（PI/SCF/Gr，SCF 体积分数为 10%，Gr 体积分数为 8%）和纳米复合材料（PI/SCF/Gr/SiO_2，SCF 体积分数为 10%，Gr 体积分数为 8%，SiO_2 体积分数为 2%）在不同 PV 条件（1~40MPa·m/s）下的摩擦磨损性能，深入研究了对其摩擦学性能具有关键影响的转移膜的纳米结构和化学组成，旨在揭示高性能聚酰亚胺复合材料在苛刻条件下的摩擦磨损性能与转移膜微观结构之间的关系，为苛刻条件下聚合物减摩抗磨复合材料的研制提供理论基础。

4.4.2　聚酰亚胺复合材料在不同 PV 条件下的摩擦磨损性能

　　考虑到极端苛刻 PV 条件下摩擦热对聚合物材料的摩擦磨损性能具有显著的影响，首先对聚酰亚胺基体在不同温度下的质量损失、损耗因子和储能模量等进行了研究，如图 4-34 所示。从图 4-34a 可以看出，聚酰亚胺的质量损失开始于 535℃，这与分子链中 C—O—C 的断裂有关。其后聚酰亚胺的质量损失率随着温度的升高急剧增加，直到 600℃ 左右时完全分解。图 4-34b 和图 4-34c 所示分别为聚酰亚胺的损耗因子和储能模量随着温度的变化。可以看到，在 250℃ 左右聚酰亚胺的分子链段开始运动，对应于其 α 松弛，材料的储能模量急剧下降。而在 50~200℃ 范围内出现的宽峰归因于聚酰亚胺的次级松弛，与侧基的振动相对应，此时聚酰亚胺的损耗因子大幅降低。

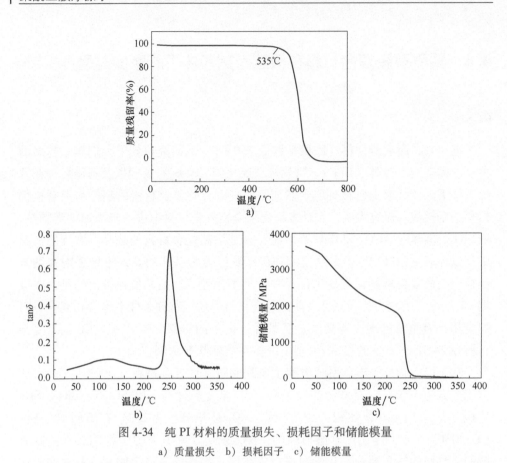

图 4-34   纯 PI 材料的质量损失、损耗因子和储能模量

a）质量损失   b）损耗因子   c）储能模量

　　图 4-35 所示为聚酰亚胺常规复合材料和纳米复合材料在不同 *PV* 条件下的摩擦系数和磨损率。在低 *PV* 条件下（2MPa·0.5m/s），聚酰亚胺常规复合材料和纳米复合材料的摩擦系数分别 0.17 和 0.14，磨损率分别为 $0.90×10^{-6} mm^3/(N·m)$ 和 $0.61×10^{-6} mm^3/(N·m)$，说明纳米 SiO_2 的添加对聚酰亚胺常规复合材料在低 *PV* 条件下的摩擦磨损性能没有明显的影响。然而，随着 *PV* 值的增大，聚酰亚胺纳米复合材料相较于常规复合材料的优势逐渐显现出来。在 4MPa·1m/s 的 *PV* 条件下，聚酰亚胺常规复合材料的摩擦系数和磨损率达到最高值，而纳米复合材料的摩擦系数和磨损率持续降低。当 *PV* 值从 2MPa·0.5m/s 增加到 40MPa·1m/s 时，PI/SCF/Gr/SiO_2 纳米复合材料的摩擦系数从 0.14 降低到 0.03，磨损率则从 $6.69×10^{-7} mm^3/(N·m)$ 减小到 $1.25×10^{-7} mm^3/(N·m)$，分别降低了 78.6% 和 98.1%。需要指出的是，由于摩擦磨损试验机量程的限制，本部分研究工作中最高 *PV* 值为 40MPa·1m/s，但并不是聚酰亚胺纳米复合材料能承受的极限值。

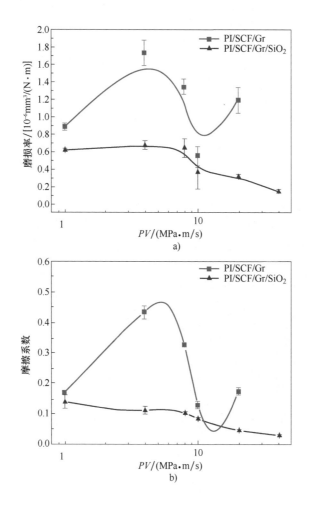

图 4-35　PI 复合材料在不同 PV 条件下的摩擦系数和磨损率

a）摩擦系数　b）磨损率

图 4-36 所示为 40MPa·1m/s 的 PV 条件下，聚酰亚胺纳米复合材料在干摩擦和聚 α-烯烃（PAO）油润滑条件下的摩擦系数随着滑动距离的变化。可以看出，油润滑明显缩短了纳米复合材料的跑合摩擦阶段，但使得复合材料的摩擦系数相较于干摩擦时略有增大，前者的稳态摩擦系数为 0.04，而后者为 0.03。初步推测，纳米复合材料在干摩擦条件下表现出的超低摩擦和磨损行为与对偶金属表面形成的高承载性和高润滑性的转移膜有关。相比之下，PAO 油的存在阻碍了上述润滑转移膜的形成。

图 4-37 对 PI/SCF/Gr 常规复合材料在不同 PV 值下形成的转移膜的形貌和

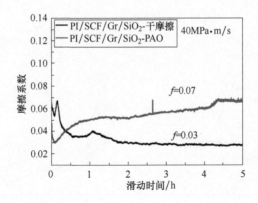

图 4-36　PV 值为 40MPa·1m/s 时，PI/SCF/Gr/SiO$_2$ 纳米复合材料
在干摩擦和 PAO 润滑条件下的摩擦系数随着滑动时间的变化

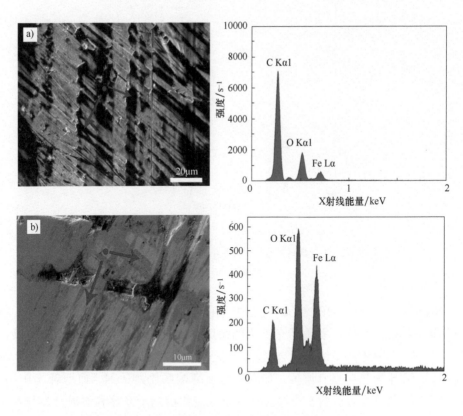

图 4-37　PI/SCF/Gr 复合材料在 1MPa·m/s 和 4MPa·m/s
条件下的 SEM 形貌和 EDS 元素分析
a）1MPa·m/s　b）4MPa·m/s

元素组成进行了分析。在 2MPa·0.5m/s 的低 PV 条件下，对偶表面形成了明显的复合材料转移膜，转移的复合材料不仅填充在对偶表面的沟槽之间，也分布于沟槽之间的凸起区域。通过 EDS 对箭头指示区域进行分析，结果显示主要形成了碳基的转移膜（见图 4-37a）。当 PV 值提高到 4MPa·1m/s 时，金属对偶表面比较光滑，没有前述大面积转移材料的堆积，这可以归因于碳基转移膜在高的界面剪切力作用下发生脱落，后者导致摩擦过程中复合材料与金属对偶表面的直接接触，使得复合材料的摩擦系数和体积磨损率增大。EDS 元素分析表明，金属表面发生了明显的氧化，这与摩擦过程中纤维端部与金属对偶的界面应力集中产生较高的闪温有关。

图 4-38 所示为 2MPa·0.5m/s 时，PI/SCF/Gr/SiO$_2$ 纳米复合材料在金属对

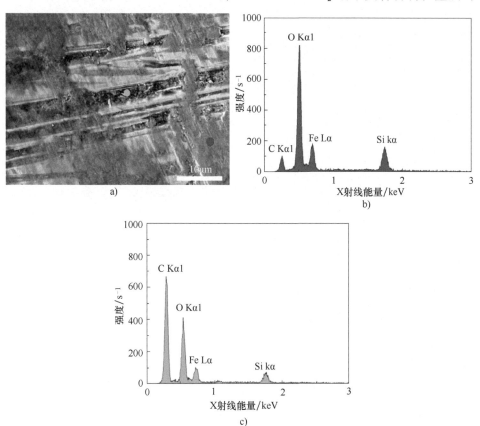

图 4-38 2MPa·0.5m/s 条件下，PI/SCF/Gr/SiO$_2$ 复合材料

转移膜的 SEM 形貌和 EDS 元素分析

a）SEM 形貌 b）、c）EDS 元素分析

偶表面形成的转移膜的 SEM 形貌和 EDS 元素分析。与常规复合材料相比，PI/SCF/Gr/SiO$_2$ 纳米复合材料与 GCr15 对摩时形成的转移膜比较均匀（见图 4-37a 和图 4-38a）。EDS 元素分析表明，覆盖在对偶凸起部分的"灰色区域"主要由二氧化硅组成（见图 4-38b），同时伴有少量的碳材料和氧化铁，而转移到对偶表面沟槽中的主要是复合材料磨屑和少量的氧化铁（图 4-38c）。基于以上分析，纳米复合材料转移膜的形成机理可总结为：在摩擦过程中机械剪切力的反复作用下，二氧化硅纳米颗粒从聚酰亚胺基体中释放出来，并在金属对偶表面不断地堆积、压实。最后，与对偶表面的氧化层及转移的复合材料一起被烧结成具有复杂结构的纳米基转移膜。

为了阐明极端 *PV* 条件下纳米复合材料的摩擦磨损机理，接下来从摩擦化学和转移膜纳米结构的角度对其进行系统分析。图 4-39 所示为 PI/SCF/Gr/SiO$_2$ 纳

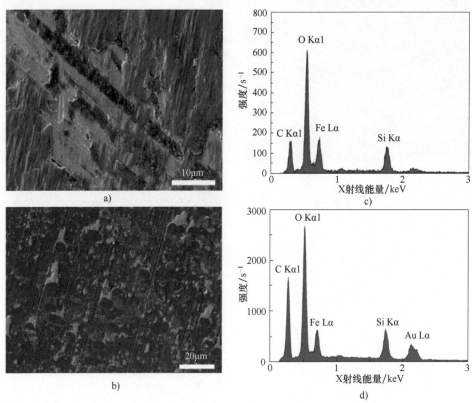

图 4-39　40MPa·1m/s 条件下，PI/SCF/Gr/SiO$_2$ 复合材料的转移膜及磨损表面的 SEM 形貌和 EDS 元素分析

a）转移膜 SEM 形貌　b）复合材料磨损表面 SEM 形貌
c）转移膜 EDS 元素组成　d）复合材料磨损表面 EDS 元素分析

米复合材料在 40MPa·1m/s 的条件下与轴承钢对摩时的对偶表面和复合材料磨损表面形貌及相应的元素组成分析。从对偶表面形貌可以看出，转移到对偶表面的复合材料主要填充在表面的凹槽中（见图 4-39a），而复合材料磨损表面上的纤维附近有明显的磨屑堆积（见图 4-39b），以上两者均含有较高比例的二氧化硅。可以推断，聚集在复合材料磨损表面上碳纤维附近的纳米颗粒在摩擦过程中可以不断地补充转移膜，从而维持二氧化硅基转移膜的稳定性，进而保证纳米复合材料的减摩抗磨性能。

图 4-40 所示为聚酰亚胺纳米复合材料及其在对偶表面形成的转移膜的 ATR-FTIR 谱图。从 PI/SCF/Gr/SiO₂ 复合材料磨损表面的谱图中可以看到聚酰亚胺的主要特征吸收峰，包括位于 $1714cm^{-1}$、$1614cm^{-1}$ 和 $1375cm^{-1}$ 归属于 N—C ═O 的吸收峰和位于 $1230cm^{-1}$ 归属于聚酰亚胺中 C ═O 的吸收峰（见图 4-40）。然而，上述吸收峰在 40MPa·1m/s 摩擦条件下形成的转移膜的 FTIR 谱图中消失，而位于 $1020cm^{-1}$ 归属于 SiO₂ 中的 Si—O—Si 键的吸收峰变得非常明显。此外，转移膜的 FTIR 谱图中在 $580cm^{-1}$ 处出现 Fe₂O₃ 中 Fe—O 键的峰，在 $1568cm^{-1}$ 和 $1404cm^{-1}$ 处出现 Fe（R—COO）₂（羧酸盐）的峰（见图 4-40）。以上结果表明，从复合材料中释放出的纳米颗粒与摩擦氧化产物在摩擦界面上发生机械混合，并最终被烧结成二氧化硅基转移膜。

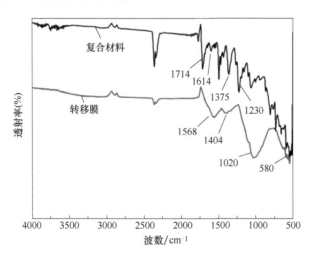

图 4-40　40MPa·1m/s 条件下 PI/SCF/Gr/SiO₂ 复合材料和对应转移膜的 ATR-FTIR 谱图

为了进一步验证上述转移膜的形成机理，对 40MPa·1m/s 摩擦条件下形成的转移膜表面进行了 XPS 分析，如图 4-41 所示。其中，C1s 谱图可以拟合为位于 284.5eV、284.9eV、285.1eV、285.5eV、286.2eV 和 288.4eV 的 6 个峰，分别对应于 C—C、C=C、C—H 和 C—N 键以及羧酸基团中 C—O 和 C=O 键中的 C,说明聚酰亚胺发生了热分解,并且其分解产物与空气中的 O_2 或 H_2O 发生了反应。C=O 和 C—O 的存在可以从 O1s 谱中结合能位于 531.50eV 和 530.60eV 的峰得到进一步证实,而 O1s 谱中位于 532.40eV 和 Si2p 谱中位于 103.0eV 的峰证明了转移膜中 SiO_2 的存在。此外,O1s 谱中结合能位于 529.8eV 的峰对应于 Fe_2O_3 中的晶格氧,说明摩擦导致了金属对偶表面的氧化。

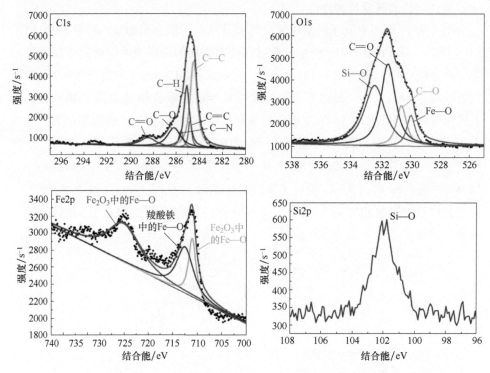

图 4-41　40MPa·1m/s 条件下 PI/SCF/Gr/SiO₂ 在轴承钢表面形成转移膜的
C1s、O1s、Fe2p、Si2p 的 XPS 谱图

通过以上转移膜的表面结构和组成的分析,可以断定高 *PV* 条件下摩擦界面发生了复杂的摩擦物理、化学反应,其机理如图 4-42 所示。当聚酰亚胺纳米复合材料与轴承钢对摩时,在机械剪切力和摩擦热的诱导作用下,聚酰亚胺分子链中的 C—O 键被破坏,产生碳自由基和氧自由基。不稳定的碳自由基可以与环境中的 O_2 或 H_2O 反应形成过氧自由基。此外,酰胺键断裂产生的羧酸可以与金属反应生成金属有机化合物,而通过氧自由基的氧化获得的过氧化物自由基可直接与金属结合,这与 Gao 报道的聚四氟乙烯摩擦界面化学反应机理类似。这

种通过化学反应形成的转移膜的结构比较稳定，能够在极端的摩擦条件下发挥良好的减摩作用。

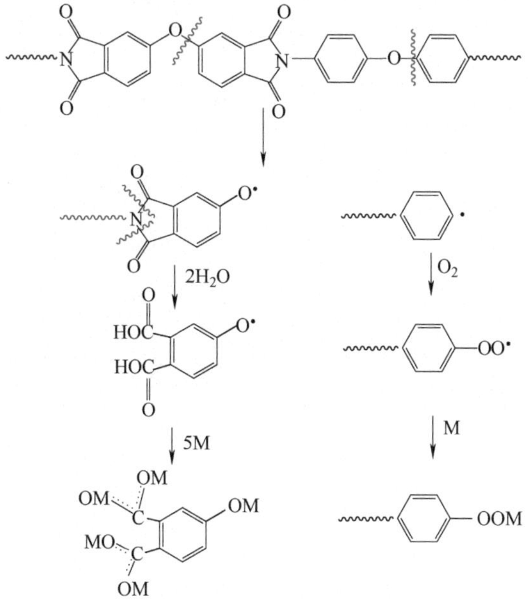

图 4-42　PI 在机械剪切力和摩擦热的作用下，分子链的断裂示意图

　　为了揭示转移膜的纳米结构，对 40MPa·1m/s 条件下形成的转移膜的断面进行了 FIB-TEM 分析。从图 4-43a 可以看出，PI/SCF/Gr/SiO$_2$ 在对偶表面形成的转移膜均匀地覆盖在对偶表面，厚度约为 300nm。根据内部结构，转移膜可以划分为两个区域：区域Ⅰ（Z-Ⅰ，灰色相）和区域Ⅱ（Z-Ⅱ，黑色相），两者的结构有所不同。此外，转移膜中存在平行于滑动方向的带状区域，如图 4-43a 中箭头所示。进一步观察 Z-Ⅰ的结构发现，该区域由晶区和无定形材料组成（见图 4-43b），并且其 SAED 图中出现 Fe$_2$O$_3$ 的（211）和石墨的（102）衍射环（见图 4-43c），说明转移膜中靠近金属基底的区域含有对偶的氧化产物和石墨结构。此外，在区域Ⅰ中还存在较高含量的无定形二氧化硅和转移的碳材料。因此，Z-Ⅰ区域的组成主要来源于复合材料中的石墨、聚酰亚胺基体中的二氧化硅、氧化铁以及转移的碳材料。相比之下，Z-Ⅱ区域主要由来自转移的聚酰亚胺的无定形碳材料组成。HR-TEM 分析结果则表明，PI/SCF/Gr/SiO$_2$ 转移膜中的带状区域主要为无定形结构（见图 4-43d），可能是摩擦剪切应力作用导致的聚酰亚胺分子链取向的结果。需要指出的是，聚合物分子链的高度取向能够赋予转移膜在高 PV 条件下发生摩擦时易剪切的特性，后者与聚合物在摩擦热下呈

现的黏性流动流体润滑作用耦合，共同决定了聚合物复合材料的减摩抗磨特性。

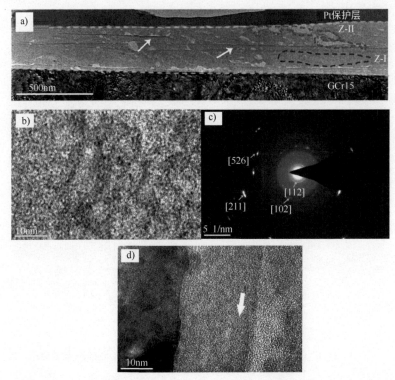

图 4-43　40MPa·1m/s 条件下，PI/SCF/Gr/SiO₂ 复合材料转移膜的断面 FIB-TEM 图像、
高分辨透射图像、Z-Ⅰ区域的 SAED 图像以及带状结构的 HR-TEM 图像

a) 断面的 FIB-TEM 图像　b) 高分辨透射图像　c) Z-Ⅰ区域的 SAED 图像　d) 带状结构的 HR-TEM 图像

基于上述摩擦化学反应和转移膜的纳米结构分析，提出了聚酰亚胺纳米复合材料在高 *PV* 条件下的转移膜形成机理（见图 4-44）。其中，聚酰亚胺基体与金属对偶表面之间的机械剪切力和摩擦热是引起界面物理、化学反应的必要条件，而自由基化学反应和螯合作用，是提高转移膜与金属对偶表面之间结合强度的重要因素。由于聚酰亚胺基体在摩擦界面被反复剪切，导致自身发生热降解，使得二氧化硅纳米颗粒从聚酰亚胺磨屑中释放出来。其后，转移的磨屑如二氧化硅、氧化铁、石墨和残余的聚酰亚胺被烧结成致密的转移膜，其中的硬质成分（二氧化硅和氧化铁）能够提高转移膜的承载能力，有利于提高纳米复合材料的摩擦磨损性能。此外，由于摩擦界面上较高的温度，转移膜中的聚酰亚胺呈现出黏性流动行为，可以起到流体润滑的作用。聚酰亚胺的黏性流动以及二氧化硅基转移膜的易剪切特性是纳米复合材料表现出优异摩擦磨损性能的重要原因。

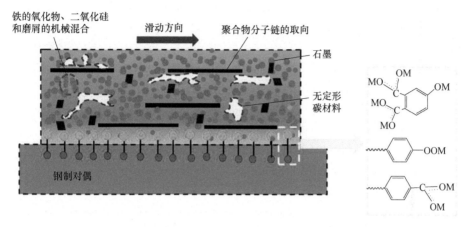

图 4-44　纳米复合材料在高 *PV* 条件下转移膜的形成机理

4.4.3　小结

1）摩擦界面的机械剪切作用和摩擦热导致聚酰亚胺复合材料与钢对摩过程中发生摩擦化学反应，包括聚酰亚胺分子链的断裂、自由基的氧化及其与对偶金属的螯合，后者能够有效提高转移膜和金属对偶之间的结合强度，有利于实现极端摩擦条件下的稳定润滑。

2）在高 *PV* 条件下，摩擦热引起对偶金属表面的氧化和聚酰亚胺纳米复合材料中基体分子链的降解，后者使得摩擦界面释放出纳米二氧化硅。在界面摩擦物理作用和摩擦化学反应的共同作用下，纳米二氧化硅、氧化铁及残余的聚酰亚胺磨屑发生摩擦烧结，最终形成二氧化硅基转移膜，是聚酰亚胺纳米复合材料表现出优异摩擦磨损性能的原因。

参 考 文 献

［1］陈国邦. 低温工程材料［M］. 杭州：浙江大学出版社，1998.

［2］赵伟栋，张宗强，耿东兵，等. 低温聚合物基复合材料研究进展［J］. 宇航材料工艺，2003，33（5）：21-25.

［3］童靖宇，刘向鹏，张超，等. 空间原子氧环境对航天器表面侵蚀效应及防护技术［J］. 航天器环境工程，2009（1）：1-5.

［4］BOJDYS M J，MÜLLER J O，ANTONIETTI M，et al. Ionothermal synthesis of crystalline, condensed, graphitic carbon nitride［J］. Chemistry A European Journal，2008，14（27）：8177-8182.

［5］YAN S C，LI Z S，ZOU Z G. Photodegradation performance of g-C₃N₄ fabricated by directly heating melamine [J]. Langmuir, 2009, 25 (17): 10397-10401.

[6] CLARK S J, SEGALL M D, PICKARD C J, et al. First principles methods using CASTEP [J]. Zeitschrift für Kristallographie - Crystalline Materials, 2005, 220 (5-6): 567-570.

[7] PERDEW J P, BURKE K, ERNZERHOF M. generalized gradient approximation made simple [J]. Physical Review Letters, 1996, 77 (18): 3865-3868.

[8] REN S M, CUI M J, LI Q, et al. Barrier mechanism of nitrogen-doped graphene against atomic oxygen irradiation [J]. Applied Surface Science, 2019, 479: 669-678.

[9] MEI L V, WANG Q H, WANG T M, et al. Effects of atomic oxygen exposure on the tribological performance of ZrO_2-reinforced polyimide nanocomposites for low earth orbit space applications [J]. Composites Part B: Engineering, 2015, 77: 215-222.

[10] SAEED M B, ZHAN M S. Effects of monomer structure and imidization degree on mechanical properties and viscoelastic behavior of thermoplastic polyimide films [J]. European Polymer Journal, 2006, 42 (8): 1844-1854.

[11] PEI X L, ZHAI W T, ZHENG W G. Preparation and characterization of highly cross-linked polyimide aerogels based on polyimide containing trimethoxysilane side groups [J]. Langmuir, 2014, 30 (44): 13375-13383.

[12] ZHANG L G, QI H M, LI G T, et al. Significantly enhanced wear resistance of PEEK by simply filling with modified graphitic carbon nitride [J]. Materials & Design, 2017, 129: 192-200.

[13] BERMAN D, DESHMUKH S A, SANKARANARAYANAN K R S, et al. Macroscale superlubricity enabled by graphene nanoscroll formation [J]. Science, 2015, 348 (6239): 1118-1122.

[14] SCHARF T W, GOEKE R S, KOTULA P G, et al. Synthesis of Au-MoS_2 nanocomposites: thermal and friction-induced changes to the structure [J]. ACS Applied Materials & Interfaces, 2013, 5 (22): 11762-11767.

[15] LI S Z, LI Q Y, CARPICK R W, et al. The evolving quality of frictional contact with graphene [J]. Nature, 2016, 539 (7630): 541-545.

[16] KAWAI S, BENASSI A, GNECCO E, et al. Superlubricity of graphene nanoribbons on gold surfaces [J]. Science, 2016, 351 (6276): 957-961.

[17] ZHAO J, MAO J Y, LI Y R, et al. Friction-induced nano-structural evolution of graphene as a lubrication additive [J]. Applied Surface Science, 2018, 434: 21-27.

[18] WANG Q H, ZHANG X R, et al. Study on the friction and wear behavior of basalt fabric composites filled with graphite and nano-SiO_2 [J]. Materials & Design, 2010, 31 (3): 1403-1409.

[19] WANG Q H, XUE Q J, LIU H W, et al. The effect of particle size of nanometer ZrO_2 on the tribological behaviour of PEEK [J]. Wear, 1996, 198 (1-2): 216-219.

［20］ WANG Q H, XU J F, SHEN W C, et al. An investigation of the friction and wear properties of nanometer Si_3N_4 filled PEEK ［J］. Wear, 1996, 196 (1-2)：82-86.

［21］ WANG Q H, XUE Q J, LIU W M, et al. The friction and wear characteristics of nanometer SiC and polytetrafluoroethylene filled polyetheretherketone ［J］. Wear, 2000, 243 (1-2)：140-146.

［22］ SCHWARTZ C J, BAHADUR S. The role of filler deformability, filler-polymer bonding, and counterface material on the tribological behavior of polyphenylene sulfide (PPS) ［J］. Wear, 2001, 251 (1-12)：1532-1540.

［23］ VOORT J V, BAHADUR S. The growth and bonding of transfer film and the role of CuS and PTFE in the tribological behavior of PEEK ［J］. Wear, 1995, 181-183 (Part 1)：212-221.

［24］ SONG J P, VALEFI M, ROOIJ M, et al. The effect of an alumina counterface on friction reduction of CuO/3Y-TZP composite at room temperature ［J］. Wear, 2012, 274-275：75-83.

［25］ SUH M S, CHAE Y H, KIM S S. Friction and wear behavior of structural ceramics sliding against zirconia ［J］. Wear, 2008, 264 (9-10)：800-806.

［26］ CHANG L, ZHANG Z. Tribological properties of epoxy nanocomposites：Part II. A combinative effect of short carbon fibre with nano-TiO_2 ［J］. Wear, 2006, 260 (7-8)：869-878.

［27］ GUO L H, ZHANG G, WANG D A, et al. Significance of combined functional nanoparticles for enhancing tribological performance of PEEK reinforced with carbon fibers ［J］. Composites Part A：Applied Science and Manufacturing, 2017, 102：400-413.

［28］ SEBASTIAN R, NOLL A, ZHANG G, et al. Friction and wear of PPS/CNT nanocomposites with formation of electrically isolating transfer films ［J］. Tribology International, 2013, 64：187-195.

［29］ ÖSTERLE W, DMITRIEV A I, WETZEL B, et al. The role of carbon fibers and silica nanoparticles on friction and wear reduction of an advanced polymer matrix composite ［J］. Materials & Design, 2016, 93：474-484.

［30］ GAO J T. Tribochemical effects in formation of polymer transfer film ［J］. Wear, 2000, 245 (1-2)：100-106.

第 5 章

聚酰亚胺复合材料-金属摩擦界面的物理、化学作用

5.1　聚酰亚胺复合材料-硬质金属摩擦界面的物理、化学作用

5.1.1　引言

大量研究已经证明，聚合物复合材料的摩擦磨损性能与其在对偶金属表面形成转移膜密切相关，聚合物基体的分子链结构、复合材料的微观结构和组成、摩擦的工况环境和金属对偶的物理、化学性能等均对转移膜的形成具有非常重要的影响。目前，关于转移膜的研究主要集中于聚合物复合材料与轴承钢、中碳钢等铁基金属配副，有关金属对偶的化学组成对转移膜影响的研究还很缺乏。然而，为了解决实际应用中潮湿、腐蚀等环境条件下的摩擦磨损难题，聚合物复合材料需要与耐氧化或耐腐蚀的金属对偶配副。因此，聚合物复合材料与金属对偶的匹配是决定氧化、腐蚀等特殊环境中运动机构摩擦磨损性能的关键问题之一。

本节以聚酰亚胺复合材料-硬质金属摩擦系统为研究对象，系统研究了不锈钢（SUS316）、轴承钢（GCr15）和镀铬轴承钢（Cr，由于是和镀铬层发生摩擦，因此用 Cr 表示）三种金属对偶（化学组成见表 5-1）与聚酰亚胺复合材料（SCF、Gr 和纳米填料的体积含量分别为 10%、8% 和 2%）配副时的界面摩擦行为，探讨了摩擦化学反应在不同硬质金属表面转移膜形成中的作用机理，旨在为高性能聚酰亚胺复合材料转移膜的构筑和调控提供理论基础，指导氧化、腐蚀等特殊环境中减摩抗磨聚酰亚胺复合材料部件的研发。

表 5-1　SUS316、GCr15 和 Cr 的化学组成

样本	化学组成（质量分数,%）						
	C	Cr	Si	Mn	P	S	Fe
SUS316	0.08	16.0~18.0	≤1.0	≤2.0	0.045	0.03	其余
GCr15	0.95~1.05	1.40~1.65	0.15~0.35	0.25~0.45	≤0.025	0.025	其余
Cr	3.09	95.78	0.08	1.04	0.00	0.00	0.01

5.1.2　聚酰亚胺复合材料与不同金属对摩时的摩擦磨损性能

采用销-盘接触模式摩擦磨损试验机（Wazau，TRM-100）测试了聚酰亚胺复合材料与不同硬质金属配副时的摩擦磨损行为，结果如图 5-1 所示。对于常规复合材料 PI/SCF/Gr，其摩擦行为受金属对偶化学组成的显著影响（见图 5-1a）。与 Cr 和 SUS316 对摩时，经过约 0.5h 的跑合摩擦系数进入稳定阶段，而与 GCr15 配副时其跑合时间约为 2.5h，是前者的 5 倍。相比之下，纳米颗粒的添加明显降低了金属对偶化学组成对聚酰亚胺复合材料摩擦行为的影响。PI/SCF/Gr/SiO$_2$ 复合材料与三种不同对偶对摩时摩擦系数随着滑动时间的变化非常相似，约经过 30min 的跑合后，摩擦系数稳定在 0.15，且在整个摩擦过程中摩擦系数的波动很小。尽管 BN 填充的聚酰亚胺复合材料与三种金属对偶对摩时跑合摩擦阶段持续的时间非常相似（均为 45min 左右），但对金属对偶化学组成的不敏感性有所改变。当 PI/SCF/Gr/BN 与 GCr15 对摩时，稳定摩擦阶段的摩擦系数在随着滑动时间的变化过程中出现一定程度的波动，而与镀铬 Cr 和 SUS316 对摩时摩擦系数曲线非常平滑。

聚合物复合材料的摩擦是一个复杂的过程，摩擦过程中接触界面上发生的材料转移、摩擦化学反应等决定了其摩擦行为。在跑合摩擦阶段，转移的聚合物磨屑通过物理或化学的作用黏附到对偶表面上形成转移膜，当后者的形成和脱落达到动态平衡时，摩擦进入稳定阶段。但上述过程以及摩擦过程中界面黏着点的形成和断裂均会引起摩擦系数一定程度的波动，这与复合材料和对偶的化学组成有关。在本研究中，PI/SCF/Gr 和 PI/SCF/Gr/BN 与 GCr15 对摩时均出现一定程度的摩擦系数波动，而纳米 SiO$_2$ 填充的复合材料与三种不同的金属对摩时均表现出平稳的摩擦系数，说明纳米 SiO$_2$ 改变了常规聚酰亚胺复合材料摩擦过程中转移膜的形成和作用机制。

图 5-1b 和图 5-1c 所示分别为 PI/SCF/Gr、PI/SCF/Gr/SiO$_2$ 和 PI/SCF/Gr/BN 复合材料与 GCr15、Cr 和 SUS316 三种对偶对摩时的平均摩擦系数和磨损率。就摩擦系数而言，常规聚酰亚胺复合材料与三种不同对偶对摩时的摩擦系数均高于纳米颗粒填充的复合材料，尤其是与 GCr15 对摩时的摩擦系数高达 0.76。而 Cr 和 SUS316 作为对偶时，其摩擦系数下降为 0.32 和 0.41，分别降低了 57.9%

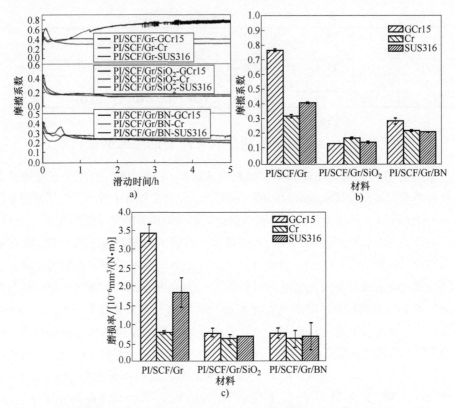

图 5-1 聚酰亚胺复合材料与轴承钢（GCr15）、镀铬轴承钢（Cr）和不锈钢（SUS316）
对摩时的摩擦系数随滑动时间的变化、平均摩擦系数和磨损率
a）摩擦系数随滑动时间的变化 b）平均摩擦系数 c）磨损率

和 46.1%。与常规复合材料不同，纳米 SiO_2 或 BN 的添加显著降低了聚酰亚胺复合材料的摩擦系数，并且降低了摩擦系数对金属对偶化学组成的敏感性，特别是 PI/SCF/Gr/SiO_2 复合材料与三种不同对偶对摩时的摩擦系数稳定在 0.14～0.17。尽管 PI/SCF/Gr/BN 复合材料的摩擦系数高于相同对偶条件下的 PI/SCF/Gr/SiO_2 复合材料，但两者的磨损率非常接近，其中与 Cr 对摩时的磨损率最低，为 $0.65×10^{-6}mm^3/(N·m)$。相比之下，常规聚酰亚胺复合材料的耐磨性明显较差，其最低磨损率发生在与 Cr 对摩时，为 $0.76×10^{-6}mm^3/(N·m)$，而与 GCr15 对摩时的磨损率达到 $3.43×10^{-6}mm^3/(N·m)$。综合考虑聚酰亚胺复合材料的摩擦和磨损行为，Cr 作为对偶更有利于提高复合材料的减摩抗磨性能。

5.1.3　聚酰亚胺复合材料的磨损机理及转移膜的纳米结构和组成

图 5-2 所示为 PI/SCF/Gr 复合材料与 GCr15、Cr 和 SUS316 对摩时的磨损表

面形貌。GCr15 作为对偶时，复合材料的磨损表面比较光滑，但在纤维与基体的界面处出现裂纹，并伴有少量较宽的划痕（见图 5-2a），该形貌与对偶表面特征相对应（见图 5-3a），其中对偶表面黏附的片状磨屑层划擦复合材料表面引起较宽的划擦痕迹，而光滑区域的剪切作用导致光滑的复合材料表面的形成。EDS 元素分析表明，GCr15 对偶发生了严重的氧化，说明空气中的氧和对偶表面的铁在摩擦热的作用下发生了氧化反应，这与复合材料表现出最高的摩擦系数和磨损率是一致的。当 PI/SCF/Gr 与 Cr 及 SUS316 对摩时，复合材料的磨损表面变得明显不同，除了断裂的碳纤维从聚酰亚胺基体中部分暴露出来，大量细小的磨屑被反复剪切和碾压，最终黏附在磨损表面上（见图 5-2b 和 c）。由于碳纤维与树脂基体之间的界面结合较好，暴露的碳纤维在摩擦过程中优先承担载荷，一方面抑制了对偶表面对复合材料的破坏作用，另一方面减小了接触面积，使得复合材料的摩擦系数降低。相应地，对偶表面形成了与金属表面结合紧密的复合材料转移层。相较于 SUS316 对偶，镀铬轴承钢（Cr）表面形成的转移层更薄，并且由于铬的化学稳定性较好，对偶表面氧化生成的氧化铬较少（见图 5-3b），此时复合材料表现出最低的摩擦系数和磨损率。相比之下，SUS316 对偶表面形成的转移层较厚，转移的材料镶嵌在对偶表面的沟槽中（见图 5-3c），后者在反复的界面剪切作用下发生脱落，在一定程度上增大了复合材料的磨损率。

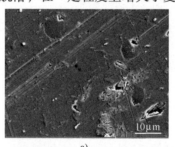

a)

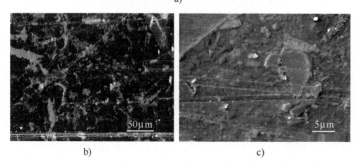

b)　　　　　　　　　　　c)

图 5-2　PI/SCF/Gr 复合材料与不同对偶对摩时的磨损表面形貌

a）GCr15　b）Cr　c）SUS316

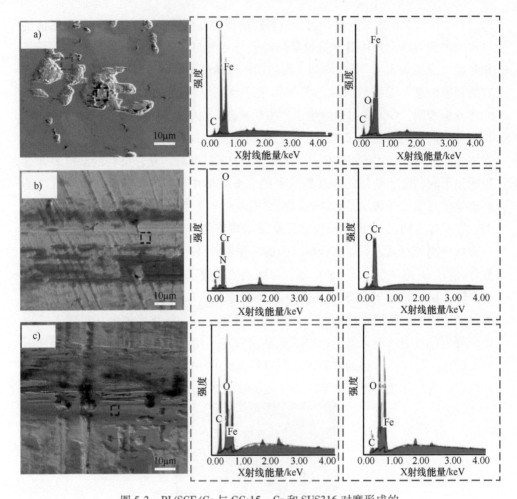

图 5-3　PI/SCF/Gr 与 GCr15、Cr 和 SUS316 对摩形成的
转移膜的 SEM 形貌及相应的 EDS 元素分析

a) PI/SCF/Gr 与 GCr15 对摩　b) PI/SCF/Gr 与 Cr 对摩　c) PI/SCF/Gr 与 SUS316 对摩

　　从以上分析可知，PI/SCF/Gr 复合材料的摩擦磨损性能与对偶金属的抗氧化
能力密切相关。当金属对偶，如 GCr15，在摩擦过程中发生严重的氧化时，复合
材料转移形成转移膜的能力受到抑制，摩擦界面上暴露的氧化铁层导致复合材
料的摩擦系数增大，耐磨性降低。对于抗氧化能力较好的金属对偶，复合材料
的转移和对偶表面一定程度的氧化共同控制了转移膜的形成，后者有效抑制了
复合材料表面与对偶的直接接触，并与磨损表面上暴露的碳纤维的承载作用耦
合，使得复合材料表现出大幅提高的摩擦磨损性能。

　　图 5-4 比较了 PI/SCF/Gr/SiO$_2$ 与不同对偶对摩时形成的转移膜的 SEM 形貌

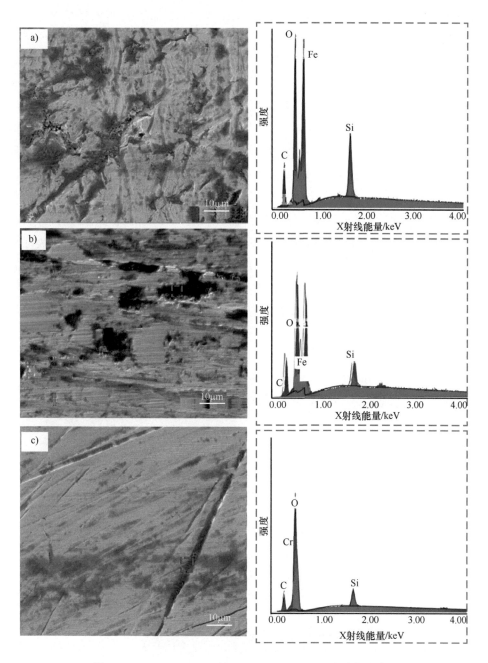

图 5-4　PI/SCF/Gr/SiO₂ 与 GCr15、Cr 和 SUS316 对摩形成的
转移膜的 SEM 形貌及相应的 EDS 元素分析
a) PI/SCF/Gr/SiO₂ 与 GCr15 对摩　b) PI/SCF/Gr/SiO₂ 与 Cr 对摩
c) PI/SCF/Gr/SiO₂ 与 SUS316 对摩

及其 EDS 元素分析结果。很明显，常规复合材料中添加 SiO_2 纳米颗粒显著改变了对偶表面的转移膜形貌。对 GCr15 和 SUS316 对偶而言，表面形成的转移膜比较均匀，转移的复合材料主要填充在对偶表面的沟槽中（见图 5-4a、c）。而镀铬轴承钢（Cr）表面的沟槽被镀层填充，转移膜主要黏附在对偶表面上，且厚度明显较薄（见图 5-4b）。EDS 元素分析表明，$PI/SCF/Gr/SiO_2$ 形成的转移膜中存在较多的二氧化硅，且纳米 SiO_2 颗粒的引入显著降低了轴承钢的摩擦氧化（见图 5-3 和图 5-4），这与纳米 SiO_2 表面富含丰富的羟基和残余不饱和键有关，后者能够促进其在金属表面的吸附，从而抑制对偶表面的氧化。

为了揭示 $PI/SCF/Gr/SiO_2$ 复合材料在对偶表面形成的转移膜的纳米结构，通过 FIB-TEM、HR-TEM 和扫描透射电子显微镜（STEM）对其在 GCr15 表面形成的转移膜的断面结构进行了表征。图 5-5a 所示为转移膜横截面的 TEM 图像，可以看出转移膜的厚度约为 500nm。对 A 区域进行进一步的 HR-TEM 分析发现，转移膜主要由非晶材料组成，其中伴有少量的晶体材料。通过傅里叶变换得到晶体中的晶格间距为 0.335nm，对应（002）晶面的石墨碳材料（见图 5-5b）。相比之下，在靠近对偶底部的 B 区域中晶体的晶格间距为 0.254nm，对应于 Fe_2O_3 的（110）晶面（见图 5-5c）。因此，对偶表面在摩擦的起始阶段发生了氧化。其后，随着摩擦过程的进行，材料转移逐渐主导了转移膜的形成。

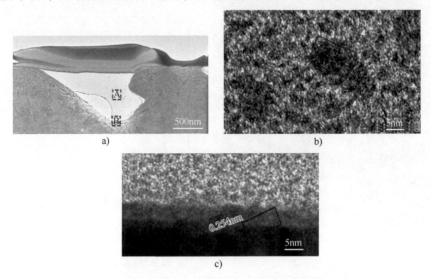

图 5-5　$PI/SCF/Gr/SiO_2$ 与 GCr15 对摩形成的转移膜纳米结构

a）转移膜的 TEM 图像　b）A 区域的 HR-TEM 图像　c）B 区域的 HR-TEM 图像

　　图 5-6 所示为 GCr15 对偶表面上形成的 PI/SCF/Gr/SiO₂ 转移膜的 STEM/
EDS 线扫描和元素面分布图。与前述结果一致，EDS 元素分析结果证实转移膜
主要由碳、硅和氧元素组成，转移膜的基体为碳材料，而元素面分布图中能够
明显地观察到二氧化硅在转移膜中的积聚。根据上述研究结果，PI/SCF/Gr/
SiO₂ 转移膜的形成和作用机制可以归纳如下：二氧化硅、摩擦氧化产物和转移
的碳材料在界面闪温和应力的作用下发生积聚、压实，最终被烧结成二氧化硅
基转移膜，该转移膜具有良好的承载能力和润滑作用，是复合材料摩擦学性能
提高的重要原因，这与张嘎等的研究结果一致。

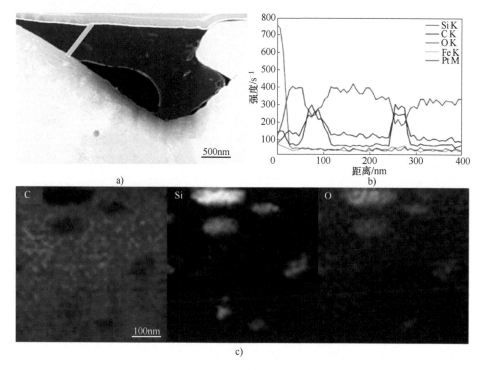

图 5-6　PI/SCF/Gr/SiO₂ 与 GCr15 对摩形成的转移膜的 STEM 图像、
EDS 元素分析和 C、Si 和 O 元素的面分布
a) 转移膜的 STEM 图像　b) EDS 元素分析　c) C、Si 和 O 元素的面分布

　　图 5-7 所示为 PI/SCF/Gr/BN 与三种不同的对偶对摩时形成的转移膜的 SEM
形貌。很明显，对偶的化学组成对转移膜的形貌具有明显的影响。与 GCr15 对
摩时，转移膜主要由对偶表面凹坑处的材料堆积组成（见图 5-7a），表面镀铬后
的对偶表面形成了条带状的转移膜，后者由填充在凹沟内和黏附在表面上的材
料连接在一起组成（见图 5-7b）。与上述两者不同，转移膜覆盖 SUS316 对偶表

面的程度明显增大，纵横交错的凹沟内及相邻凹沟之间的表面均有转移膜覆盖（见图 5-7c），这与复合材料表现出较低的摩擦系数是一致的，反映出转移膜在 PI/SCF/Gr/BN 摩擦过程中的重要作用。

图 5-7　PI/SCF/Gr/BN 与 GCr15、Cr 和 SUS316 对摩形成的转移膜的 SEM 形貌

a）PI/SCF/Gr/BN 与 GCr15 对摩　b）PI/SCF/Gr/BN 与 Cr 对摩　c）PI/SCF/Gr/BN 与 SUS316 对摩

利用 TEM 对 PI/SCF/Gr/BN 与 GCr15 对摩形成的转移膜的微观结构进行了分析，结果显示转移膜的厚度在 400nm 左右，比较均匀（见图 5-8a）。为了探究转移膜在厚度方向上的组成变化，分别对图中所示 A 和 B 区域进行了 HR-TEM 表征。结果分析发现，区域 A 中存在晶格间距为 0.335nm 和 0.235nm 的晶体结

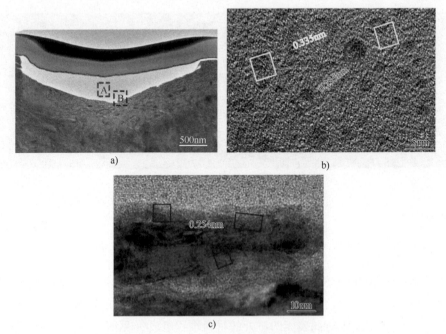

图 5-8　PI/SCF/Gr/BN 与 GCr15 对摩形成的转移膜的微观结构

a）转移膜的 TEM 图像　b）A 区域的 HR-TEM 图像　c）B 区域的 HR-TEM 图像

构（见图 5-8b），分别对应于石墨的（002）晶面和 c-BN 的（111）晶面，但是没有发现 h-BN 的晶体结构。由此推断，添加到聚酰亚胺复合材料中的 h-BN 在形成转移膜的过程中转化为 c-BN。此外，在靠近对偶表面的 B 区域的 HR-TEM 图像中观察到晶格间距为 0.254nm 的晶体结构（见图 5-8c），后者对应于 Fe_2O_3 的（110）晶面。因此，与 PI/SCF/Gr/SiO_2 转移膜的形成机理类似，在 PI/SCF/Gr/BN 与 GCr15 对摩的初始阶段，对偶表面发生了氧化，随后接触界面的材料转移发挥了主导作用。而在界面应力集中和闪温的作用下，释放到滑动界面上的 h-BN 纳米颗粒转化为 c-BN，这与高温高压条件下硅、碱金属或碱土金属的存在能够使 h-BN 转化为 c-BN 的结论是一致的。

图 5-9 所示为 PI/SCF/Gr/BN 与 GCr15 对摩形成的转移膜断面的元素组成分析结果。通过沿图 5-9a 中所示直线进行元素线扫描分析发现，硼和氮元素在转移膜中分布较为均匀（图 5-9b），元素面分布则显示 BN 均匀地分散在碳质材料中，共同构成了转移膜的主要组分（图 5-9c）。

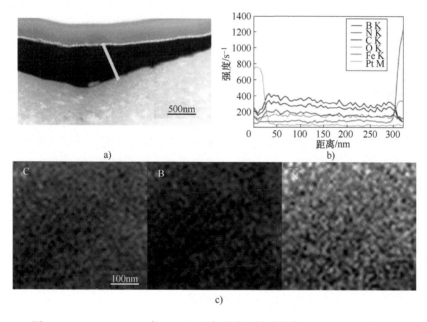

图 5-9　PI/SCF/Gr/BN 与 GCr15 对摩形成的转移膜断面的 EDS 元素分析

a）转移膜的 STEM 照片　b）EDS 线扫描　c）C、B 和 N 元素的面分布

5.1.4　小结

1）聚酰亚胺复合材料与不同对偶对摩时的摩擦磨损性能与对偶的抗氧化能

力有关。常规聚酰亚胺复合材料与 GCr15 对摩时，由于摩擦氧化的发生，对偶表面生成了氧化铁，导致复合材料的摩擦学性能较差。而 Cr 和 SUS316 对偶因抗氧化能力较好，表面形成的碳材料转移膜提高了复合材料的摩擦磨损性能。

2）PI/SCF/Gr/SiO_2 复合材料中的纳米 SiO_2 在摩擦过程中能够刮擦对偶表面的氧化层，并与摩擦界面残余的磨屑一起烧结成膜，最终形成承载能力高、润滑性能好的转移膜，是聚酰亚胺纳米复合材料相较于常规复合材料表现出提高的摩擦学性能的重要原因。

3）PI/SCF/Gr/BN 复合材料中的 h-BN 纳米颗粒在接触界面应力集中和界面闪温的作用下转变为 c-BN，抑制了对偶的氧化，有利于提高复合材料的摩擦磨损性能。

5.2 聚酰亚胺复合材料-镍铬硼硅涂层的摩擦界面物理、化学作用

5.2.1 引言

如上一节所述，对偶金属的抗氧化能力对其与聚酰亚胺复合材料对摩过程中转移膜的形成具有重要的影响。尽管表面镀铬能够提高对偶的抗氧化性，但其制备过程容易造成环境污染。因此，热喷涂耐磨涂层取代电镀铬涂层逐渐成为发展趋势。在众多热喷涂涂层中，NiCrBSi 因具有高硬度、耐氧化和耐磨损等特性受到了人们的广泛关注。本节继续以常规聚酰亚胺复合材料 PI/SCF/Gr（以下简称 CPI）和纳米颗粒填充的常规聚酰亚胺复合材料（以下分别简称为 CPI/BN 和 CPI/SiO_2）为摩擦副材料，系统考察了其与中碳钢（MCS35）和表面喷涂 NiCrBSi 涂层的轴承钢（NiCrBSi 的化学组成见表 5-2）配副时的摩擦磨损行为，重点研究了对偶表面形成的转移膜的纳米结构和组成与金属对偶之间的关系，旨在揭示摩擦界面的物理、化学作用在其摩擦磨损过程中的作用，为高性能聚酰亚胺复合材料/金属配副的设计提供理论依据。

表 5-2　金属对偶的化学组成

对偶	Cr	B	Si	Fe	Ni	C	Mn
NiCrBSi（质量分数,%）	17.53	3.27	4.01	4.43	其余	0.82	—
MCS35（质量分数,%）	0.25	—	0.17~0.37	其余	≤0.25	0.32~0.40	0.50~0.80

5.2.2　MCS35、NiCrBSi 与聚酰亚胺复合材料配副时的摩擦磨损性能

图 5-10 所示为 MCS35 和 NiCrBSi 与聚酰亚胺复合材料配副时的平均摩擦系数和体积磨损率。在所研究的三个 PV 值下，一方面，常规复合材料 CPI 的摩擦系数均高于纳米复合材料，而纳米 SiO_2 的减摩效果优于 BN；另一方面，MCS35 作为对偶时复合材料的摩擦系数高于与 NiCrBSi 对摩时（见图 5-10a）。以上结果说明，在相同的 PV 值下，聚酰亚胺复合材料与 NiCrBSi 配副相较于与 MCS35 对摩表现出更低的摩擦系数。该优势在 PV 值从 1MPa·1m/s 增大到 10MPa·3m/s 时更加明显，即与 NiCrBSi 对摩时，三种聚酰亚胺复合材料的摩擦系数均随着 PV 值增大逐渐降低，而 MCS35 对偶使得 CPI 和 CPI/BN 的摩擦系数在 4MPa·1m/s 时明显增大，CPI 的摩擦系数高达 0.7。此外，值得指出的是，纳米 SiO_2 填充的复合材料在高 PV 值下表现出更加优异的减摩性能，其与 NiCrBSi 配副在 PV 值为 10MPa·3m/s 时的摩擦系数低至 0.06。

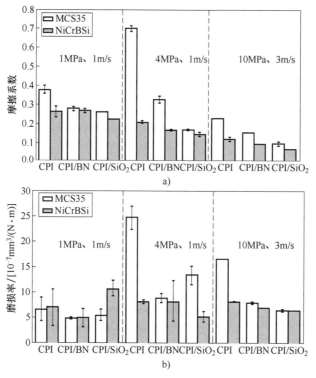

图 5-10　MCS35 和 NiCrBSi 与聚酰亚胺复合材料在 1MPa·1m/s、4MPa·1m/s 和
10MPa·3m/s 条件下对摩时的摩擦系数和磨损率

a）摩擦系数　b）磨损率

与摩擦系数对对偶化学组成的依赖性不同，聚酰亚胺复合材料的磨损率受 PV 值、对偶化学组成和纳米填料种类的共同影响（见图 5-10b）。在低 PV 值下（1MPa·1m/s），表面 NiCrBSi 镀层未能提高复合材料的耐磨性，甚至在与纳米 SiO_2 填充的复合材料对摩时明显增大了其磨损率。尽管当 PV 值增大至 4MPa·1m/s 时，NiCrBSi 作为对偶与聚酰亚胺复合材料配副表现出较低的磨损率，仅 CPI/SiO_2 的耐磨性较 1MPa·1m/s 时提高。当 PV 值进一步升高到 10MPa·3m/s，NiCrBSi 作为对偶与聚酰亚胺复合材料配副时，三种聚酰亚胺复合材料的磨损率比较接近，纳米填料填充的复合材料仅表现出微弱的优势。可见，对偶表面镀 NiCrBSi 涂层和常规复合材料中添加纳米颗粒在提高复合材料的减摩性能方面更加有效。

5.2.3 常规聚酰亚胺复合材料转移膜的结构和组成

如前所述，当 PV 值从 1MPa·1m/s 增加到 4MPa·1m/s 时，聚酰亚胺常规复合材料 CPI 与 MCS35 和 NiCrBSi 对摩时的摩擦系数和磨损率的差别显著增大，这可能与对偶材料的化学组成对转移膜的影响越来越明显有关。图 5-11 所示为 4MPa·1m/s 条件下 CPI 在 MCS35 和 NiCrBSi 表面形成的转移膜的 SEM 形貌和 EDS 元素分析结果。从图 5-11a 可以看出，MCS35 与 CPI 对摩后的表面比较光滑，没有发生明显的材料转移（见图 5-11a 中的箭头）。EDS 元素分析则表明，MCS35 表面的光滑区域发生了严重的摩擦氧化（见图 5-11 Ⅰ 区域）。在复合材料的摩擦过程中，由于接触界面上的碳纤维承担大部分载荷，纤维端部产生局部应力集中和界面闪温，后者使得纤维和对偶之间的直接接触对钢表面造成磨损，产生大面积光滑区域，并引起中碳钢的严重氧化。与 MCS35 不同，NiCrBSi 的磨损表面氧化相对缓和，而且表面的沟槽中填充了转移的复合材料，这与转移膜

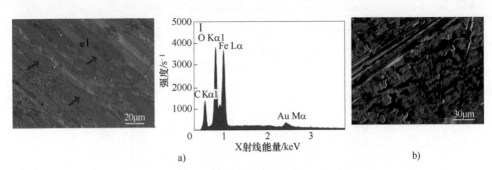

图 5-11 4MPa·1m/s 条件下 CPI 在 MCS35 和 NiCrBSi
表面形成的转移膜 SEM 形貌和 EDS 元素分析
a）在 MCS35 表面形成的转移膜 SEM 形貌及其 Ⅰ 区域 EDS 元素分析
b）在 NiCrBSi 表面形成的转移膜的 SEM 形貌及元素（C、O、Ni、Cr、Si）面分布

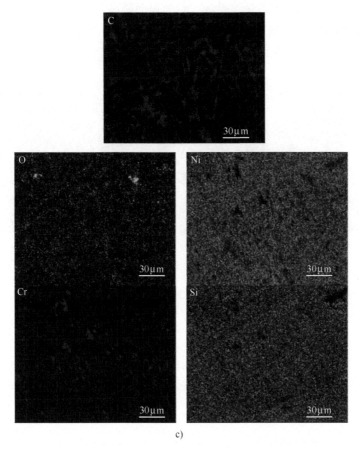

c)

图 5-11　4MPa·1m/s 条件下 CPI 在 MCS35 和 NiCrBSi
表面形成的转移膜 SEM 形貌和 EDS 元素分析（续）

c) 在 NiCrBSi 表面形成的转移膜的 SEM 形貌及元素（C、O、Ni、Cr、Si）面分布

的元素面分布结果一致。引起上述不同的原因主要有以下两点：一方面，碳材料与 NiCrBSi 的结合强度较高，形成的转移膜能够有效抑制复合材料表面与对偶的直接接触，而与 MCS35 较弱的界面结合使得转移的碳材料在摩擦过程中被刮擦，导致对偶表面氧化层的形成；另一方面，NiCrBSi 是一种具有优良抗氧化性能的镍基合金，而 MCS35 由于铁元素含量较多易于在高温下发生氧化，因此前者在摩擦热的作用下更加稳定。

当 PV 值升高到 10MPa·3m/s 时，MCS35 表面的沟槽被黑色的碳基转移膜填充，灰色的氧化层则覆盖在相对光滑的区域（见图 5-12a），但氧化的程度相较于 4MPa·1m/s 条件下有所缓和，这与高 PV 条件下摩擦系数显著降低是一致的。当轴承钢表面镀 NiCrBSi 涂层后，对偶表面被黑色碳基转移膜覆盖的区域明显增多，但仍然可见光滑的氧化镍层（见图 5-12b）。对偶表面转移膜覆盖率的提高是 CPI 与 NiCrBSi 配副表现出较好摩擦学性能的原因。

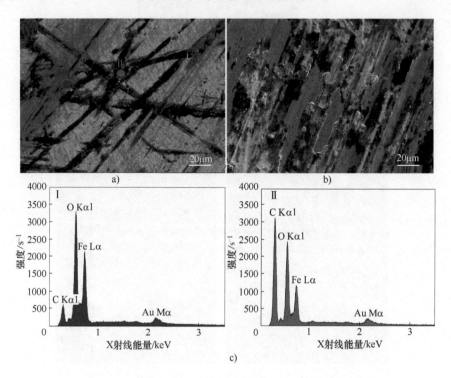

图 5-12　10MPa·3m/s 条件下，CPI 在 MCS35 和 NiCrBSi
表面形成的转移膜的 SEM 形貌及其 EDS 元素分析结果

a)、b) 在 MCS35 和 NiCrBSi 表面形成的转移膜的 SEM 形貌　c) EDS 元素分析结果

　　为了揭示转移膜的化学结构，以 CPI 为参照，对 10MPa·3m/s 条件下 CPI 与 MCS35 和 NiCrBSi 对摩时形成的转移膜进行了 ATR-FTIR 分析，结果如图 5-13 所示。在 CPI 的红外光谱中，位于 1714cm^{-1}、1614cm^{-1} 和 1375cm^{-1} 的吸收峰对应于聚酰亚胺中的 N—C ═O，位于 1230cm^{-1} 的吸收峰归属于聚酰亚胺中的 C—O。然而，上述聚酰亚胺的红外特征吸收峰从转移膜的红外光谱中消失，而且 NiCrBSi 表面形成的转移膜的红外光谱中在 1568cm^{-1} 和 1404cm^{-1} 出现新的吸收峰，对应于金属-有机化合物 M2（R-COO）。后者的形成机理如图 5-14 左图所示：聚酰亚胺分子链发生断裂，并与空气中的 O_2 或 H_2O 发生反应，生成的羧酸和过氧化物自由基与金属对偶螯合生成金属-有机化合物 M2（R-COO）。以上摩擦化学反应的发生能够促进承载能力高、润滑性能好的转移膜的形成，这是在

PV 值增大到 30MPa·3m/s 时 CPI 与 NiCrBSi 对摩时的摩擦学性能提高的重要原因。相比之下，MCS35 表面形成的转移膜中没有金属-有机羧酸盐化合物的生成，转移膜与对偶表面的结合强度不高，在摩擦过程中易于被刮擦、脱落，导致碳基转移膜对 MCS35 表面的覆盖率低于 NiCrBSi 表面，以上因素使得 CPI 的摩擦学性能与其和 NiCrBSi 配副时相比较差。

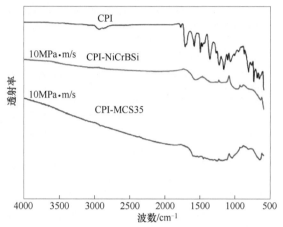

图 5-13　10MPa·3m/s 条件下 CPI 及其与 MCS35 和 NiCrBSi
对摩形成的转移膜的 ATR-FTIR 谱图

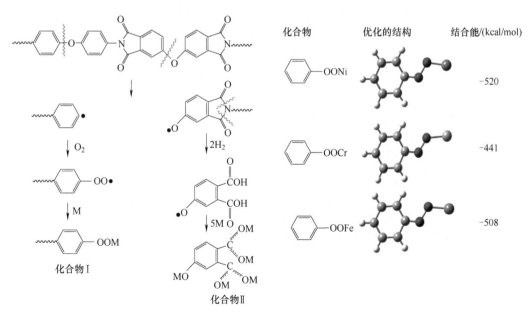

图 5-14　聚酰亚胺在机械力和摩擦热的作用下分子链的
断裂示意图以及分子的优化结构和结合能

利用分子反应动力学理论计算的方法对上述金属-有机化合物进行了研究，旨在通过理论模拟对金属有机化合物的分子结构进行优化，从理论上预测其性能。本节利用 MP2 方法，采用 6-311+G* 和 LANL2DZ 基组计算了图 5-14 左图所示化合物 I 的结合能。其中，6-311+G* 基组计算出非金属原子之间的作用力，LANL2DZ 计算过渡金属的作用力。由于化合物 II 结构的复杂性，本部分研究没有计算出模拟的结果。图 5-14 右图所示为使用 B3LYP 方法优化分子几何构型获得的化合物结构和结合能。发现镍基化合物、铬基化合物和铁基化合物的结合能分别为-520、-441 和-508kcal/mol。高结合能表明化合物更稳定，也就是说，镍基化合物的稳定性最高，NiCrBSi 比 GCr15 更容易与活性高分子自由基反应。因此，可以推断在 NiCrBSi 表面形成的转移膜比 MCS35 表面形成的转移膜更耐磨。

5.2.4 聚酰亚胺纳米复合材料转移膜的结构和组成

图 5-15 所示为 4MPa·1m/s 条件下 CPI/SiO$_2$ 与 MCS35 和 NiCrBSi 对摩时形成的转移膜的 SEM 形貌和 EDS 元素分析结果。当 MCS35 作为对偶时，转移的碳材料主要填充在对偶表面的沟槽中（见图 5-15a）。EDS 元素分析表明，MCS35 表面沟槽中镶嵌的转移膜主要由二氧化硅、碳材料和氧化铁组成（见图 5-15），其形成过程涉及纳米 SiO$_2$ 颗粒在摩擦界面的释放以及磨屑（包括聚酰亚胺和摩擦氧化产物）与纳米颗粒的摩擦烧结。尽管上述转移膜中较高的 SiO$_2$ 含量使其具有较高的承载能力，对偶表面较低的转移膜覆盖程度在一定程度上限制了复合材料与其对摩时的减摩抗磨能力。与 MCS35 不同，NiCrBSi 表面形成的转移膜

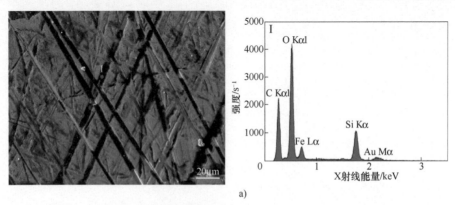

a)

图 5-15　4MPa·1m/s 条件下 CPI/SiO$_2$ 与 MCS35 和 NiCrBSi 对摩形成的

转移膜的 SEM 形貌及 EDS 元素分析结果

a）与 MCS35 对摩形成的转移膜的 SEM 形貌及其 EDS 元素分析结果

b)

图 5-15　4MPa・1m/s 条件下 CPI/SiO$_2$ 与 MCS35 和 NiCrBSi 对摩形成的

转移膜的 SEM 形貌及 EDS 元素分析结果（续）

b）与 NiCrBSi 对摩形成的转移膜的 SEM 形貌

除了填充在沟槽之内，对偶表面相对光滑的部分也有转移膜覆盖（见图 5-15b），从而使得 CPI/SiO$_2$ 与其对摩时表现出较好的摩擦学性能。图 5-16 所示为 NiCrBSi 表面形成的转移膜中不同元素的 XPS 谱图。其中，C1s 谱图可以拟合为位于 284.9eV、285.5eV、286.2eV 和 288.4eV 的 4 个峰，分别归属于聚酰亚胺分子链中 C—C、C—N、C—O 和 C═O 键中的 C。Si2p 的谱图包含位于 103.0eV 和 101.5eV 的两个峰，分别对应于 Si—O 和 NiCrBSi 中的 Si。此外，从 Ni2p、Cr2p 和 Fe2p 的 XPS 谱图中可以分别看到金属氧化物 Ni$_2$O$_3$、Cr$_2$O$_3$ 和 Fe$_2$O$_3$ 中金属原子的峰，说明 NiCrBSi 在摩擦过程中发生了氧化。

当 PV 值增大到 10MPa・3m/s 时，高的 PV 值促进了 CPI/SiO$_2$ 与 MCS35 和 NiCrBSi 对摩时转移膜的形成。从图 5-17 可以看出，MCS35 和 NiCrBSi 表面均形成了明显的转移膜，后者几乎覆盖了整个对偶表面的接触区域。EDS 元素分析显示，上述转移膜主要由二氧化硅、碳材料和金属氧化物组成（见图 5-17c 和图 5-17d）。需要指出的是，MCS35 表面形成的转移膜中存在大量磨屑塑性变形层的边缘，造成转移膜表面相对粗糙，而 NiCrBSi 表面的转移膜相对光滑，而且更加连续，这种差异是引起 CPI/SiO$_2$ 与 MCS35 和 NiCrBSi 对摩时的摩擦系数有所差异的原因，而后者更有利于复合材料的减摩性能，使得该 PV 条件下 CPI/SiO$_2$ 与 NiCrBSi 配副时的摩擦系数低至 0.06。

图 5-18 比较了在 10MPa・3m/s 的 PV 条件下 CPI/SiO$_2$ 复合材料与 MCS35 和 NiCrBSi 对摩时形成的转移膜的 ATR-FTIR 谱图。CPI/SiO$_2$ 的谱图中可见聚酰亚胺的 FTIR 特征吸附峰，而其形成的转移膜的谱图中在 1568cm^{-1} 和 1404cm^{-1} 处出

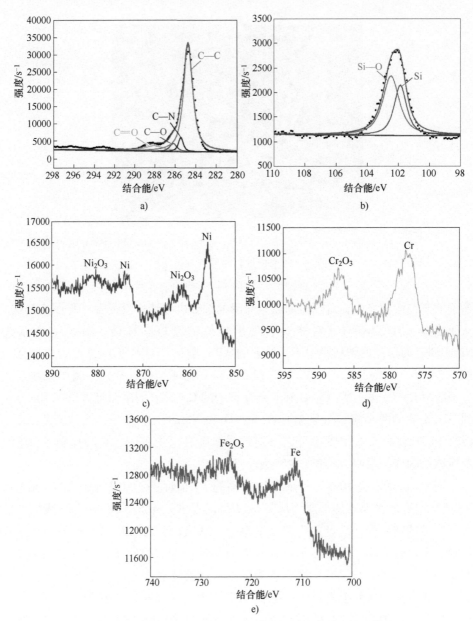

图 5-16 CPI/SiO₂ 与 NiCrBSi 对摩形成的转移膜的精细谱

a) C1s b) Si2p c) Ni2p d) Cr2p e) Fe2p

现新的吸收峰，表明生成了羧酸盐 M2（R-COO）。此外，位于 1020cm⁻¹ 的 SiO 特征吸收峰证实了转移膜中二氧化硅的存在。从以上分析可见，CPI/SiO₂ 复合材料在摩擦过程中发生了与常规复合材料相似的摩擦化学反应，但纳米 SiO₂ 颗粒的添加降低了金属对偶对界面摩擦反应的影响。

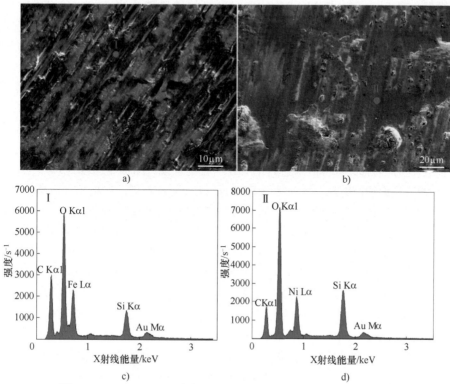

图 5-17　10MPa·3m/s 条件下 CPI/SiO$_2$ 与 MCS35 和 NiCrBSi 对摩

形成的转移膜的 SEM 形貌及其 EDS 元素分析

a)、c)　与 MCS35 对摩形成的转移膜及其 EDS 元素分析结果

b)、d)　与 NiCrBSi 对摩形成的转移膜及其 EDS 元素分析

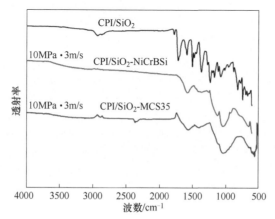

图 5-18　10MPa·3m/s 条件下 CPI/SiO$_2$ 及其与 MCS35 和

NiCrBSi 对摩形成的转移膜的 ATR-FTIR 谱图

为了深入了解高 PV 值（10MPa · 3m/s）下聚酰亚胺纳米复合材料的减摩抗磨机理，对 CPI/SiO₂ 与 NiCrBSi 配副时形成的转移膜的纳米结构和组成进行了研究。图 5-19a 所示为上述转移膜的断面结构，可以看出，转移膜的厚度约为 400nm，且底部与上层区域的结构差别较大。如图 5-19a 中箭头所示，转移膜的上层区域存在平行于滑动方向的带状结构，后者与高 PV 条件下 CPI/SiO₂ 与轴承钢对摩时形成的转移膜中的带状结构类似。HR-TEM 分析表明，该带状结构源于聚酰亚胺分子链的取向，后者能够赋予转移膜易剪切的特性。此外，聚合物分子链的取向说明转移膜中的聚合物处于黏性状态，在摩擦过程中能够起到一定程度的流体润滑作用。

进一步对转移膜底部区域进行的 SAED 表征发现，图谱中出现（104）、（024）和（009）晶面的衍射峰，分别对应于 Ni_2O_3、Cr_2O_3 和石墨的衍射环（见图 5-19b）。由此可知，在摩擦的起始阶段，转移膜的形成未达到稳定状态，此时摩擦氧化主导了转移膜的形成，而 HR-TEM 的分析结果进一步证实了氧化物的生成，如图 5-19d 所示，间距为 0.470nm 和 0.178nm 的晶格条纹分别归属于 Ni_2O_3 和 Fe_2O_3。为了揭示不同元素在转移膜厚度方向的分布，沿图 5-19e 中箭头所示方向进行了 EDS 元素线扫描分析，结果表明，NiCrBSi 表面的氧化物，如 Ni_2O_3 和 Fe_2O_3，主要分布在转移膜的底部，而二氧化硅和其他非晶态材料主要分布在转移膜的上层区域（见图 5-19f）。二氧化硅和金属氧化物在转移膜底部区域的富集有利于提高其承载能力，从而提高聚酰亚胺纳米复合材料的减摩抗磨性能。

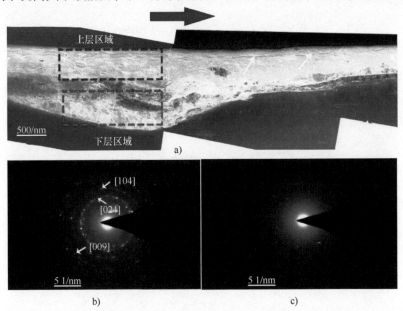

图 5-19　CPI/SiO₂ 在 10MPa · 3m/s 条件下形成的转移膜的纳米结构和组成

a）断面 TEM 图像　b）、c）转移膜的 SAED 图像

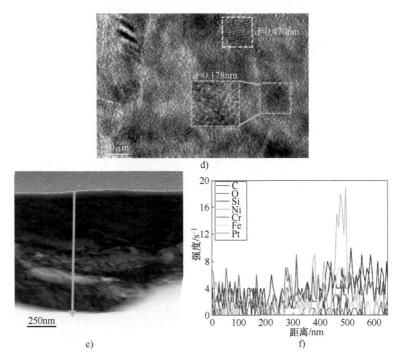

图 5-19　CPI/SiO₂ 在 10MPa·3m/s 条件下形成的转移膜的纳米结构和组成（续）

d）转移膜的 HR-TEM 图像　e）、f）转移膜的 EDS 元素线扫描分析结果

5.2.5　小结

1）聚酰亚胺复合材料的摩擦磨损行为受与其配副的金属对偶化学组成的影响，聚酰亚胺复合材料与 NiCrBSi 配副相较于与 MCS35 对摩表现出更低的摩擦系数，而对偶表面镀 NiCrBSi 涂层和常规复合材料中添加纳米颗粒在提高复合材料的减摩性能方面更加有效。

2）摩擦界面的机械剪切和摩擦热导致聚酰亚胺分子链的断裂，生成的自由基与金属发生螯合反应，有利于提高转移膜与对偶之间的界面结合。理论计算表明，Ni 基金属-有机化合物比 Fe 基化合物更加稳定，这是 NiCrBSi 作为对偶时聚酰亚胺复合材料表现出较好的摩擦学性能的重要原因。

3）聚酰亚胺纳米复合材料与 NiCrBSi 对摩时生成的转移膜中的元素在厚度方向上分布不均匀，Ni_2O_3 和 Fe_2O_3 等氧化物主要分布在转移膜的底部，而二氧化硅和其他非晶态材料主要分布在转移膜的上层区域，该结构有利于提高转移膜的承载能力，从而提高复合材料的减摩抗磨性能。

5.3 聚酰亚胺复合材料-轻质金属摩擦界面的物理、化学作用

5.3.1 引言

铝合金、钛合金等轻质金属因其强度较高、抗腐蚀性较好等优异性能在航空航天等高端领域受到越来越多的关注，其与聚合物复合材料配副用于运动机构对于轻量化摩擦学系统的设计具有重要意义。但轻质金属材料的硬度和模量相较于铁基材料较低，与高性能聚合物复合材料配副时可能会引起轻质金属的擦伤，因此系统研究轻质金属和聚合物复合材料配副的摩擦磨损性能，尤其是接触界面的摩擦物理、化学作用对于聚合物复合材料-轻质金属摩擦副的设计具有重要的理论和现实意义。

本节以芳纶颗粒（体积分数 10%）和聚四氟乙烯（体积分数 20%）填充的常规聚酰亚胺复合材料（简称 PI/AP/PF），芳纶纤维（体积分数 10%）、聚四氟乙烯（体积分数 20%）以及六方氮化硼（体积分数 2%）填充的聚酰亚胺纳米复合材料（简称 PI/AP/PF/BN）为聚合物摩擦副材料，以轴承钢（GCr15）为参照对偶，考察了聚酰亚胺复合材料与铝合金（7075）和铜合金（QSn6.5-0.4）配副时的摩擦磨损行为（金属对偶的化学组成见表 5-3），重点研究了摩擦接触界面的物理、化学作用对转移膜结构和组成的影响，以期为聚酰亚胺复合材料-轻质金属摩擦副的设计提供理论指导。

表 5-3 金属对偶的化学组成

7075	Cu	Mg	Zn	Mn	Ti	Fe	Al
质量分数（%）	1.2~2.0	2.1~2.9	5.1~6.1	≤0.3	≤0.2	0.50	其余
QSn6.5-0.4	Sn	Pb	P	Al	Fe	Bi	Cu
质量分数（%）	6.0~7.0	≤0.02	0.26~0.40	≤0.002	≤0.02	≤0.002	其余
GCr15	C	Mn	Cr	Ni	Cu	Mo	Fe
质量分数（%）	0.95~1.05	0.25~0.45	1.4~1.65	≤0.3	≤0.25	≤0.1	其余

5.3.2 聚酰亚胺复合材料与铝合金、铜合金及轴承钢配副时的摩擦磨损性能

聚酰亚胺常规复合材料（PI/AP/PF）和纳米复合材料（PI/AP/PF/BN）与

铝合金、铜合金及轴承钢配副在不同 PV 值下的平均摩擦系数和磨损率分别如图 5-20a、b 所示。在 4MPa·1m/s 的条件下，PI/AP/PF 与铝合金和铜合金对摩时的摩擦系数非常接近，约为 0.175，而轴承钢作为对偶时的摩擦系数明显较高，约为 0.23。复合材料中进一步填充纳米 BN 后，复合材料与铝合金对摩的摩擦系数基本不变，而铜合金和轴承钢与纳米复合材料配副的摩擦系数较常规复合材料分别有小幅度的升高和降低，使得该 PV 条件下纳米复合材料与不同对偶配副时的摩擦系数在 0.175~0.2 之间。当 PV 值增大到 8MPa·1m/s 时，纳米 BN 的添加对 PI/AP/PF 复合材料与铝合金、铜合金和轴承钢对摩时的摩擦系数没有明显的影响，而 10MPa·1m/s 下纳米 BN 和对偶的种类共同影响了聚酰亚胺复合材料的摩擦系数。尤其是铝合金作为对偶时，纳米 BN 的添加使复合材料的摩擦系数从 0.33 下降到 0.12，而与铜合金和轴承钢配副时的摩擦系数仅有轻微的降低。值得指出的是，对聚酰亚胺常规复合材料（PI/AP/PF）而言，在 4MPa·1m/s 和 8MPa·1m/s 的条件下，复合材料的摩擦系数随着对偶硬度的增大（显微硬度计测得的铝合金、铜合金和轴承钢的维氏硬度分别为 155.41、201.44 和 754.78）有不同程度的升高，而在 10MPa·2m/s 的条件下表现出相反的趋势。与常规复合材料不同，PI/AP/PF/BN 与三种不同硬度的对偶配副时的摩擦系数在相同的 PV 值下差别较小，且随着 PV 值的升高均表现出下降的趋势。上述摩擦系数表现出的不同变化趋势与纳米颗粒的添加改变了复合材料在对偶表面形成的转移膜的特性有关。

与摩擦系数相比，聚酰亚胺复合材料的磨损率受对偶的化学组成、纳米 BN 颗粒的添加以及摩擦条件的影响更加显著（见图 5-20b）。聚酰亚胺常规复合材料（PI/AP/PF）在 4MPa·1m/s 和 8MPa·1m/s 的条件下与铜合金对摩时的磨损率最低，而在 10MPa·2m/s 的高 PV 条件下与轴承钢配副时的耐磨性最高。此外，值得注意的是，PI/AP/PF 与不同对偶对摩时的磨损率随着 PV 值的增大均表现出增大的趋势，尤其是与铝合金配副时的磨损率呈数量级的增大，这种耐磨性显著降低的趋势在 PI/AP/PF/BN 与铝合金对摩时也表现出来。对 PI/AP/PF/BN 而言，除了在 4MPa·1m/s 的 PV 条件下其磨损率受对偶化学组成的影响较小外，其与铜合金和轴承钢配副在 8MPa·1m/s 和 10MPa·2m/s 时的磨损率比与铝合金配副低一个数量级。可见，铝合金作为对偶仅在较低的 PV 值下使聚酰亚胺复合材料表现出较好的耐磨性，而在高 PV 值下轴承钢对偶表现出一定的优势。

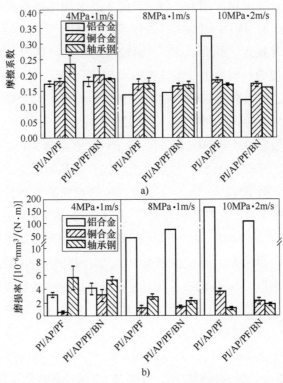

图 5-20　聚酰亚胺复合材料与铝合金、铜合金和轴承钢在 4MPa·1m/s、
8MPa·1m/s 和 10MPa·2m/s 条件下对摩时的平均摩擦系数和磨损率
a）平均摩擦系数　b）磨损率

5.3.3　低 *PV* 条件下聚酰亚胺复合材料与不同对偶配副时界面的物理、化学作用

图 5-21 所示为 4MPa·1m/s 条件下聚酰亚胺复合材料与不同对偶对摩时的磨损表面形貌。铝合金作为对偶时，PI/AP/PF 和 PI/AP/PF/BN 的磨损表面上布满塑性变形层（见图 5-21a、d），尤其是 PI/AP/PF/BN 的磨损表面可见鳞片状结构（见图 5-21d），说明摩擦过程中塑性变形和疲劳发挥了主导作用。尽管铝合金和轴承钢的硬度差别很大，但 PI/AP/PF 与轴承钢对摩时的磨损表面形貌和与铝合金配副时存在相似之处，即表面存在大片状的塑性变形层（见图 5-21c），而填充纳米 BN 的复合材料的磨损表面的塑性变形层上出现明显的划擦痕迹（见图 5-21f），明显与铝合金配副时不同，这是高硬度轴承钢表面的微凸体在摩擦过程中的划擦作用所致。与铝合金和轴承钢对偶均不同，聚酰亚胺复合材料与铜合金对摩时的磨损表面相对光滑，表面出现轻微的划痕（见图 5-21b、e）。而

相较于 PI/AP/PF，PI/AP/PF/BN 的磨损表面表现出更多的黏着迹象，说明 BN 的添加将聚酰亚胺常规复合材料的磨损机理从轻微的磨粒磨损转变为黏着和磨粒磨损共同作用。以上磨损表面形貌的差异与复合材料磨损率的变化规律是一致的。

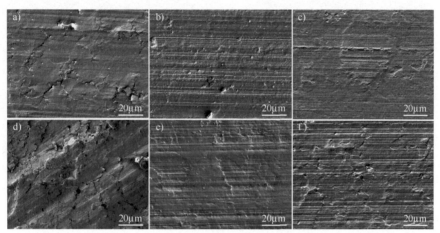

图 5-21　4MPa·1m/s 条件下 PI/AP/PF 和 PI/AP/PF/BN 与铝合金、
铜合金和轴承钢对摩时的磨损表面形貌

a)、d) PI/AP/PF 和 PI/AP/PF/BN 与铝合金对摩　b)、e) PI/AP/PF 和 PI/AP/PF/BN 与铜合金对摩
c)、f) PI/AP/PF 和 PI/AP/PF/BN 与轴承钢对摩

图 5-22 所示为 4MPa·1m/s 条件下与聚酰亚胺复合材料对摩的铝合金、铜合金和轴承钢的表面形貌。可以看到，对偶表面形成的转移膜的形貌不仅与其化学组成有关，而且受复合材料组分的明显影响。PI/AP/PF 与铝合金对摩时，对偶表面有明显的材料转移，后者以颗粒状或其聚集体的形式黏附在对偶表面上（见图 5-22a），摩擦过程中易于脱落，在反复的界面剪切、碾压等作用下，在复合材料表面形成塑性变形层。相比之下，与 PI/AP/PF/BN 对摩的铝合金表面没有明显的材料转移，对偶表面的沟槽清晰可见（见图 5-22d），这归因于纳米 BN 的添加提高了复合材料表面抵抗剪切的能力，使其在较低的 PV 条件下难以转移至对偶表面。此时，对偶表面的沟槽和微凸体主要造成复合材料表面塑性变形的发生。与聚酰亚胺复合材料磨损表面的轻微划痕相对应，与 PI/AP/PF 对摩的铜合金表面黏附了大量细小的颗粒状物质（见图 5-22b），而随着纳米 BN 的添加，铜合金表面转移的材料变少（见图 5-22e），导致暴露的表面与复合材料表面的黏着作用增强。当高硬度的轴承钢作为对偶时，表面形成了与前两者明显不同的转移膜，后者主要填充在轴承钢表面的沟槽中（见图 5-22c、f）。虽

然添加纳米 BN 的复合材料转移到对偶表面形成的转移膜较少，但 BN 的润滑作用使得复合材料的摩擦系数有所降低。

图 5-22   4MPa·1m/s 条件下 PI/AP/PF 和 PI/AP/PF/BN 与铝合金、
铜合金和轴承钢对摩时对偶表面形成的转移膜的 SEM 形貌

a)、d) PI/AP/PF 和 PI/AP/PF/BN 与铝合金对摩   b)、e) PI/AP/PF 和 PI/AP/PF/BN 与铜合金对摩
c)、f) PI/AP/PF 和 PI/AP/PF/BN 与轴承钢对摩

从以上分析可知，对偶的硬度较高时，转移到对偶表面的复合材料易于在剪切、碾压等作用下形成转移膜。尽管如此，铜合金对偶能够与低 *PV* 条件下的摩擦应力相匹配，使得复合材料表现出较好的摩擦磨损性能。

5.3.4   中高 *PV* 条件下聚酰亚胺复合材料与不同对偶配副时界面的物理、化学作用

图 5-23 所示为聚酰亚胺常规复合材料和纳米复合材料在 8MPa·1m/s 的条件下与三种对偶对摩时形成的转移膜的 SEM 形貌。很明显，铝合金对偶在摩擦后的表面形貌与铜合金和轴承钢表面明显不同，且受复合材料组成的显著影响。与 PI/AP/PF 对摩时，铝合金表面可见平行于滑动方向的犁沟（见图 5-23a），后者的深度在与 PI/AP/PF/BN 对摩时变浅（见图 5-23d），但两者的表面均存在材料的黏附。以上形貌说明，聚酰亚胺复合材料在摩擦过程中对铝合金表面造成了擦伤。尽管纳米 BN 的添加降低了常规复合材料中纤维的磨粒作用，但 BN 促进了较高 *PV* 值下复合材料在界面的转移，后者伴随着铝合金表面的擦伤引起复合材料耐磨性的降低。随着对偶硬度的提高，对偶表面被聚酰亚胺复合材料损伤的程度降低，而复合材料在对偶表面形成转移膜的能力得到加强。如图 5-23b 和

图 5-23e 所示，铜合金对偶表面形成了一层氧化铜膜，且表面部分区域附着有复合材料的磨屑，氧化反应的发生将在后续部分给出证明。与铝合金和铜合金相比，轴承钢表面形成的转移膜最为显著，后者主要由填充在对偶表面沟槽中的磨屑组成（见图 5-23c、f）。由于高硬度对偶表面暴露的部分对复合材料的损伤作用，此时复合材料的磨损率相较于与铜合金对摩时有所增大。

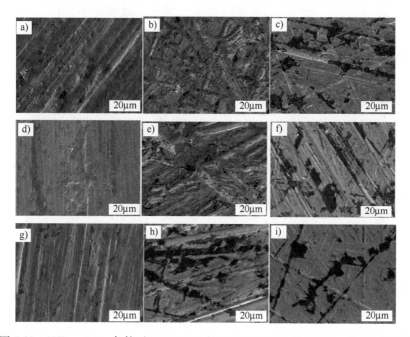

图 5-23　8MPa·1m/s 条件下 PI/AP/PF 和 PI/AP/PF/BN 及 10MPa·2m/s 条件下
PI/AP/PF/BN 与铝合金、铜合金和轴承钢对摩时形成的转移膜的 SEM 形貌
a)~c)　8MPa·1m/s 条件下 PI/AP/PF 与铝合金、铜合金和轴承钢对摩
d)~f)　8MPa·1m/s 条件下 PI/AP/PF/BN 与铝合金、铜合金和轴承钢对摩
g)~i)　10MPa·2m/s 条件下 PI/AP/PF/BN 与铝合金、铜合金和轴承钢对摩

随着 PV 值增大到 10MPa·2m/s，PI/AP/PF/BN 对铝合金对偶表面的擦伤更加严重，犁沟的边界变得更加清晰（见图 5-23g），转移的材料因被刮擦而脱离界面，复合材料的磨损率进一步增大。与铝合金对偶不同，更高的 PV 条件促进了铜合金和轴承钢表面转移膜的形成，尤其是铜合金表面的沟槽中形成了明显的转移膜（见图 5-23h），而轴承钢表面的转移膜变得更加致密（见图 5-23i）。

可见，铝合金对偶在摩擦过程中被聚酰亚胺复合材料划擦，转移膜相应地被反复破坏，是复合材料耐磨性较差的主要原因。铜合金表面在摩擦过程中形成的氧化铜膜及其较高的硬度有效抑制了复合材料对其的擦伤作用，使得复合材料表现出相较于与铝合金配副大幅提高的耐磨性，而轴承钢的高硬度使其在摩擦过程中可有效地承担载荷，促进了复合材料转移膜的形成。需要指出的是，芳纶纤维增强、纳米颗粒填充的复合材料形成转移膜的能力比碳纤维增强的复合材料差。因此，聚酰亚胺复合材料与轴承钢对摩形成的转移膜的连续性较差，限制了其对复合材料摩擦磨损性能的提高作用。

为了探究不同化学组成的金属对偶表面发生的摩擦化学反应，以低 PV 值（$1MPa \cdot 1m/s$）条件下 PI/AP/PF/BN 与铝合金对摩形成的转移膜为参照，对聚酰亚胺复合材料与铝合金和铜合金在 $8MPa \cdot 1m/s$ 条件下形成的转移膜的表面进行了 XPS 分析（见图 5-24）。其中，C1s 谱图中位于 288.6eV、286.2eV 和 284.7eV 的 3 个峰分别归属于 C＝O、C—O 和 C—C 键中的 C，对应于摩擦化学反应产生的羧酸。需要指出的是，PI/AP/PF 和 PI/AP/PF/BN 在 $8MPa \cdot 1m/s$ 的条件下与铜合金对摩时，C1s 谱图中在 292.2eV 处出现 C—F 键中 C 的峰，该峰在复合材料与铝合金配副时强度非常弱，几乎可以忽略。与对偶化学组成对 C1s 谱图的影响不同，聚酰亚胺复合材料与铝合金在 $8MPa \cdot 1m/s$ 条件下对摩形成的转移膜的 F1s 谱图中除了显示 C—F 键中 F 的存在（689.2eV）外，还证实了 AlF_3 产物的形成（685.4eV），这与 Gao 等报道的铝与 PTFE 的摩擦界面生成 M-F 金属化合物是一致的，然而铜合金表面没有发现铜的氟化物的产生。

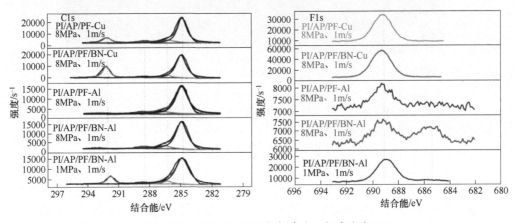

图 5-24 PI/AP/PF 和 PI/AP/PF/BN 与铜合金、铝合金在 8MPa · 1m/s
以及 PI/AP/PF/BN 与铝合金在 1MPa · 1m/s 条件下
对摩时对偶表面形成的转移膜的 XPS 全谱、C1s 谱图和 F1s 谱图

进一步对对偶的主要组分 Al 和 Cu 以及复合材料中的纳米填料 BN 进行了 XPS 精细谱分析，结果如图 5-25 所示。从 Al2p 的精细谱（见图 5-25a）可以看到，铝合金对偶表面除了与 PTFE 反应生成 AlF_3 外（74.2eV），还氧化生成了

Al_2O_3（75.1eV）。结合 PI/AP/PF/BN 和铝合金在 1MPa·1m/s 条件下形成的转移膜中存在 Al 的峰（72.8eV），可以推断，铝合金表面在高 PV 条件下发生了严重的摩擦氧化。当铜合金作为对偶时，其与聚酰亚胺复合材料对摩后表面的 Cu2p 谱图（见图 5-25b）中在 954.2eV 和 945.2eV 出现 CuO 中 Cu 的峰，而结合能位于 934.3eV 的峰表明单质 Cu 的存在。需要指出的是，后者的强度明显高于前者，表明铜合金在摩擦过程中仅发生了一定程度的氧化，表面的组分仍以单质铜为主。图 5-25c 和图 5-25d 所示为 PI/AP/PF/BN 中的 BN 填料在摩擦过程中化学状态的变化。从 B1s 谱图可以看出，铜合金和铝合金表面均生成了 B_2O_3（192.0eV），这可以归因于部分 BN 在空气中发生了水解，而其余填料以 BN 的形式存在于转移膜中（190.1eV），后者与 N1s 谱图中在 398eV 处出现 B—N 的峰是一致的，而 400.2eV 处的峰归因于聚酰亚胺基体中 C—N 键中的 N。

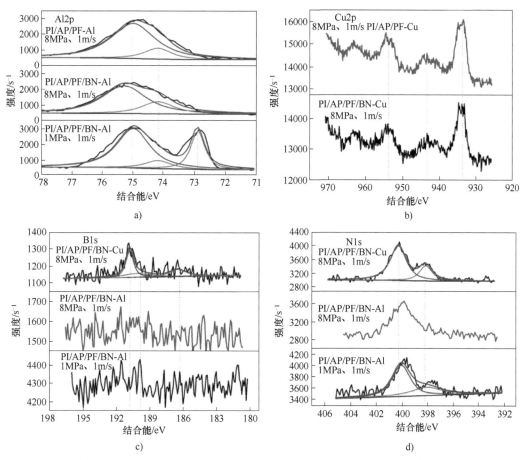

图 5-25   PI/AP/PF 和 PI/AP/PF/BN 与铝合金、铜合金在不同 PV 条件下
对摩时形成的转移膜的 XPS 精细谱
a) Al2p   b) Cu2p   c) B1s   d) N1s

基于上述结果，PI/AP/PF 和 PI/AP/PF/BN 与铜合金和铝合金对摩过程中发生的摩擦化学反应机理可以归结如下（见图5-26）：首先，PTFE 发生分子链的断裂，产生的自由基不断被氧化或者与金属直接结合（反应1、3和4）。一部分碳自由基在空气中被氧化成过氧自由基，后者能够与金属直接反应；另一部分被氧化成羧酸后与金属螯合生成羧酸盐。上述反应在铝合金和铜合金表面都能发生。然而，反应（2）仅发生在铝合金对偶表面，即 PTFE 分子链中的 C—F 键发生断裂，其后氟与金属结合形成 AlF_3，这种金属氟化物摩擦化学反应产物的生成在轴承钢与含 PTFE 的复合材料对摩时也被报道。

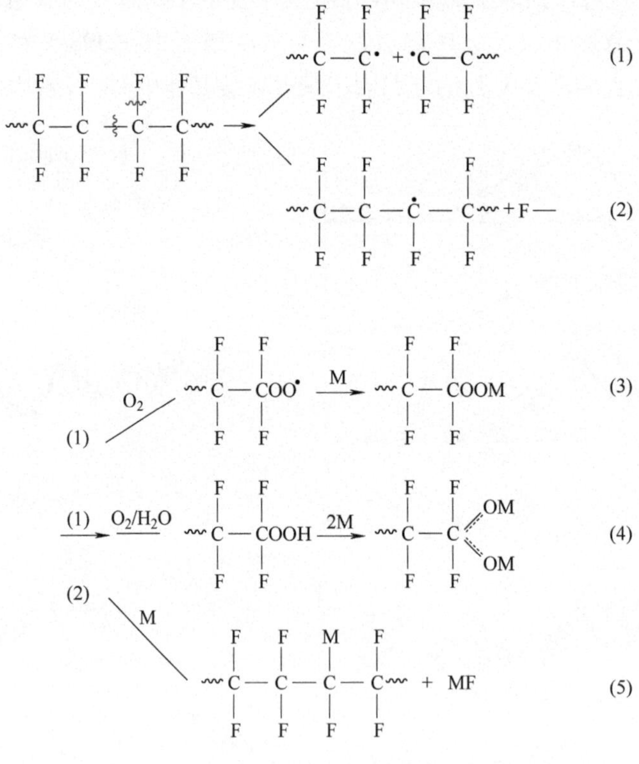

图 5-26　PTFE 分子链的断裂及相关的摩擦化学反应

5.3.5　小结

1）聚酰亚胺常规复合材料（PI/AP/PF）的摩擦系数在中低 PV 值下随着对偶硬度的增大有不同程度的升高，在高 PV 值下表现出相反的趋势；而 PI/AP/PF/BN 与三种不同硬度的对偶对摩时的摩擦系数随着 PV 值的升高均表现出下降的趋势。

2）纳米 BN 颗粒的添加改变了复合材料在对偶表面形成的转移膜的特性，将常规复合材料的磨损机理从轻微的磨粒磨损转变为黏着和磨粒磨损共同作用。

3）铝合金对偶在摩擦过程中被聚酰亚胺复合材料划擦，转移膜相应地被反复破坏，导致复合材料的耐磨性较差。铜合金表面在摩擦过程中形成的氧化铜膜及其较高的硬度有效抑制了复合材料对其的擦伤作用，而轴承钢的高硬度使其在摩擦过程中能够有效地承担载荷，促进复合材料转移膜的形成。

4）聚酰亚胺复合材料中的 PTFE 填料在摩擦过程中发生分子链的断裂，产生的自由基不断被氧化或者与铝和铜发生摩擦化学反应，而氟与金属反应生成金属氟化物仅发生在铝合金对偶表面。

5.4　离子液体表面改性多孔纳米颗粒对水润滑聚酰亚胺复合材料-不锈钢配副界面作用的影响

5.4.1　引言

随着环境问题日益突出，用绿色无污染的水润滑代替传统的油润滑受到国内外学者的关注。尤其对于在水环境中服役的摩擦部件，油润滑剂的泄漏将造成严重的水域污染。然而，由于水膜的低承载能力和水润滑剂在摩擦接触界面较低的物理、化学吸附能力，水润滑剂表现出较差的边界润滑能力。离子液体（IL）由阴离子和阳离子组成，被认为是绿色润滑添加剂。在苛刻的条件下摩擦时，IL 中的活性元素可以与金属对偶发生反应，形成化学反应性的转移膜，而球形纳米粒子（NP）作为水润滑添加剂时能够在摩擦界面上起到滚动轴承的作用。有效结合离子液体和纳米材料的优势，发展适用于润滑条件下的功能化纳米材料受到了越来越广泛的关注，例如，离子液体接枝的碳纳米管和石墨烯用作添加剂时取得了良好的润滑效果。

本节采用亲核取代反应合成了亲水性的 1-甲基-3-（4-乙烯基苄基）咪唑氯盐（VBIM-Cl）离子液体，利用 Stöber 法制备了多孔 SiO_2，并通过原子转移自由基聚合（ATRP）将 VBIM-Cl 接枝到 SiO_2 表面（合成路线如图 5-27 所示），考察了其作为水润滑添加剂对聚酰亚胺复合材料与不锈钢（SUS316）对摩时摩擦磨损性能的影响，探讨了该功能化纳米颗粒在摩擦界面的物理、化学作用机理，以期为水润滑条件下聚酰亚胺复合材料-不锈钢摩擦界面的转移膜构筑和调控奠定理论基础。

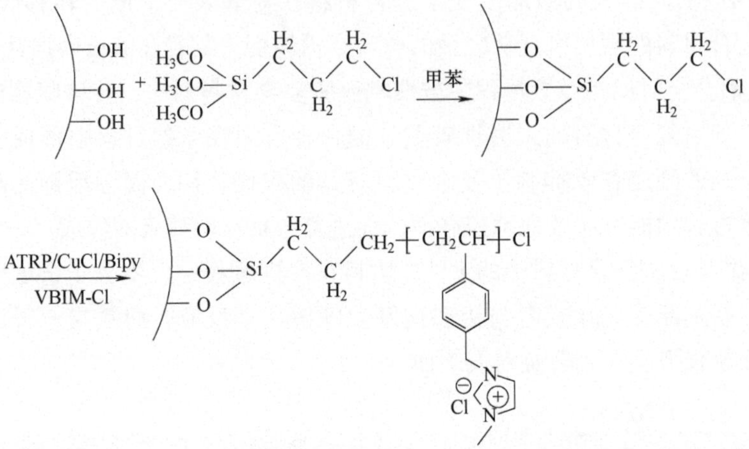

图 5-27 SiO$_2$-IL 的合成路线

5.4.2 离子液体表面改性多孔纳米 SiO$_2$ 的物理、化学性能

图 5-28a 和图 5-28b 所示为多孔 SiO$_2$ 纳米颗粒的 SEM 图像，从图中可以看出，其粒径比较均匀，约为 50nm。高分辨 SEM 分析则显示多孔 SiO$_2$ 的表面粗糙，且存在多孔结构。TEM 分析表明，SiO$_2$ 纳米粒子呈非晶态结构（见图 5-28c），高分辨透射电子显微镜图片中可以看到厚度约为 4nm 的壳结构（见图 5-28d），该壳层结构对应于 SiO$_2$ 表面接枝的离子液体。

图 5-28 多孔 SiO$_2$ 纳米颗粒的 SEM 图像和 SiO$_2$-IL 的 TEM 图像

a）、b）SEM 图像 c）、d）SiO$_2$-IL 的 TEM 图像

为了验证 SiO_2 表面的接枝状态，采用红外光谱和热重分析对其进行了表征。从图 5-29a 所示的 FTIR 谱图中可以看出，改性前后的 SiO_2 均在 $1300cm^{-1}$ ~ $1000cm^{-1}$ 处出现 Si—O—Si 的伸缩振动吸收峰。对于 SiO_2-IL，其 FTIR 谱图中位于 $2973cm^{-1}$ 和 $2941cm^{-1}$ 的吸收峰归属于 IL 中—CH_2 的伸缩振动，位于 $1408cm^{-1}$、$1447cm^{-1}$ 和 $1497cm^{-1}$ 处的吸收峰是由接枝层中苯环的振动引起的。此外，SiO_2-IL 的谱图中在 $624cm^{-1}$ 和 $578cm^{-1}$ 出现了 C—Cl 的吸收峰，后者表明 IL 成功接枝到 SiO_2 纳米粒子的表面。图 5-29b 所示为多孔 SiO_2 和 SiO_2-IL 的热重分析结果，两种纳米材料在 100~200℃ 的质量损失较为明显，100℃ 左右的质量损失是由物理吸附水的解吸引起的。在温度从 100℃ 升高到 800℃ 的过程中，多孔 SiO_2 骨架中存在的结合水发生解吸，造成约 5.3% 的质量损失。对于 SiO_2-IL，在 150~240℃ 之间产生的约 10.0% 的质量损失主要是由苄基氯官能团的分解引起的。因此，多孔 SiO_2 和 SiO_2-IL 满足室温下作为水润滑添加剂的热稳定性要求。

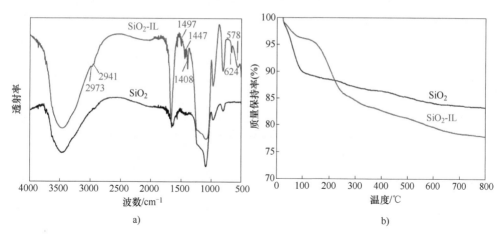

图 5-29　SiO_2 和 SiO_2-IL 的 FTIR 谱图和热重分析曲线

a）FTIR 谱图　b）热重分析曲线

图 5-30 所示为多孔 SiO_2 和 SiO_2-IL 纳米粒子的氮气吸附-脱附曲线及其孔径分布图。从图 5-30a 可以看出，多孔 SiO_2 和 SiO_2-IL 的氮气吸附-脱附曲线表现为 Ⅳ 型吸附-解吸等温线，对应于 2~50nm 之间的多孔材料。通过 Barrett-Joyner-Halenda（BJH）方法得到了图 5-30b 所示的多孔 SiO_2 和 SiO_2-IL 的孔径分布，分别为 ~3.1nm 和 ~2.7nm。SiO_2 在 2.0~3.0nm 处有尖锐的峰，表明 CTAB 模板被去除，多孔 SiO_2 的孔径分布均匀。通过比较 SiO_2 和 SiO_2-IL 的孔隙结构参数（见表 5-4）可以看出，多孔 SiO_2 纳米粒子具有较高的比表面积和较大的孔体

积，且孔径略高于 SiO$_2$-IL，这主要是由接枝的离子液体覆盖在 SiO$_2$ 表面引起的。

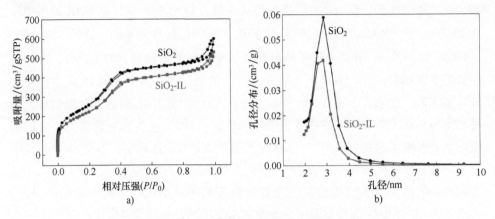

图 5-30　SiO$_2$ 和 SiO$_2$-IL 的氮气吸附-脱附曲线和孔径分布

a）氮气吸附-脱附曲线　b）孔径分布

表 5-4　氮气吸附-脱附的分析结果

样品	BET 比表面积/（m^2/g）	孔体积/（cm^3/g）	孔径/nm
SiO$_2$	1041.3	1.02	3.7
SiO$_2$-IL	878.2	0.92	3.5

5.4.3　聚酰亚胺复合材料在水润滑条件下的界面物理、化学行为

　　采用球-盘点接触和往复运动模式考察了聚酰亚胺复合材料（PI/SCF/Gr）与 SUS316 配副在水润滑条件下的摩擦磨损行为。图 5-31 所示为质量分数 2.0% 的 SiO$_2$ 和 SiO$_2$-IL 作为添加剂对其摩擦行为的影响。在载荷为 1N、水润滑的条件下，聚酰亚胺复合材料与钢球对摩时的摩擦系数随着滑动时间逐渐增大，在约 600s 后稳定在 0.14。添加质量分数 2% 的 SiO$_2$ 作为润滑添加剂后，摩擦系数经过约 200s 后进入过渡稳态并维持了 600s 左右（稳定在 0.21），其后稳定在 0.17。相比之下，质量分数 2.0%SiO$_2$-IL 的添加使得摩擦系数迅速进入过渡稳态并维持了约 500s（稳定在 0.16），其后稳定在 0.14。可见，SiO$_2$-IL 添加剂在提高 PI/SCF/Gr 与 SUS316 配副水润滑条件下的摩擦行为方面表现出一定优势，该优势在载荷增大到 2N 时变得更加明显。在载荷为 2N、水润滑的条件下，PI/SCF/Gr 与钢球对摩时的摩擦系数随着滑动时间逐渐增大，直至 900s 后稳定在 0.14，而质量分数 2%SiO$_2$ 添加剂的添加使摩擦系数经过约 300s 便稳定在 0.17，

直至试验结束。与以上两种摩擦行为显著不同，质量分数 2% 的 SiO₂-IL 添加剂使得摩擦系数经过 200s 进入稳定状态，且稳定值降低到 0.1。当载荷继续增大到 5N 时，多孔纳米 SiO₂ 的离子液体表面改性对其作为添加剂不再产生明显的影响，摩擦系数在整个摩擦过程表现出明显的波动。

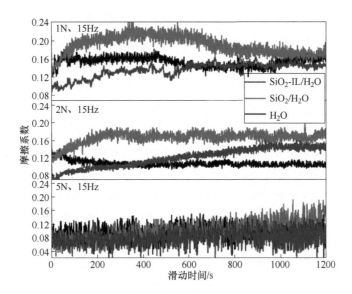

图 5-31　SiO₂ 和 SiO₂-IL 作为水润滑添加剂时，PI/SCF/Gr 与 SUS316
对摩的摩擦系数随滑动时间的变化

图 5-32 所示为水润滑剂中添加 SiO₂-IL 和 SiO₂ 对聚酰亚胺复合材料磨损率的影响。在 1N 载荷下，水润滑剂中添加 SiO₂-IL 仅使得聚酰亚胺复合材料的磨

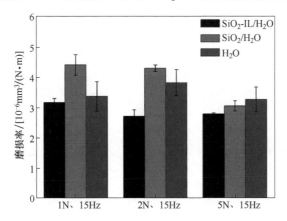

图 5-32　不同载荷下，SiO₂-IL 和 SiO₂ 添加剂对 PI/SCF/Gr 水润滑条件下磨损率的影响

损率轻微降低，而 SiO_2 添加剂明显降低了复合材料的耐磨性。当载荷增大到 2N 时，SiO_2-IL 作为添加剂在提高复合材料的耐磨性方面表现出明显的优势，复合材料的磨损率降低至 $2.7\times10^{-6}\,mm^3/(N\cdot m)$。相比之下，$H_2O$ 和 SiO_2/H_2O 介质润滑下复合材料的磨损率分别为 $3.8\times10^{-6}\,mm^3/(N\cdot m)$ 和 $4.3\times10^{-6}\,mm^3/(N\cdot m)$。值得注意的是，在 5N 载荷下，水润滑剂中添加 SiO_2-IL 和 SiO_2 均在一定程度上降低了复合材料的磨损率，且 SiO_2-IL 使其降低的幅度相较于 SiO_2 更大。

从以上摩擦磨损行为的分析可见，SiO_2-IL 作为添加剂在提高聚酰亚胺复合材料的减摩抗磨性能方面具有明显的效果，而多孔纳米 SiO_2 仅在高载荷下表现出一定程度的抗磨效果。下面将讨论多孔纳米 SiO_2 表面接枝离子液体前后在摩擦界面的物理、化学作用机理。

图 5-33 所示为水润滑剂中添加 SiO_2-IL 和 SiO_2 对聚酰亚胺复合材料磨损表面形貌的影响。在水润滑条件下，复合材料的磨损表面出现平行于滑动方向的划痕（见图 5-33a），与其对摩的钢球表面附着有颗粒状磨屑，甚至可见复合材料中的纤维对表面造成的轻微擦伤（见图 5-34a），说明转移的材料未能有效地抑制对偶与复合材料表面的直接接触，导致复合材料表现出较高的磨损率。当水润滑剂中添加 SiO_2 后，复合材料表面的划痕演变成明显的犁沟（见图 5-33b），该现象说明 SiO_2 在摩擦界面造成了三体磨粒磨损。被磨粒犁削的复合材料转移到钢球表面，形成较厚的转移层（见图 5-34b），润滑介质中的部分 SiO_2 也被包覆其中（见图 5-34d）。尽管上述转移层能够在一定程度上分离复合材料表面与对偶，但在摩擦过程中易于脱落，是引起复合材料磨损率增大的重要原因。当 SiO_2-IL 用作润滑添加剂时，复合材料的磨损表面除了存在与水润滑时相似的划痕外，表面上黏附了大量磨屑被碾压形成的材料堆积（见图 5-33c），对应的钢球表面形成了相对均匀、连续的转移膜（见图 5-34c），后者主要由碳、硅、氧和氯元素组成（见图 5-34e），表明 SiO_2-IL 的壳层材料一同转移到了对偶表面，有利于

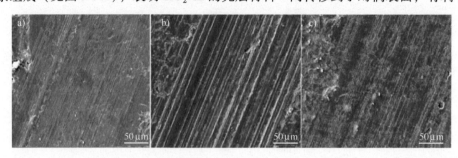

图 5-33　载荷为 2N 时，PI/SCF/Gr 在添加不同添加剂的水润滑条件下的磨损表面形貌
a）水　b）SiO_2　c）SiO_2-IL

提高转移膜与对偶表面的结合强度，从而提高复合材料的摩擦磨损性能。从以上分析可知，水润滑条件下水分子的存在抑制了对偶表面转移膜的形成，水介质中 SiO_2 的添加能够促进转移膜的形成，而表面接枝离子液体的 SiO_2 提高了转移膜与对偶表面的结合强度，是改善聚酰亚胺复合材料在润滑条件下摩擦磨损性能的有效途径。

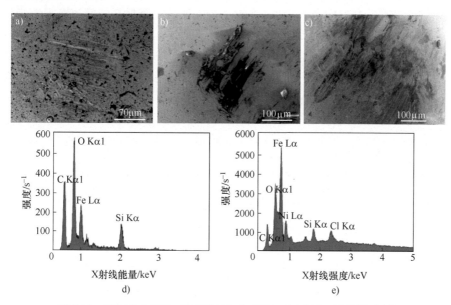

图 5-34　载荷为 2N 时，PI/SCF/Gr 与 SUS316 在添加不同添加剂的
水润滑条件下对摩时对偶表面形成的转移膜的 SEM 形貌及
相应的 EDS 元素分析（红色圆点代表 EDS 分析区域）
a）水　b）、d）SiO_2　c）、e）SiO_2-IL

为了揭示 SiO_2-IL 和 SiO_2 润滑添加剂在聚酰亚胺复合材料转移膜形成中的作用机制，对钢球表面形成的转移膜进行了 XPS 分析。当 SiO_2-IL 用作添加剂时，转移膜的 C1s 谱图中位于 284.5eV、285.5eV、286.7eV 和 288.4eV 的峰表明聚酰亚胺转移到了钢球表面（分别归属于聚酰亚胺中 C—C、C—N、C—O 和 C＝O 键中的 C），后两者与 O1s 谱图中位于 531.2eV 和 531.8eV 的峰显示的 C—O 和 C＝O 的存在是一致的。此外，O1s 谱图中位于 532.4eV 和 Si2p 谱图中位于 103.0eV 的峰证实了转移膜中多孔 SiO_2 的存在，而 Cl2p 谱图中位于 198.2eV 的峰表明对偶表面 Fe—Cl 的形成，后者与接枝层的阴离子被吸附在对偶表面上，进而在摩擦的作用下与对偶发生反应有关，是转移膜与对偶表面之间结合强度提高的原因。值得指出的是，Fe2p 谱图中未发现表明 Fe_2O_3 生成的 Fe 的峰（见

图 5-35）。然而，当 SiO_2 添加到水润滑剂中时，钢球表面转移膜的 Fe2p 谱图中在 725.0eV 和 710.8eV 处出现明显的峰，以上两者与 O1s 中位于 530.0eV 的峰一起确定了氧化铁的存在（见图 5-36）。从以上分析可知，水润滑介质中的 SiO_2 纳米颗粒在摩擦界面引发三体磨粒磨损，并造成对偶表面的部分氧化，使得复合材料的耐磨性较差。相比之下，SiO_2-IL 用作水润滑添加剂时，钢球表面形成的转移膜抑制了对偶表面的氧化，提高了聚酰亚胺复合材料的摩擦磨损性能。

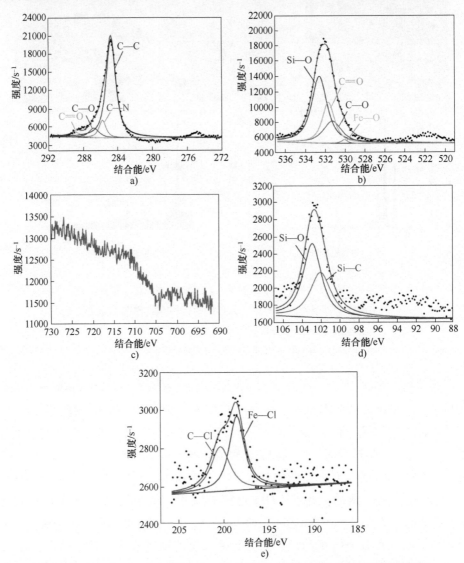

图 5-35 载荷为 2N 时，PI/SCF/Gr 与 SUS316 在添加 SiO_2-IL 的水润滑条件下对偶表面形成的转移膜的 XPS 精细谱

a) C1s　b) O1s　c) Fe2p　d) Si2p　e) Cl2p

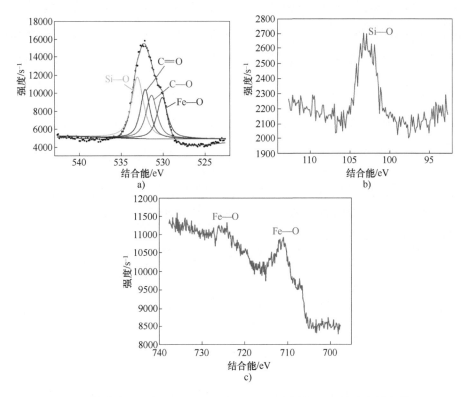

图 5-36　载荷为 2N 时，PI/SCF/Gr 与 SUS316 在添加 SiO_2 的水润滑条件下
对偶表面形成的转移膜的 XPS 精细谱

a）O1s　b）Si2p　c）Fe2p

表面接枝离子液体的 SiO_2 在摩擦界面的作用机制如图 5-37 所示。由于离子
液体的电子层结构，阴离子可以很容易地吸附到不锈钢对偶表面的正电荷区域，
在纳米粒子上的反阴离子可以依次组装，摩擦界面强化吸附层的形成提高了界
面的耐极压性。此外，接枝的离子液体层中的活性元素与钢球表面发生摩擦化

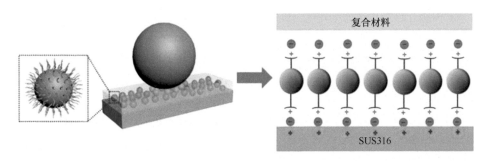

图 5-37　金属对偶表面形成吸附层的示意图

学反应。在上述因素的共同作用下，对偶表面形成了含有 SiO_2 的保护性转移膜，并提高了转移膜与对偶表面之间的结合强度。以上便是 SiO_2-IL 添加到水润滑介质中可以明显提高聚酰亚胺复合材料与钢球对摩时的摩擦磨损性能的主要原因。

5.4.4 小结

1）SiO_2-IL 作为添加剂在提高聚酰亚胺复合材料的减摩抗磨性能方面具有明显的效果，而水润滑介质中的 SiO_2 纳米颗粒在摩擦界面引发三体磨粒磨损，并造成对偶表面的部分氧化，使得复合材料的耐磨性较差。

2）水润滑条件下水分子的存在抑制了对偶表面转移膜的形成，SiO_2-IL 用作水润滑添加剂时，钢球表面形成的转移膜抑制了对偶表面的氧化，提高了聚酰亚胺复合材料的摩擦磨损性能。

3）表面接枝离子液体的 SiO_2 在摩擦界面的作用机制可以归结为两点：一方面，离子液体的电子层结构有利于强化摩擦界面吸附层的形成，提高界面的耐极压性能；另一方面，接枝的离子液体层中的活性元素与钢球表面发生摩擦化学反应有效提高了转移膜与对偶表面之间的结合强度。

参 考 文 献

[1] BAHADUR S, SUNKARA C. Effect of transfer film structure, composition and bonding on the tribological behavior of polyphenylene sulfide filled with nano particles of TiO_2, ZnO, CuO and SiC [J]. Wear, 2005, 258 (9): 1411-1421.

[2] ZHANG G, WETZEL B, WANG Q. Tribological behavior of PEEK-based materials under mixed and boundary lubrication conditions [J]. Tribology International, 2015, 88: 153-161.

[3] BAHADUR S. The development of transfer layers and their role in polymer tribology [J]. Wear, 2000, 245 (1-2): 92-99.

[4] ÖSTERLE W, DMITRIEV A I, KLOβ H. Assessment of sliding friction of a nanostructured solid lubricant film by numerical simulation with the method of Movable Cellular Automata (MCA) [J]. Tribology Letters, 2014, 54 (3): 257-262.

[5] CONG P H, XIANG F, LIU X J, et al. Morphology and microstructure of polyamide 46 wear debris and transfer film: In relation to wear mechanisms [J]. Wear, 2008, 265 (7-8): 1100-1105.

[6] LI H L, YIN Z W, JIANG D, et al. A study of the tribological behavior of transfer films of PTFE composites formed under different loads, speeds and morphologies of the counterface [J]. Wear, 2015, 328-329: 17-27.

[7] NURUZZAMAN D M, CHOWDHURY M A, RAHMAN M M, et al. Experimental investigation

on friction coefficient of composite materials sliding against SS 201 and SS 301 counterfaces［J］. Procedia Engineering, 2015, 105: 858-864.

［8］ SAMAD M A, SINHA S K. Effects of counterface material and UV radiation on the tribological performance of a UHMWPE/CNT nanocomposite coating on steel substrates［J］. Wear, 2011, 271（11-12）: 2759-2765.

［9］ MIMAROGLU A, UNAL H, ARDA T. Friction and wear performance of pure and glass fibre reinforced poly-ether-imide on polymer and steel counterface materials［J］. Wear, 2007, 262（11-12）: 1407-1413.

［10］ ZHANG G, HÄUSLER I, ÖSTERLE W, et al. Formation and function mechanisms of nanostructured tribofilms of epoxy-based hybrid nanocomposites［J］. Wear, 2015, 342-343: 181-188.

［11］ BATTEZ A H, VIESCA J L, GONZÁLEZ R, et al. Friction reduction properties of a CuO nanolubricant used as lubricant for a NiCrBSi coating［J］. Wear, 2010, 268（1-2）: 325-328.

［12］ RODRIÍGUEZ J, MARTIÍN A, FERNÁNDEZ R, et al. An experimental study of the wear performance of NiCrBSi thermal spray coatings［J］. Wear, 2003, 255（7-12）: 950-955.

［13］ GUO C, ZHOU J S, CHEN J M, et al. High temperature wear resistance of laser cladding NiCrBSi and NiCrBSi/WC-Ni composite coatings［J］. Wear, 2011, 270（7-8）: 492-498.

［14］ MARTÍN A, RODRÍGUEZ J, FERNÁNDEZ J E, et al. Sliding wear behaviour of plasma sprayed WC-NiCrBSi coatings at different temperatures［J］. Wear, 2001, 251（1-12）: 1017-1022.

［15］ CHANG L, FRIEDRICH K. Enhancement effect of nanoparticles on the sliding wear of short fiber-reinforced polymer composites: A critical discussion of wear mechanisms［J］. Tribology International, 2010, 43（12）: 2355-2364.

［16］ HARRIS K L, PITENIS A A, SAWYER W G, et al. PTFE tribology and the role of mechanochemistry in the development of protective surface films［J］. Macromolecules, 2015, 48（11）: 3739-3745.

［17］ HARRIS K L, CURRY J F, PITENIS A A, et al. Wear debris mobility, aligned surface roughness, and the low Wear behavior of filled polytetrafluoroethylene［J］. Tribology Letters, 2015, 60（1）: 2.

［18］ ANTONY J, RENDELL A P, YANG R, et al. Modelling the runtime of the gaussian computational chemistry application and assessing the impacts of microarchitectural variations［J］. Procedia Computer Science, 2011, 4: 281-291.

［19］ LIU J L, MENG X, DUAN H D, et al. Two Schiff-base fluorescence probes based on triazole and benzotriazole for selective detection of Zn^{2+}［J］. Sensors and Actuators B: Chemical, 2016, 227: 296-303.

[20] KATO H, KOMAI K. Tribofilm formation and mild wear by tribo-sintering of nanometer-sized oxide particles on rubbing steel surfaces [J]. Wear, 2007, 262 (1-2): 36-41.

[21] SALIH O S, OU H G, SUN W, et al. A review of friction stir welding of aluminium matrix composites [J]. Materials & Design, 2015, 86: 61-71.

[22] KHORRAMI M S, SAMADI S, JANGHORBAN Z, et al. In-situ aluminum matrix composite produced by friction stir processing using FE particles [J]. Materials Science and Engineering: A, 2015, 641: 380-390.

[23] ZHANG L G, QI H M, LI G T, et al. Impact of reinforcing fillers' properties on transfer film structure and tribological performance of POM-based materials [J]. Tribology International, 2017, 109: 58-68.

[24] 邵鑫, 薛群基. 纳米和微米 SiO_2 颗粒对 PPESK 复合材料摩擦学性能的影响 [J]. 机械工程材料, 2004, 28 (6): 39-42, 45.

[25] GAO J T. Tribochemical effects in formation of polymer transfer film [J]. Wear, 2000, 245 (1-2): 100-106.

[26] LI W, LI X, CHEN M Z, et al. AlF_3 modification to suppress the gas generation of $Li_4Ti_5O_{12}$ anode battery [J]. Electrochimica Acta, 2014, 139 (26): 104-110.

[27] CHEN M, WANG X, YU Y H, et al. X-ray photoelectron spectroscopy and auger electron spectroscopy studies of Al-doped ZnO films [J]. Applied Surface Science, 2000, 158 (1-2): 134-140.

[28] ESPINÓS J P, MORALES J, BARRANCO A, et al. Interface effects for Cu, CuO, and Cu_2O deposited on SiO_2 and ZrO_2. XPS determination of the valence state of copper in Cu/SiO_2 and Cu/ZrO_2 catalysts [J]. The Journal of Physical Chemistry B, 2002, 106 (27): 6921-6929.

[29] GAO C P, GUO G F, ZHANG G, et al. Formation mechanisms and functionality of boundary films derived from water lubricated polyoxymethylene/hexagonal boron nitride nanocomposites [J]. Materials & Design, 2017, 115: 276-286.

[30] GONG D L, XUE Q J, WANG H L. ESCA study on tribochemical characteristics of filled PTFE [J]. Wear, 1991, 148 (1): 161-169.

[31] KHARE V, PHAM M Q, KUMARI N, et al. Graphene-ionic liquid based hybrid nanomaterials as novel lubricant for low friction and wear [J]. ACS Applied Materials & Interfaces, 2013, 5 (10): 4063-4075.

[32] ARORA H, CANN P M. Lubricant film formation properties of alkyl imidazolium tetrafluoroborate and hexafluorophosphate ionic liquids [J]. Tribology International, 2010, 43 (10): 1908-1916.

[33] PHILLIPS B S, ZABINSKI J S. Ionic liquid lubrication effects on ceramics in a water environment [J]. Tribology Letters, 2004, 17 (3): 533-541.

［34］OMOTOWA B A, PHILIPS B S, ZABINSKI J S, et al. Phosphazene-based ionic liquids: synthesis, temperature-dependent viscosity, and effect as additives in water lubrication of silicon nitride ceramics [J]. Inorganic Chemistry, 2004, 43 (17): 5466-5471.

［35］ADAM F, OSMAN H, HELLO K M. The immobilization of 3- (chloropropyl) triethoxysilane onto silica by a simple one-pot synthesis [J]. Journal of Colloid and Interface Science, 2009, 331 (1): 143-147.

［36］TIAGO G, RESTOLHO J, FORTE A, et al. Novel ionic liquids for interfacial and tribological applications [J]. Colloids and Surfaces A: Physicochemical and Engineering Aspects, 2015, 472: 1-8.

［37］PISAROVA L, GABLER C, DÖRR N, et al. Thermo-oxidative stability and corrosion properties of ammonium based ionic liquids [J]. Tribology International, 2012, 46 (1): 73-83.

［38］MAHROVA M, PAGANO F, PEJAKOVIC V, et al. Pyridinium based dicationic ionic liquids as base lubricants or lubricant additives [J]. Tribology International, 2015, 82 (Part A): 245-254.

［39］GARCÍA A, GONZÁLEZ R, BATTEZ A H, et al. Ionic liquids as a neat lubricant applied to steel-steel contacts [J]. Tribology International, 2014, 72: 42-50.

［40］FAN X Q, WANG L P. Ionic liquids gels with in situ modified multiwall carbon nanotubes towards high-performance lubricants [J]. Tribology International, 2015, 88: 179-188.

［41］JOSÉ-LUIS V, MAYANK A, DAVID B, et al. Tribological behaviour of PVD coatings lubricated with a FAP-Anion-based ionic liquid used as an additive [J]. Lubricants, 2016, 4 (1): 8.

［42］FURLONG O J, MILLER B P, KOTVIS P, et al. Low-temperature, shear-induced tribofilm formation from dimethyl disulfide on copper [J]. ACS Applied Materials & Interfaces, 2011, 3 (3): 795-800.

［43］ZENG H B, TIAN Y, ZHAO B X, et al. Friction at the liquid/liquid interface of two immiscible polymer films [J]. Langmuir, 2009, 25 (9): 4954-4964.

［44］ZHANG L L, PU J B, WANG L P, et al. Synergistic effect of hybrid carbon nanotube-graphene oxide as nanoadditive enhancing the frictional properties of ionic liquids in high vacuum [J]. ACS Applied Materials & Interfaces, 2015, 7 (16): 8592-8600.

［45］FAN X Q, WANG L P. High-performance lubricant additives based on modified graphene oxide by ionic liquids [J]. Journal of Colloid and Interface Science, 2015, 452: 98-108.

［46］WU J, ZHU J H, MU L W, et al. High load capacity with ionic liquid-lubricated tribological system [J]. Tribology International, 2016, 94: 315-322.

［47］陈利娟, 张晟卯, 吴志申, 等. 离子液体中二氧化硅纳米微粒的制备及其摩擦学性能 [J]. 化学研究, 2005, 16 (1): 42-44.

［48］LI W, ZHAO D Y. Extension of the stöber method to construct mesoporous SiO$_2$ and TiO$_2$ shells for uniform multifunctional core-shell structures [J]. Advanced Materials, 2013, 25 (1): 142-149.

[49] MATYJASZEWSKI K. Atom Transfer Radical Polymerization (ATRP): current status and future perspectives [J]. Macromolecules, 2012, 45 (10): 4015-4039.

[50] CHEN Y, WANG Q H, WANG T M. Facile large-scale synthesis of brain-like mesoporous silica nanocomposites via a selective etching process [J]. Nanoscale, 2015, 7 (39): 16442-16450.

[51] HAN L N, CHOI H J, CHOI S J, et al. Ionic liquids containing carboxyl acid moieties grafted onto silica: Synthesis and application as heterogeneous catalysts for cycloaddition reactions of epoxide and carbon dioxide [J]. Green Chemistry, 2011, 13 (4): 1023-1028.

[52] SEYMOUR B T, WRIGHT R A E, PARROTT A C, et al. Poly (alkyl methacrylate) brush-grafted silica nanoparticles as oil lubricant additives: effects of alkyl pendant groups on oil dispersibility, stability, and lubrication property [J]. ACS Applied Materials & Interfaces, 2017, 9 (29): 25038-25048.

[53] CHEN Y, WANG Q H, WANG T M. One-pot synthesis of M (M=Ag, Au) @ SiO_2 yolk-shell structures via an organosilane-assisted method: preparation, formation mechanism and application in heterogeneous catalysis [J]. Dalton Transactions, 2015, 44 (19): 8867-8875.

[54] CHEN Y, WANG Q H, WANG T M. Fabrication of thermally stable and active bimetallic Au-Ag nanoparticles stabilized on inner wall of mesoporous silica shell [J]. Dalton transactions, 2013, 42 (38): 13940-13947.

[55] SOMERS A E, HOWLETT P C, MACFARLANE D C, et al. A review of ionic liquid lubricants [J]. Lubricants, 2013, 1 (1): 3-21.

[56] BANDEIRA P, MONTEIRO J, BAPTISTA A M, et al. Influence of oxidized graphene nanoplatelets and [DMIM] [NTf_2] ionic liquid on the tribological performance of an epoxy-PTFE coating [J]. Tribology International, 2016, 97: 478-489.

[57] BANDEIRA P, MONTEIRO J, BAPTISTA A M, et al. Tribological performance of PTFE-based coating modified with microencapsulated [HMIM] [NTf_2] ionic liquid [J]. Tribology Letters, 2015, 59 (1): 13.